安徽省“十三五”规划教材

物联网概论

主　编　李如平
副主编　吴房胜　朱　炼

中国铁道出版社有限公司
CHINA RAILWAY PUBLISHING HOUSE CO., LTD.

内 容 简 介

物联网是在互联网基础上延伸和扩展的网络，近年来得到了充分发展与应用。本书介绍了物联网的概念、定义、体系结构、相关技术及物联网的应用。全书主要内容包括物联网概述、物联网体系架构、传感器技术、自动识别技术、网络与通信技术、无线传感器网络技术、物联网应用等。本书的特点是理论联系实际，让学生通过本书的学习初探物联网世界，了解物联网技术的实际应用及其未来发展趋势。

本书内容由浅入深，循序渐进，涉及面广，实用性强，适合作为高等院校计算机类、电子信息类、通信类、自动化类等相关专业的学生教材，也可供物联网领域工作人员和爱好者学习参考。

图书在版编目（CIP）数据

物联网概论/李如平主编. —北京：中国铁道出版社有限公司，2021.6（2024.7重印）
安徽省“十三五”规划教材
ISBN 978-7-113-27857-1

Ⅰ.①物… Ⅱ.①李… Ⅲ.①物联网-概论-高等职业教育-教材 Ⅳ.①TP393.4②TP18

中国版本图书馆CIP数据核字(2021)第057067号

书　　名：物联网概论
作　　者：李如平

策　　划：翟玉峰　　**编辑部电话：**（010）51873135
责任编辑：翟玉峰　徐盼欣
封面设计：付　巍
封面制作：刘　颖
责任校对：孙　玫
责任印制：樊启鹏

出版发行：中国铁道出版社有限公司（100054，北京市西城区右安门西街 8 号）
网　　址：https://www.tdpress.com/51eds/
印　　刷：三河市宏盛印务有限公司
版　　次：2021 年 6 月第 1 版　2024 年 7 月第 4 次印刷
开　　本：850mm×1 168mm 1/16　**印张：**10.5　**字数：**273 千
书　　号：ISBN 978-7-113-27857-1
定　　价：30.00 元

前　言

物联网对新一代信息技术进行了高度集成和综合运用，对新一轮产业变革和经济社会绿色、智能、可持续发展具有重要意义。我国物联网发展取得了显著成效，与发达国家保持同步，成为全球物联网发展最为活跃的地区之一。“十三五”时期，我国经济发展进入新常态，创新成为引领发展的第一动力，促进物联网、大数据等新技术、新业态广泛应用，培育壮大新动能成为国家战略。当前，物联网正进入跨界融合、集成创新和规模化发展的新阶段，迎来重大的发展机遇。

本书阐述物联网先进理论与概念，充分吸收国内外前沿研究成果，力争做到体系完整、结构科学、案例生动、深入浅出。本书以学生为主体，既能满足学生对物联网知识认知的基本需求，又能奠定学生可持续发展的基础。本书概括和凝聚技能大赛和企业以及课程教学中的最新成果，反映产业升级、技术进步和职业岗位变化的要求，为专业建设和教学改革服务，能力要素与职业素养并重，注重自主学习、合作学习和个性化教学，可以对高技能应用型人才培养起到促进作用。

本书包括7章，第1章主要介绍物联网的概念、定义、特点、应用及发展趋势；第2章主要介绍物联网体系架构；第3章主要介绍传感器技术的定义、组成、分类、基本特性及常用传感器；第4章主要介绍自动识别技术的概念、分类、条码技术、RFID技术、NFC技术、光学字符识别技术、机器视觉识别技术、生物识别技术等；第5章主要介绍计算机网络的概念、组成、功能、分类，以及数据通信的概念、传输介质、网络设备、无线网络技术等；第6章主要介绍无线传感器网络体系结构、ZigBee技术；第7章主要介绍物联网在智能家居、智能物流、智能电网、智慧农业、智慧交通、智慧医疗、智慧环保、感知城市等领域的应用。

本书由安徽工商职业学院李如平任主编，安徽工商职业学院吴房胜、朱炼任副主编，安徽工商职业学院施冬冬、新大陆教育科技有限公司孙虎参与编写。具体编写分工如下：第1、2章由李如平编写，第3章由朱炼编写，第4、6章由吴房胜编写，第5章由施冬冬编写，第7章由孙虎、李如平编写。本书在编写过程中得到了省内外高校同行专家的大力支持，在此表示衷心的感谢。

本书是安徽省“十三五”规划教材建设项目（项目编号：2017ghjc368）成果，同时也是安徽省高校学科(专业)拔尖人才学术资助重点项目（项目编号：gxbjZD2016094）成果。

由于编者水平有限，书中难免有疏漏与不妥之处，希望广大读者提出宝贵意见，以便再版时改正。

编　者

2020 年 12 月

目　　录

物联网概述

随着互联网、移动互联网、通信技术等的快速发展，物联网已成为一个热门的应用研究领域，受到各国政府的高度重视。这是因为物联网能化解人类与社会危机，大大促进以效率、节能、环保、安全、健康为核心追求的全球信息化发展。

学习目标

- 了解物联网概念的形成
- 理解物联网的定义和发展趋势
- 掌握物联网的主要特点

知识结构

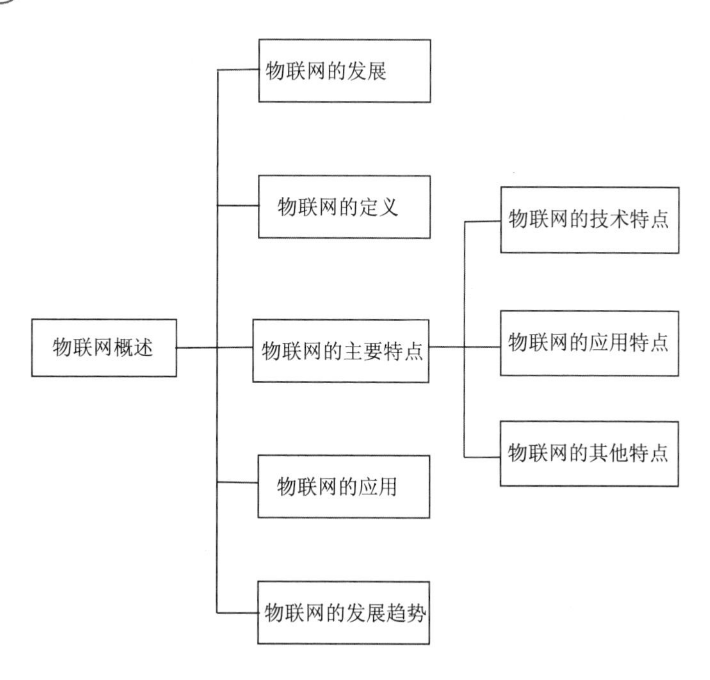

1.1 物联网的发展

随着互联网的发展，物联网近年来也迅速发展起来。物联网最初与互联网连接起来，实现智能化识别和管理，其核心在于物与物之间广泛而普遍的互联。上述特点已超越了传统互联网应用范畴，呈现出设备多样、多网融合、感控结合等特征，具备了物联网的初步形态。物联网技术通过对物理世界信息化、网络化，对传统上分离的物理世界和信息世界实现互联和整合。

如果从 1969 年美国国防部创立的“阿帕网”算起，互联网至今已走过了半个多世纪的历程。从早期的局域网发展到 5G 时代“万物皆媒、万物互联”的“物联网”，这项革命性的技术为整个世界带来了过去难以想象的便利和快捷，成为推动人类发展和社会进步的不可或缺的“福器”。

人类“连接一切”的渴望从未停歇。从 Web 1.0、Web 2.0 到移动互联网，互联网已经将人与人之间充分互联。为了进一步拓展信息世界，加强人类对物质世界的应对能力，一种旨在连接人与物、物与物的新型网络应运而生。物联网正式诞生是在 2008 到 2009 年之间，物的相联第一次在规模上超过人的互联。此后，物联网逐渐被视为突破互联网的局限、成为新的经济增长点的必要途径，欧盟、美国和中国都相继把发展物联网上升到国家或地区的优先战略层面。

以 5G 为代表的通信技术的突破，加快了人类社会传输和处理数据的速度。随着用户与设备的接触和连接越来越频繁，人类传播进入了物联网时代。根据高德纳咨询公司的报告，物联网呈现出“爆炸式”的发展态势。目前全球有近 50 亿物体实现了互联。2020 年，全球物联网的市场容量达 2.2 万亿美元。

物联网是一个近年形成并迅速发展的概念，其萌芽可追溯到已故的施乐公司首席科学家 Mark Weiser，这位全球知名的计算机学者于 1991 年在权威杂志《科学美国》上发表了“The Computer of the 21st Century”一文，对计算机的未来发展进行了大胆的预测。他认为计算机将最终“消失”，演变为在人们没有意识到其存在时，它们就已融入人们生活中的境地，这些最具深奥含义的技术将隐形消失，变成宁静技术（Calm Technology），潜移默化地无缝融合到人们的生活中，直到无法分辨为止。他认为计算机只有发展到这一阶段时才能成为功能至善的工具，即人们不再要为使用计算机而去学习软件、硬件、网络等专业知识，而只要想用时就能直接使用；如同钢笔一样，人们只需拔开笔套就能书写，而无须为了书写而去了解笔的具体结构与原理等。Weiser 的观点极具革命性，它昭示了人类对信息技术发展的总体需求。一是计算机将发展到与普通事物无法分辨为止。具体来说，从形态上计算机将向“物化”发展；从功能上，计算机将发展到“泛在计算”的境地。二是计算机将全面联网，网络将无所不在地融入人们生活中。无论身处何时何地，无论在动态还是静止中，人们已不再意识到网络的存在，却能随时随地通过任何智能设备上网享受各项服务，即网络将变为“泛在网”，Weiser 预言的计算机“普物化”已毫无悬念地成为一种共识。正如 2010 年初，《福布斯》杂志邀请知名设计师、未来学家等共同预测人类 10 年后的生活状态时，他们普遍认为科技、计算机仍将是日常生活的主要部分，但它将“消失在人类的集体意识中”，人们将忘记计算机的存在，而将注意力转移到科技的人性面，科技本身在虚拟及现实世界中取得完美平衡。这正是物联网概念的核心内容。

比尔·盖茨 1995 年出版了《未来之路》一书。在《未来之路》中，比尔·盖茨已经提及物物互联，只是当时受限于无线网络、硬件及传感设备的发展，并未引起重视。1998 年，美国麻省理工学院（MIT）创造性地提出了当时被称作 EPC 系统的物联网构想。1990 年，建立在物品编码、射频识别（Radio Frequency Identification，RFID）技术和互联网的基础上，美国 Auto-ID 中心首先提出物联网概念。

物联网的基本思想出现于 20 世纪 90 年代，但近年来才真正引起人们的关注。2005 年 11 月 17 日，在信息社会世界峰会（WSIS）上，国际电信联盟发布了《ITU 互联网报告 2005：物联网》报告。报告指出，无所不在的“物联网”通信时代即将来临，世界上所有的物体，从轮胎到牙刷，从房屋到纸巾，都可以通过互联网主动进行信息交换。射频识别技术、传感器技术、纳米技术、智能嵌入技术将得到更加广泛的应用。欧洲智能系统集成技术平台（EPOSS）于 2008 年在《物联网 2020》（*Internet of Things in 2020*）报告中分析预测了未来物联网的发展阶段。

2009 年 1 月 28 日，奥巴马初任美国总统之际，与美国工商业领袖举行了一次“圆桌会议”。作为仅有的两名代表之一，IBM 首席执行官彭明盛首次提出“智慧地球”这一概念，建议新政府投资新一代的智慧型基础设施。奥巴马对此给予了积极的回应：“经济刺激资金将会投入到宽带网络等新兴技术中去，毫无疑问，这就是美国在 21 世纪保持和夺回竞争优势的方式。”智慧地球也称智能地球，就是把感应器嵌入和装备到电网、铁路、桥梁、隧道、公路、建筑、供水系统、大坝、油气管道等各种物体中，物品之间普遍连接，形成“物联网”，然后将“物联网”与现有互联网整合起来，实现人类社会与物理系统的整合。在这个整合的网络当中，存在能力超级强大的中心计算机群，能够对整合网络内的人员、机器、设备和基础设施实施实时管理和控制。在此基础上，人类可以以更加精细和动态的方式管理生产和生活，达到“智慧”状态，提高货源利用率和生产力水平，改善人与自然的关系。

2009 年，欧盟执委会发表题为“ Internet of Things–An action plan for Europe”的物联网行动方案，描绘了物联网技术应用的前景，并提出要加强对物联网的管理，完善隐私和个人数据保护，提高物联网的可信度，推广标准化，建立开放式的创新环境，推广物联网应用等行动建议。韩国通信委员会于 2009 年出台《物联网基础设施构建基本规划》，该规划是在韩国政府之前的一系列 RFID/USN（传感器网）相关计划的基础上提出的，目标是要在已有的 RFID/USN 应用和实验网条件下构建世界先进的物联网基础设施，发展物联网服务，研发物联网技术，营造物联网推广环境等。2009 年，日本政府 IT 战略本部制定了日本新一代的信息化战略《i-Japan 战略 2015》，该战略旨在到 2015 年让数字信息技术如同空气和水一般融入每一个角落，聚焦电子政务、医疗保健和教育人才三大核心领域，激活产业和地域的活性并培育新产业，以及整顿数字化基础设施。

我国政府高度重视物联网的研究和发展。2009 年 8 月 7 日，时任国务院总理温家宝在无锡视察时发表重要讲话，提出“感知中国”的战略构想，表示中国要抓住机遇，大力发展物联网技术，2009 年 11 月 3 日，温家宝向首都科技界发表了题为《让科技引领中国可持续发展》的讲话，再次强调科学选择新兴战略性产业非常重要，并指示要着力突破传感网、物联网关键技术。2010 年，国务院发布《国务院关于加快培育和发展战略性新兴产业的决定》指出加快建设宽带、泛在、融合、安全的信息网络基础设施，推动新一代移动通信、下一代互联网核心设备和智能终端的研发及产业化，加快推进三网融合，促进物联网、云计算的研发和示范应用。2012 年，工业和信息化部、科技部、住房和城乡建设部再次加大了支持物联网和智慧城市方面的力度。我国政府高层一系列的重要讲话、报告和相关政策措施表明，大力发展物联网产业将成为今后一项具有国家战略意义的重要决策。2013 年 2 月，国务院关于推进物联网有序健康发展的指导意见，提出在工业、农业、节能环保、商贸流通、交通能源、公共安全、社会事业、城市管理、安全生产、国防建设等领域实现物联网试点示范应用，部分领域的规模化应用水平显著提升，培育一批物联网应用服务优势企业。2016 年国务院关于印发“十三五”国家信息化规划的通知中提出，推进物联网感知设施规划布局，发展物联网开环应用。实施物联网重大应用示范工程，推进物联网应用区域试点，建立城市级物联网接入管理与数据汇聚平台，深化物联网在城市基础设施、生产经营等环节中的应用。2017 年国家发改委发布物联网的十三五规划提出，“十三五”时期是经济新常态下创新驱动、形成发展新动能的关键时期，必须牢牢把握物联网新一轮生态布局的战略机遇，大力发展物联网技术和应用，加快构建具有国际竞争力的产业体系，深化物联网与经济社会融合发展，支撑制造强国和网络强国建设。2019 年工业和信息化部关于开展 2019 年 IPv6 网络就绪专项行动的通知提出，鼓励典型行业、重点工业企业积极开展基于 IPv6 的工业互联网网络和应用改造试点示范，促进 IPv6 在工业互联网、物联网等新兴领域中融合应用创新。2020 年工业和信息化部办公厅关于深入推进移动物联网全面发展的通知中提出，推进移动物联网应用发展，围绕产业数字化、治理智能化、生活智慧化三大方向推动移动物联网创新发展。产业数字化方面，深化移动物联网在工业制造、仓储物流、智慧农业、智慧医疗等领域应用，推动设备联网数据采集，提升生产效率。治理智能化方面，以能源表计、消防烟感、公共设施管理、环保监测等领域为切入点，助力公共服务能力不断提升，增强城市韧性及应对突发事件能力。生活智慧化方面，推广移动物联网技术在智能家居、可穿戴设备、儿童及老人照看、宠物追踪等产品中的应用。打造移动物联网标杆工程。建设移动物联网资源库，开展创新与应用实践案例征集入库工作，提供交流推广、投融资需求对接等服务；从资源库中遴选一批最佳案例打造移动物联网标杆工程，通过标杆工程带动百万级连接应用场景创新发展；进一步扩展移动物联网技术的适用场景，拓展基于移动物联网技术的新产品、新业态和新模式。

我们还可以将目光放得更远一些，立足于物联网出现之前的几十年来探讨物联网的起源。自计算机问世以来，计算技术的发展大约经历了三个阶段。第一阶段人们解决的主要问题是“让人和计算机对话”，即操作计算机的人输入指令，计算机按照操作人的意图执行指令完成任务。计算机大规模普及后，人们又开始考虑“让计算机和计算机对话”，即让处在不同地点的计算机可以协同工作，计算机网络应运而生，成为计算技术发展第二阶段的重要标志。互联网的飞速发展实现了世界范围内的人之间、计算机之间的互联互通，构建了一个以人和计算机为基础的虚拟的数字世界。如果将联网终端从任何计算机扩展到“物”——物体、环境等，那么整个物理世界都可以在数字世界中得到反映，从这个角度看，物联网是将物理世界数字化并形成数字世界的一个途径，在第三阶段中，人们开始努力通过网络化的计算能力与物理世界对话，即我们现在所说的物联网。

1.2 物联网的定义

物联网的定义有多种，且随着近年各种感知技术、自动识别技术、宽带无线网技术、人工智能技术、机器人技术，以及云计算、大数据与移动通信等关联领域的发展，物联网的内涵也在不断地完善与演进，此处列举几则代表性定义。

2008 年 5 月，欧洲智能系统集成技术平台对物联网的定义是：由具有标识、虚拟个体的物体或对象所组成的网络，这些标识和个体运行在智能空间，使用智慧的接口与用户、社会和环境的上下文进行连接和通信。

2009 年 9 月，欧盟第七框架 RFID 和互联网项目组报告定义的物联网是未来互联网的整合部分，它是以标准、互通的通信协议为基础，具有自我配置能力的全球性动态网络设施。在这个网络中，所有实质和虚拟的物品都有特定的编码和物理特性，通过智能界面无缝连接，实现信息共享。

2014 年，ISO/IEC JTCI SWG5 物联网特别工作组认为物联网是一个将物体、人、系统和信息资源与智能服务相互连接的基础设施，可以利用它来处理物理世界和虚拟世界的信息并做出反应。

这些机构从不同角度、不同维度对物联网给出了定义。从功效上看，物联网将实现人与物之间、物与物之间信息资源与智能服务之间的相互连接，并进一步实现现实世界与虚拟世界间的相互融合，因此，随着物联网的迅速发展，其定义内涵与表述仍可能变化。

当前我国比较认可的物联网的定义是：物联网是指通过条码、射频识别、传感器、全球定位系统、激光扫描器等信息传感设备，按照约定的协议，把任何物品与互联网连接起来，进行信息交换和通信，以实现智能化识别、定位、跟踪、监控和管理的一种网络。它是在互联网基础上延伸和扩展的网络。

视 频

物联网概念与定义

通俗地讲，物联网就是“物物相联的互联网”。第一，物联网的核心和基础仍然是互联网，是在互联网基础上的延伸和扩展的网络；第二，其用户端延伸和扩展到了任何物体与物体之间，进行信息交换和通信。物联网的英文名为 Internet of Things（IOT），也称 Web of Things，其目的是实现物与物、物与人，所有的物品与网络的连接，方便识别、管理和控制。

1.3 物联网的主要特点

1.3.1 物联网的技术特点

物联网可理解为“物物相联的互联网”，但互联网是计算机网络。物联网有以下技术特点：

（1）以互联网为基础：物联网是在互联网基础上构建起的物体间的连接，故它可视为互联网的延伸和扩展而成的网络。

（2）自动识别与通信：彼此间组网互联的物体，必须具备可标识性、自动识别性与物体间通信（Machine to Machine，M2M）的功能。

（3）多源数据支持：用户端已扩展到众多物体之间，通过数据交换和通信来实现各项具体业务，故物联网常以大数据为计算与处理环境，以云计算为后端平台。

（4）智能化：物联网具有自动化、互操作性与智能控制性等特点。

（5）系统化：任何规模的物联网应用，都是一个集成了感知、计算、执行与反馈等的智能系统。

这些特点使物联网在不同场合产生不同的表述，如物体间通信、无线传感网（Wireless Sensor Networks）、普适计算（Pervasive Computing）、泛在计算（Ubiquitous Computing）、环境感知智能（Ambient Intelligence）等，各自从不同侧面反映了物联网的某项特征。

1.3.2 物联网的应用特点

物联网的应用以社会需求为驱动，以一定的技术与产业发展等为条件。其应用特点如下：

（1）感知识别普适化：社会信息化产生了无所不在的感知，识别和执行的需要，以及将物理世界和信息世界融合的需求。

(2) 异构设备互联化：各种异构设备利用通信模块和协议自组成网，异构网络通过网关互通互联。

(3) 联网终端规模化：物联网是在社会信息化发展到一定水平的基础上产生的，此时，大量不同物品均已具有通信和前端计算与处理功能，成为网络终端，联网终端规模将不断扩大。

(4) 管理调控智能化：物联网中，物物互联并非仅仅是彼此识别、组网、执行特定任务而已，它的价值很大部分体现在高效可靠的大规模数据组织、智能运筹、机器学习、数据挖掘专家系统等决策手段的实现上，并将其广泛应用于各行各业。以工业生产为例，物联网技术覆盖了原材料引进、生产调度、节能减排、仓储物流到产品销售、售后服务等各个环节。

(5) 经济发展跨越化：物联网技术有望成为国民经济发展从劳动密集型向知识密集型，从资源浪费型向环境友好型转变过程中的重要动力。

1.3.3 物联网的其他特点

从传感信息角度来看，物联网具备以下特点：

(1) 多信息源：物联网由大量的传感器组成，每个传感器都是一个信息源。

(2) 多种信息格式：传感器有不同的类别，不同的传感器所捕获、传递的信息内容和格式会存在差异。

(3) 信息内容实时变化：传感器按一定的频率周期性地采集环境信息，每一次新的采集就会得到新的数据。

从对传感信息的组织管理角度来看，物联网具备以下特点：

(1) 信息量大：物联网中每个传感器定时采集信息，不断地积累，形成海量信息。

(2) 信息的完整性：不同应用会使用传感器采集到的部分信息，存储的时候必须保证信息的完整性，以适应不同的应用需求。

(3) 信息的易用性：信息量规模的扩大导致信息的维护、查找、使用的困难也迅速增加，为在海量的信息中方便找出需求的信息，要求信息具有易用性。

从这些角度出发，就要求物联网前端具有对海量的传感信息进行抽取、鉴别与过滤功能，对后台则应具备分析、比对、判别、多形态呈现、警示与控制执行等智慧型功能。

1.4 物联网的应用

物联网的应用前景非常广阔，遍及智慧交通、环境保护、公共安全、智能家居、智能消防、智能建筑、智能电网、工业控制、环境监测、智慧社区、智慧农业、食品溯源、智慧城市场、情报搜集等多个领域。物联网的应用领域如图 1-1 所示。

物联网把新一代技术充分运用到各行各业之中，具体地说，就是把传感器嵌入和装备到电网、铁路、桥梁、隧道、公路、建筑、供水系统、大坝、油气管道等各种物体中，然后将“物联网”与现有的互联网整合起来，实现人类社会与物理系统的整合。物联网技术将会在人们生活和工作的各种场景中出现，如图 1-2 所示。随着“物联网”时代的来临，人们的生活和工作将发生翻天覆地的变化。

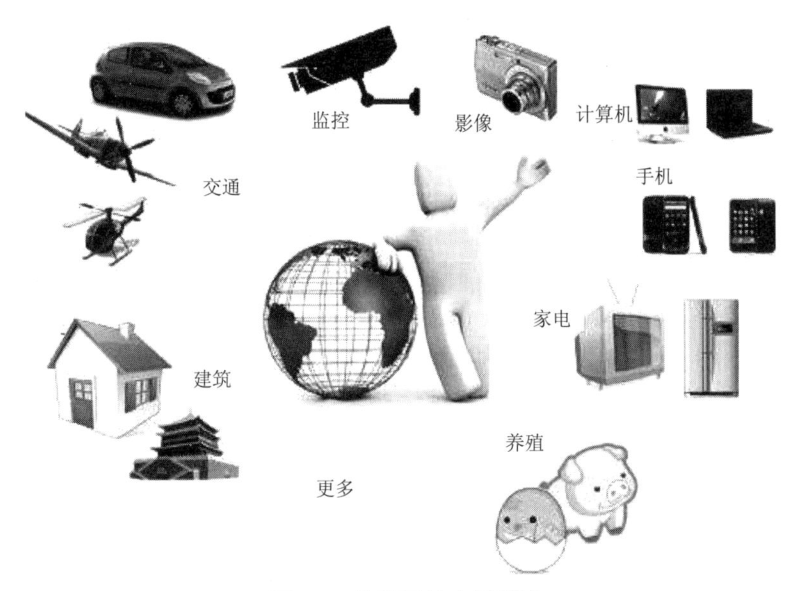

图 1-1 物联网的应用领域

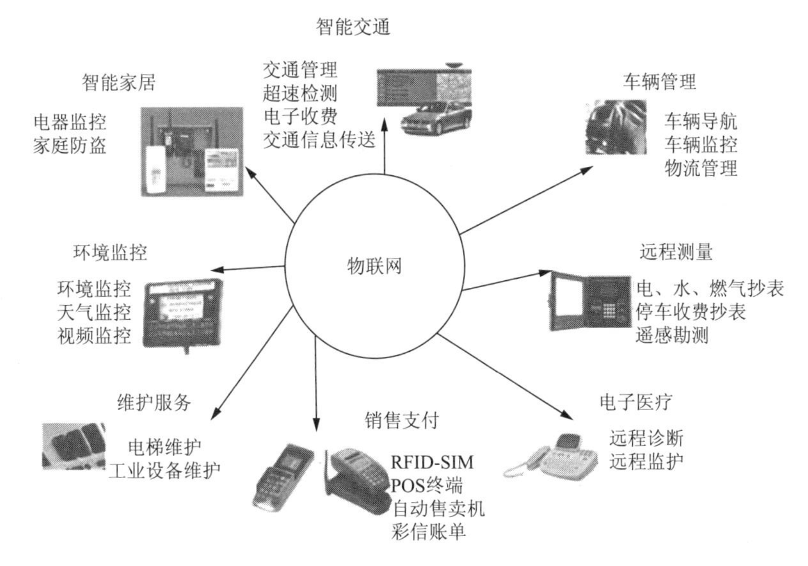

图 1-2 物联网应用场景

物联网的应用是在内网（Intranet）、专网（Extranet/VPN）或因特网（Internet）环境下，采用适当的信息安全保障机制，提供安全可控（隐私保护）乃至个性化的实时在线监测、定位追溯、报警联动、调度指挥、预案管理进程控制、远程维保、在线升级、统计报表、决策支持、领导桌面（Dashboard）等管理和服务功能，实现对“万物”的“高效、节能、安全、环保”的“管、控、营”一体化服务。

具体来说，物联网的应用是提供“无处不在的连接和在线服务”，它应该具备如下基本功能。

（1）在线监测功能：在线监测是物联网最基本的功能，物联网业务一般以集中监测为主、控制为辅。

（2）定位追溯功能：定位追溯一般基于 GPS 全球定位系统和无线通信技术，或只依赖于无线通信技术进行定位，如基于移动基站的定位、RTLS 等。RTLS(Real Time Location Systems，实时定位系统) 是一种基于信号的无线电定位手段，可以采用主动式或被动感应式定位追溯，也可基于其他卫星 (如北斗卫星导航系统等) 进行定位。

GPS 即全球定位系统。简单地说，这是由覆盖全球的 24 颗卫星组成的卫星系统。这个系统可以保证任意时刻，在地球上任意一点都可以同时观测到 4 颗卫星，以保证卫星可以采集到该观测点的经纬度和高度，来实现导航、定位、授时等功能。这项技术可以用来引导飞机、船舶、车辆和个人，安全、准确地沿着选定的路线，准时到达目的地。

中国北斗卫星导航系统（BeiDou Navigation Satellite System，BDS）是中国自行研制的全球卫星导航系统。

（3）报警联动功能：报警联动主要提供事件报警和提示，有时还会提供基于工作流或规则引擎（Rule's Engine）的联动功能。

（4）指挥调度功能：指挥调度具有基于时间排程和事件响应规则的指挥、调度和派遣。

（5）预案管理功能：预案管理基于预先设定的规章或法规对事物产生的事件进行处置。

（6）安全隐私功能：由于物联网所有权属性和隐私保护的重要性，物联网系统必须提供相应的安全保障机制。

（7）远程维保功能：远程维保是物联网技术能够提供或提升的服务，主要适用于企业产品售后联网服务。

（8）在线升级功能：在线升级是保证物联网系统本身能够正常运行的手段，也是企业产品售后自动服务的手段之一。

（9）领导桌面功能：领导桌面主要指商业智能仪表盘（Business Intelligence Dashboard，BI Dashboard）或个性化门户，经过多层过滤提炼的实时资讯，可供主管负责人对全局实现“一目了然”。

（10）统计决策功能：统计决策指的是基于对物联网信息的数据挖掘和统计分析，提供决策支持和统计报表功能。

从物联网的功能上来分析，它应该具备以下几个特征：

（1）全面感知能力：物联网可以利用 RFID、传感器、条码等获取被控或被测物体的信息。

（2）数据信息的可靠传递：物联网可以通过各种电信网络与互联网的融合，将物体的信息实时准确地传递出去。

（3）智能处理：物联网利用现代控制技术提供智能计算方法，对大量数据和信息进行分析、处理，对物体实施智能化的控制。

（4）应用方案：物联网可以根据各个行业、业务的具体特点形成各种单独的业务应用方案，或者根据整个行业以及系统建成应用解决方案。

1.5 物联网的发展趋势

物联网是信息技术发展到特定阶段的产物，是应运而生的。这里的“运”指的是更广泛的互联互通、更透彻的感知以及更深入的智能。

是不是没有物联网就没有互联互通？显然不是。100 多年前发明的电话早就把人们的通信和联系定义在世界范围内了，而 20 世纪 90 年代以来移动电话的普及使人们可以随时随地和远在天边的朋友互动交流；1995 年之后的互联网革命进一步丰富了交流的手段，从单纯的语音发展到多媒体数据。但物联网怎么广泛、全面呢？

其一，互联互通的对象从人延展到物体，不仅人与人要交流，物和物也要互通。从技术角度来说，这意味着联网终端的多样性大大增加了。原先的网络设备，通常都是智能化程度较高的设备，如移动电话、平板电脑，甚至是一台计算机，而物联网中物体所附带的网络设备（或设备化的普通物理对象）其智能化程度往往比较低，如一个传感网节点，其计算能力和存储量远远不能和前述设备相比。未来更多的上网设备，其智能可能仅仅体现在具备一个能被识别的标记（ID）上。万不可小看这个"被识别"的能力。在物联网时代，能主动认知和控制自己之外的对象的，可以称作具有主动智能的，而有能力使得自身被智能主体所认知和控制的，可以称作拥有被动智能的。被动智能也是智能。

其二，互联互通方式的扩展，也就是网络通信模式的扩展，即更深层次的广泛与全面。物联网的互联互通，有可能仅是一天当中只有一分钟甚至一秒钟接入了网络，如容迟网（DTN）的模式：也可能只是逻辑上被接入了网中，如一个节点 A 和另一个移动节点 B 每小时都有一次固定数据交换，而 A 自己本身从未直接上网，但是由于移动节点 B 每天都移动到一个基站把它获取的所有数据上传，这种情况下 A 和 B 都算物联网上的节点。这些都体现了物联网通信模式上的广泛。

在物联网之前，互联网主要以有线方式提供服务。而当前处于初级阶段的物联网虽然融合了无线方式，但通信模式主要以客户机 / 服务器（Client/Server）为主，也就是节点之间的数据交换通过基站完成，就像我们所熟悉的移动通信网络、RFID 系统等一样。确切地说，这还不能算严格的物物相联，而是物站相联：物体与基站之间通过主从式的、单跳的方式进行数据通信，真正的自组织网络（ Ad-hoc Networks），也就是以对等网（P2P）的模式实现物与物的多跳连接，必然是物联网下一阶段的主要特点。也许物联网 80% 的功能用 Client/Server 方式就可以完成，但另外的 20% 却因画龙点睛而不可或缺。物联网的另一个特点，即广泛和全面的互联互通，体现在联网节点的数量上，当今上网的用户有多少？10 亿肯定是有的。但如果没有物联网，即使所有地球人都上网，平均每人几台上网设备，百亿或者千亿量级也就是极限了。而物联网的时代，每一个物体都可以上网，每一个物体都可控制，这个数量肯定不是千亿甚至万亿可以限制的，这样大的数量激增，对于网络技术所带来的冲击肯定是天翻地覆的，但这还远远比不上对人们心灵上的冲击：试想，有一天你身边所有的物体都拥有或多或少的智能，那岂是仅仅对隐私泄露的担忧？

正是有了更广泛、更全面的互联互通，物联网的感知才更透彻、更具洞察力。我们已经知道，传感器是 100 多年前就有的设备，但通信功能却是近十几年来才附加的。通信功能对于传感器产生的影响，几乎可以类比于文字和语言对于人类的影响。当人类可以使用语言交流并使用文字记载的时候，文明时代就来临了。传感器也是这样。单独工作的传感器，完全依仗人们的预先布设工作，既没有协同，也做不到自适应。我们重温一下大家所熟悉的瞎子摸象的故事。之所以每个人摸完了大象却给出了截然不同的描述，就是因为他们没有（用通信的方式）相互协同。如果每个人在摸完了大象的一部分之后，和其他伙伴交换自己的位置以及观测角度，显然就可以更透彻地完成对大象的感知。

有了更透彻的感知，自然就有了更综合、更深入的智能。最早提出的传感网经典应用当中就有将温度传感器应用于森林防火的。如何从传感器连续不断的温度测量值中发现潜在的火灾危险呢？我们当然可以定义温度大于某个阈值是发生火灾的标志，这可以算是最简单的事件检测算法。进一步，可以利用多个传感器协同感知，避免由于单个传感器故障造成的误警或漏警，提高火灾检测的可靠性，这是“人多力量大”的智能。更进一步，可以利用湿度、风速、风向等多维度感知数据，判断森林火灾发生的条件，提供森林火灾预警信息供相关部门参考，将灾害消除在萌芽状态，这是“防患于未然”的智能。

应用层是物联网发展的目的，软件开发、智能控制技术将会为用户提供丰富多彩的物联网应用。各种行业和家庭应用的开发将会推动物联网的普及，也给整个物联网产业链带来利润。

当前已经有不少物联网范畴的应用。例如，通过一种感应器感应到某个物体触发信息，然后按设定通过网络完成一系列动作。当你早上拿车钥匙出门上班，在计算机旁待命的感应器检测到之后就会通过互联网自动发起一系列事件：通过短信或者喇叭自动报今天的天气，在计算机上显示快捷通畅的开车路径并估算路上所花时间，通过短信或者即时聊天工具告知你的同事你将马上到达。又如，已经投入试点运营的高速公路不停车收费系统，基于 RFID 的手机钱包付费应用等。

本章小结

本章介绍了物联网概念的发展、物联网的定义、物联网的主要特点、物联网的应用及物联网的发展趋势等内容。通过本章的学习，可以对物联网概念、物联网的特点、物联网应用及发展趋势等有一个全面的认识。

习　　题

1. 简述物联网的定义。
2. 简述物联网的应用特点。
3. 举例说明物联网的应用领域及发展前景。

物联网体系架构

物联网是在互联网的基础上，利用传感器、RFID、无线数据通信等技术，构造一个覆盖世界上万事万物的物物相联的网络。物联网的最终目的是建立一个满足人们生产、生活以及对资源、信息更高需求的综合平台，管理各种跨组织、跨管理域的资源和异构设备，为上层应用提供全面的资源共享接口，实现分布式资源的有效集成，提供各种数据的智能计算、信息的及时共享以及决策的辅助分析等功能的层次型网络系统。

学习目标

- 了解物联网体系架构的基本组成
- 理解物联网体系的感知层、网络层、应用层的关键技术
- 掌握物联网体系的感知层、网络层、应用层的功能

知识结构

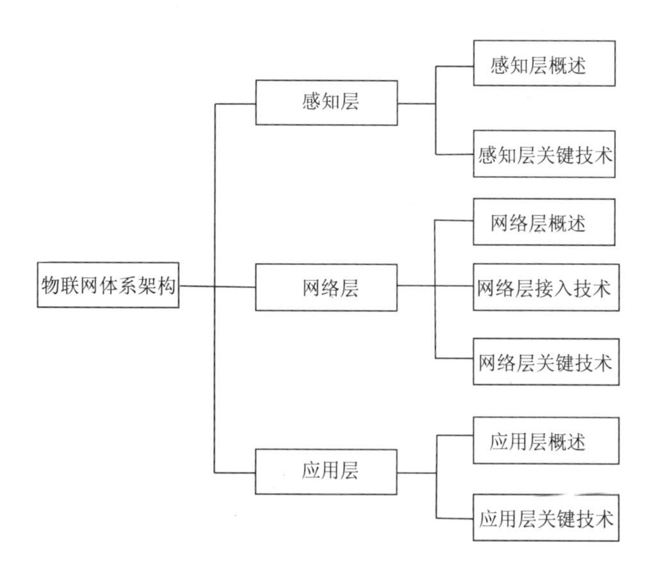

2.1 物联网体系架构概述

物联网作为一种形式多样的聚合性复杂系统，涉及信息技术自上而下的每一个层面，其体系

架构一般可分为感知层、网络层、应用层三个层次。底层是用来感知数据的感知层，第二层是数据传输的网络层，最上面则是内容应用层。物联网体系架构框图如图 2-1 所示。

视频

物联网体系架构

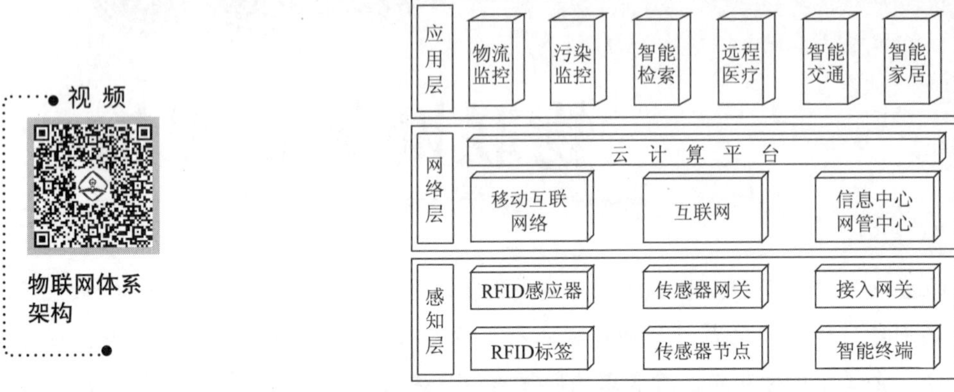

图 2-1　物联网体系架构框图

在物联网体系架构中，可以这样理解：感知层相当于人体的皮肤和五官；网络层相当于人体的神经中枢和大脑；应用层相当于人的社会分工。物联网层次结构如图 2-2 所示。

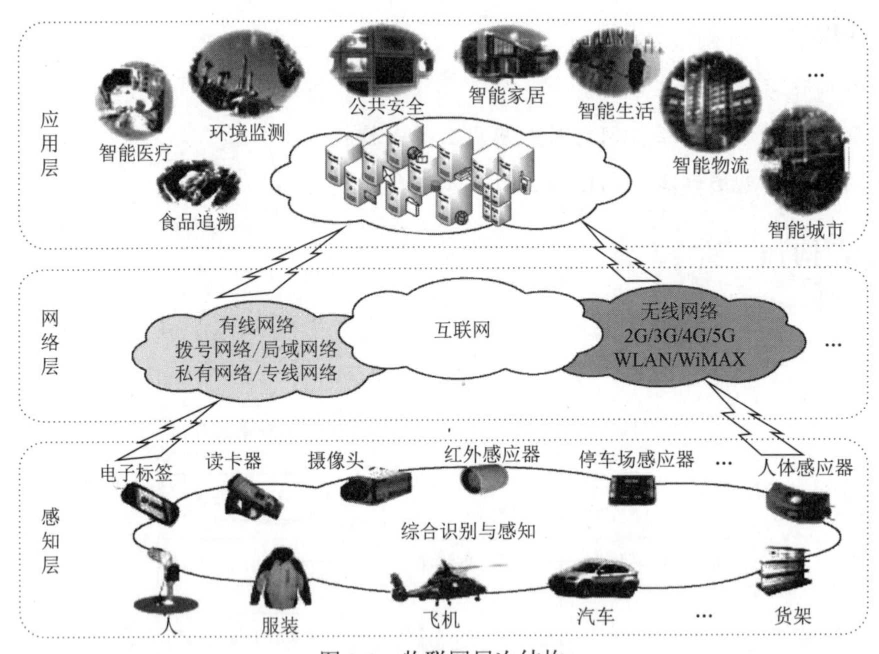

图 2-2　物联网层次结构

感知层是物联网的皮肤和五官——识别物体，采集信息。感知层包括二维码标签和识读器、RFID 标签和读写器、摄像头、GPS 等，作用是识别物体，采集信息。

网络层是物联网的神经中枢和大脑——信息传递和处理。网络层包括通信与互联网的融合网络、网络管理中心和信息处理中心等。网络层将感知层获取的信息进行传递和处理。

应用层是物联网的“社会分工”——与行业需求结合，实现广泛智能化。应用层是物联网与行业专业技术的深度融合，与行业需求结合，实现行业智能化，这类似于人的社会分工，最终构成人类社会。

2.2 感知层

2.2.1 感知层概述

物联网第一层是感知层。物联网中由于要实现物与物、人与物的通信，感知层是必须具备的。感知层主要用来实现物体的信息采集、捕获和识别，即以二维码、RFID、传感器技术为主，实现对“物”的识别与信息采集。感知层是物联网发展和应用的基础。

感知层应用最多的是传感器、RFID、摄像头和 GPS 等技术。感知层功能主要包括两个方面。一是信息获取。首先，信息获取与物品的标识符相关。其次，信息获取与数据采集技术相关，数据采集技术主要有自动识别技术和传感技术。二是信息近距离传输。信息近距离传输是指收集终端装置采集的信息，并负责将信息在终端装置和网关之间双向传送。

物联网中的标识符应该能够反映每个单独个体的特征、历史、分类和归属等信息，应该具有唯一性、一致性和长期性，不会随物体位置的改变而改变，不会随连接网络的改变而改变。现在许多领域已经开始给物体分配唯一的标识符。例如，EPC 系统已经开始给全球物品分配唯一的标识符。

在现实生活中，各种各样的活动或者事件都会产生这样或者那样的数据。数据采集主要有两种方式：一种是利用自动识别技术进行物体信息的数据采集；另外一种是利用传感器技术进行物体信息的数据采集。

在利用信息的过程中，传感器是获取自然和生产领域准确可靠信息的主要途径与手段。传感器是一种物理装置，能够探测、感受外界的信号、物理条件（如光、热、湿度）或化学组成（如烟雾），并将探知的信息传递给其他装置。

对于当前关注和应用较多的 RFID 网络来说，张贴安装在设备上的 RFID 标签和用来识别 RFID 信息的扫描仪、感应器属于物联网的感知层，如图 2-3 所示。在这一类物联网中被检测的信息是 RFID 标签内容，高速公路不停车收费系统、超市仓储管理系统等都是基于这一类结构的物联网。

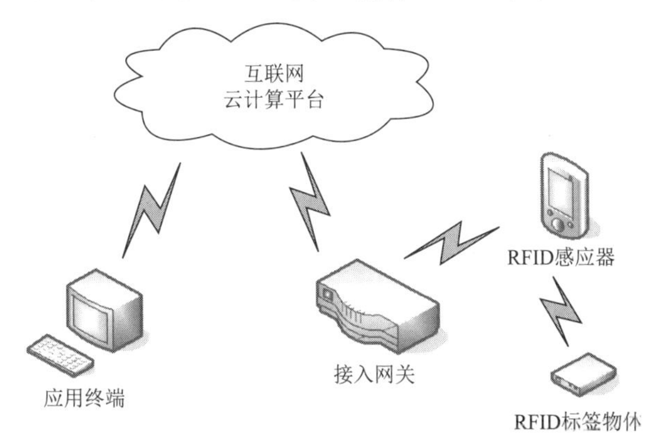

图 2-3 RFID 标签的应用

用于战场环境信息收集的智能微尘（Smart Dust）网络，感知层由智能传感节点和接入网关组成，智能节点感知信息（温度、湿度、图像等），并自行组网传递到上层网关接入点，由网关将收集到的感应信息通过网络层提交到后台处理，如图 2-4 所示。环境监控、污染监控等应用是基于这一类结构的物联网。

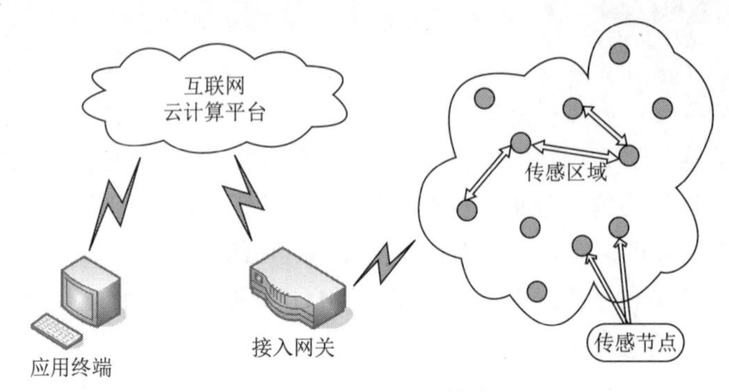

图 2-4　智能微尘网络的应用

感知层是物联网发展和应用的基础，RFID 技术、传感和控制技术、短距离无线通信技术是感知层涉及的主要技术。其中又包括芯片研发、通信协议研究、RFID 材料、智能节点供电等细分技术。

物联网与传统网络的主要区别在于，物联网扩大了传统网络的通信范围，即物联网不仅仅局限于人与人之间的通信，还扩展到人与物、物与物之间的通信。在物联网具体实现过程中，如何完成对物的感知这一关键环节？物联网感知层解决的就是人类世界和物理世界的数据获取问题，包括各类物理量、标识、音频、视频数据。

感知层处于三层架构的底层，是物联网发展和应用的基础，具有物联网全面感知的核心能力。感知层具有十分重要的作用。

感知层由传感器节点接入网关组成，智能节点感知信息，例如，感知温度、湿度、图像等信息，并自行组网传递到上层网关接入点，由网关将收集到的感应信息通过网络层提交到后台处理，当后台对数据处理完毕后，发送执行命令，到相应的执行机构，调整被控或被测对象的控制参数或发出某种提示信号来对其进行远程监控。

2.2.2　感知层关键技术

感知层关键技术包括传感器技术、RFID 技术、二维码技术等。

1. 传感器技术

传感器是一种检测装置，能感受到被测的信息，并能将检测感受到的信息，按一定规律变换成为电信号或其他所需形式的信息输出，以满足信息的传输、处理、存储、显示、记录和控制等要求。它是实现自动检测和自动控制的首要环节。

物联网系统中，对各种参量进行信息采集和简单加工处理的设备，称为物联网传感器。传感器可以独立存在，也可以与其他设备以一体方式呈现，但无论哪种方式，它都是物联网中的感知和输入部分。在未来的物联网中，传感器及其组成的传感器网络将在数据采集前端发挥重要的作用。

按是否具有信息处理功能来分，传感器可分为一般传感器和智能传感器。一般传感器采集的信息需要计算机进行处理；智能传感器带有微处理器，本身具有采集、处理、交换信息的能力，具备数据精度高、高可靠性与高稳定性、高信噪比与高分辨力、强自适应性、高性价比等特点。

2. RFID 技术

RFID 是 20 世纪 90 年代兴起的一种自动识别技术，它利用射频信号通过空间电磁耦合实现无接触信息传递并通过传递的信息实现物体识别。

RFID 系统主要由三部分组成：电子标签（Tag）、读写器（Reader）和天线（Antenna）。其中，电子标签芯片具有数据存储区，用于存储待识别物品的标识信息；读写器是将约定格式的待识别物品的标识信息写入电子标签的存储区中（写入功能），或在读写器的阅读范围内以无接触的方式将电子标签内保存的信息读取出来（读出功能）；天线用于发射和接收射频信号，往往内置在电子标签和读写器中。

RFID 技术的工作原理是：电子标签进入读写器产生的磁场后，读写器发出的射频信号，凭借感应电流所获得的能量发送出存储在芯片中的产品信息（无源标签或被动标签），或者主动发送某一频率的信号（有源标签或主动标签）；读写器读取信息并解码后，送至中央信息系统进行有关数据处理。

RFID 的应用领域：物流和供应链管理、门禁安防系统、道路自动收费、航空行李处理、文档追踪 / 图书馆管理、电子支付、生产制造和装配、物品监视、汽车监控、动物身份标识等。

3. 二维码技术

二维码（2-dimensional bar code）也称二维条码或二维条形码，是用某种特定的几何形体按一定规律在平面上分布（黑白相间）的图形来记录信息的应用技术。从技术原理来看，二维码在代码编制上巧妙地利用构成计算机内部逻辑基础的 0 和 1 比特流的概念，使用若干与二进制相对应的几何形体来表示数值信息，并通过图像输入设备或光电扫描设备自动识读以实现信息的自动处理。二维码示意图如图 2-5 所示。

图 2-5　二维码示意图

二维码的特点归纳如下：

（1）高密度编码，信息容量大：可容纳多达 1 850 个字母或 500 多个汉字，比普通条码信息容量约高几十倍。

（2）编码范围广：二维码可以把图片、声音、文字、签字、指纹等可以数字化的信息进行编码，并用条码表示。

（3）容错能力强，具有纠错功能：二维码因穿孔、污损等引起局部损坏时，甚至损坏面积达 50% 时，仍可以正确得到识读。

（4）译码可靠性高：比普通条码译码错误率百万分之二要低得多，误码率不超过千万分之一。

（5）可引入加密措施：保密性、防伪性好。

（6）成本低，易制作，持久耐用。

（7）条码符号形状、尺寸大小比例可变。

（8）二维码可以使用激光或 CCD 摄像设备识读，十分方便。

与 RFID 相比，二维码最大的优势在于成本较低，而 RFID 标签因其芯片成本较高，制造工艺复杂，价格较高。

2.3 网络层

2.3.1 网络层概述

物联网的网络层是在现有网络和互联网基础上建立起来的。网络层与目前主流的移动通信网、互联网、企业内部网、各类专网等网络一样，主要承担着数据传输的功能。

物联网的网络层将建立在现有的移动通信网和互联网基础上。物联网通过各种接入设备与移动通信网和互联网相连。例如，手机付费系统中由刷卡设备将内置手机的 RFID 信息采集、分析、传到互联网，网络层完成后台认证并从银行网络划账。

网络层中应有的功能包括信息存储查询、网络管理等。但是，感知数据管理与处理技术是实现以数据为中心的物联网的核心技术。感知数据管理与处理技术包括传感网数据的存储、查询挖掘、理解以及基于感知数据决策和行为的理论和技术，如图 2-6 所示。云计算平台作为海量感知数据的存储、分析平台，是物联网网络层的重要组成部分，也是应用层众多应用的基础。

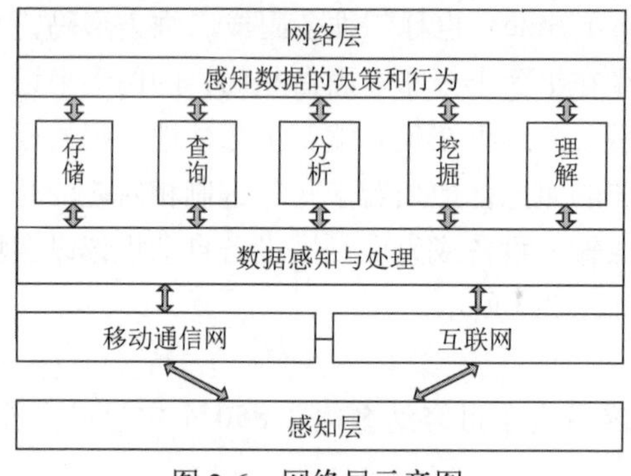

图 2-6 网络层示意图

在产业链中，通信网络运营商在物联网网络层占据重要的地位。而正在高速发展的云计算平台是物联网发展的又一助力。

物联网网络层是在现有网络的基础上建立起来的，它与目前主流的移动通信网、互联网、企业内部网、各类专网等网络一样，主要承担着数据传输的功能，特别是当三网融合后，有线电视网也能承担数据传输的功能。

2.3.2 网络层接入技术

物联网的网络层包括接入网和核心网。接入网是指主干网络到用户终端之间的所有设备，其长度一般为几百米到几千米，因而被形象地称为“最后一公里”。核心网通常是指除接入网和用户驻地网之外的网络部分。核心网是基于 IP 的统一、高性能、可扩展的分组网络，支持移动性以及异构接入。

传统的接入网主要以铜缆的形式为用户提供一般的语音业务和数据业务。随着网络的不断发展，出现了一系列新的接入网技术，包括无线接入技术、光纤接入技术、同轴接入技术、电力网接入技术等。物联网要满足未来不同的信息化应用，在接入层面需要考虑多种异构网络的融合与协同。

接入技术通常分为无线接入和有线接入两种方式。

1. 无线接入技术

无线接入技术通过无线介质将终端与网络节点连接起来，具有建设速度快、设备安装灵活、成本低、使用方便等特点。考虑到终端连接的方便性、信息基础设施的可用性（不是所有地方都有固定接入能力）、监控目标的移动性，在物联网中无线接入技术已经成为重要的接入手段。

2. 有线接入技术

（1）铜线接入技术：采用先进的数字信号处理技术，在双绞铜线上对上提供宽带数字化接入的技术。

（2）光纤接入技术：一种光纤到楼、光纤到路边、以太网到用户的接入方式，它为用户提供了可靠性很高的宽带保证。

（3）混合光纤 / 同轴网（Hybrid Fiber Coax，HFC）接入技术：也是一种宽带接入技术，它的主干网使用光纤，分配网则采用同轴电缆系统，用于传输和分配用户信息。

互联网是由多个计算机网络按照一定的协议组成的国际计算机网络。首先，互联网是全球性的；其次，互联网上的每一台主机都需要有“地址”；最后，这些主机必须按照共同的规则（协议）连接在一起。

互联网是由计算机网络相互连接而成。从计算机网络组成的角度来看，典型的计算机网络从逻辑上可以分为两部分：资源子网和通信子网。资源子网由主计算机系统、终端、联网外围设备、各种信息资源等组成。资源子网负责全网的数据处理业务，负责向网络用户提供各种网络资源和网络服务。通信子网由一些专用的通信控制处理机和连接它们的通信线路组成，完成网络数据传输、转发等通信处理的任务。

互联网数据通信能力强，网上的计算机是相对独立的，它们各自相互联系又相互独立。互联网的功能主要有三个：数据通信、资源共享和分布处理。数据通信是计算机最基本的功能，能够实现快速传送计算机与终端、计算机与计算机之间各种信息。计算机互联网络的目的就是实现网络资源共享。

在物联网中，要求网络层能够把感知层感知到的数据无障碍、高可靠性、高安全性地进行传送，它解决的是感知层所获得的数据在一定范围内，尤其是远距离地传输问题。同时，物联网网络层将承担比现有网络更大的数据量和面临更高的服务质量要求，所以，现有网络尚不能满足物联网的需求，这就意味着物联网需要对现有网络进行融合和扩展，利用新技术以实现更加广泛和高效的互联功能。

由于广域通信网络在早期物联网发展中的缺位，早期的物联网应用往往在部署范围、应用领域等诸多方面有所局限，终端之间以及终端与后台软件之间难以开展协同。随着物联网发展，将建立端到端的全局网络。

由于物联网网络层是建立在 Internet 和移动通信网等现有网络基础上，除具有当前已经比较成熟的如远距离有线、无线通信技术和网络技术外，为实现“物物相联”的需求，物联网网络层将综合使用 IPv6、2G/3G/4G/5G、Wi-Fi 等通信技术，实现有线与无线的结合、宽带与窄带的结合、感知网与通信网的结合。

2.3.3 网络层关键技术

下面将对物联网依托的 Internet、移动通信网和无线传感器网络三种主要网络形态及其涉及的 IPv6、Wi-Fi 等关键技术，以及 ZigBee、蓝牙进行介绍 。

1.Internet

Internet，中文译为因特网，是以相互交流信息资源为目的，基于一些共同的协议，并通过许多路由器和公共互联网连接而成，它是一个信息资源和资源共享的集合。

引入 IPv6 技术，使网络不仅可以为人类服务，还将服务于众多硬件设备，如家用电器、传感器、远程照相机、汽车等，它将使物联网无所不在、无处不在地深入社会每个角落。

2. 移动通信网

移动通信网络以其覆盖广、建设成本低、部署方便、终端具备移动性等特点将成为物联网重要的接入手段和传输载体，为人与人之间通信、人与网络之间的通信、物与物之间的通信提供服务。

移动通信网由无线接入网、核心网和主干网三部分组成。无线接入网主要为移动终端提供接入网络服务，核心网和主干网主要为各种业务提供交换和传输服务。从通信技术层面看，移动通信网的基本技术可分为传输技术和交换技术两大类。

在移动通信网中，当前比较热门的接入技术有 5G、Wi-Fi 和 WiMAX。在移动通信网中，5G 是指第五代移动通信技术（5th generation mobile networks 或 5th generation wireless systems、5th-Generation，简称 5G 或 5G 技术）是最新一代蜂窝移动通信技术，也是继 4G（LTE-A、WiMax）、3G（UMTS、LTE）和 2G（GSM）系统之后的延伸。5G 的性能目标是高数据传输速率、减少延迟、节省能源、降低成本、提高系统容量和大规模设备连接。Release-15 中的 5G 规范的第一阶段是为了适应早期的商业部署。Release-16 的第二阶段于 2020 年 4 月完成，作为 IMT-2020 技术的候选提交给国际电信联盟（ITU）。ITU IMT-2020 规范要求速度高达 20 Gbit/s，可以实现宽信道带宽和大容量 MIMO。5G 网络的主要优势在于，数据传输速率远远高于以前的蜂窝网络，最高可达 10 Gbit/s，比有线互联网要快，比先前的 4G LTE 蜂窝网络快 100 倍。另一个优点是较低的网络延迟（更快的响应时间），低于 1 ms，而 4G 为 30~70 ms。由于数据传输更快，5G 网络将不仅仅为手机提供服务，而且还将成为一般性的家庭和办公网络提供商，与有线网络提供商竞争。

Wi-Fi 全称 Wireless Fidelity（无线保真技术），传输距离有几百米，可实现各种便携设备（手机、笔记本电脑、PDA 等）在局部区域内的高速无线连接或接入局域网。Wi-Fi 是由接入点 AP（Access Point）和无线网卡组成的无线网络。主流的 Wi-Fi 技术无线标准有 IEEE 802.11b 及 IEEE 802.11g 两种，分别可以提供 11 Mbit/s 和 54 Mbit/s 两种传输速率。

WiMAX 全称 World Interoperability for Microwave Access（全球微波接入互操作性），是一种城域网（MAN）无线接入技术，是针对微波和毫米波频段提出的一种空中接口标准，其信号传输半径可以达到 50 km，基本上能覆盖到城郊。正是由于这种远距离传输特性，WiMAX 不仅能解决无线接入问题，还能作为有线网络接入（有线电视、DSL）的无线扩展，方便地实现边远地区的网络连接。

3. 无线传感器网络

无线传感器网络（WSN）的基本功能是将一系列空间分散的传感器单元通过自组织的无线网络进行连接，从而将各自采集的数据通过无线网络进行传输汇总，以实现对空间分散范围内的物理或环境状况的协作监控，并根据这些信息进行相应的分析和处理。

很多文献将无线传感器网络归为感知层技术，实际上无线传感器网络技术贯穿物联网的三个层面，是结合了计算机、通信、传感器三项技术的一门新兴技术，具有较大范围、低成本、高密度、灵活布设、实时采集、全天候工作的优势，且对物联网其他产业具有显著带动作用。本书更侧重于无线传感器网络传输方面的功能，所以放在网络层介绍。

传感器网络的首要设计目标是能源的高效利用，这也是传感器网络和传统网络最重要的区别之一，涉及节能技术、定位技术、时间同步等关键技术。

4. ZigBee 技术

ZigBee 是一种短距离、低功耗的无线传输技术，是一种介于无线标记技术和蓝牙之间的技术，它是 IEEE 802.15.4 协议的代名词。ZigBee 的名字来源于蜂群使用的赖以生存和发展的通信方式，即蜜蜂靠飞翔和“嗡嗡”（Zig）地抖动翅膀与同伴传递新发现的食物源的位置、距离和方向等信息，也就是说蜜蜂依靠这样的方式构成了群体中的通信网络。

ZigBee 采用分组交换和跳频技术，并且可使用三个频段，分别是 2.4 GHz 的公共通用频段、欧洲的 868 MHz 频段和美国的 915 MHz 频段。ZigBee 主要应用在短距离范围并且数据传输速率不高的各种电子设备之间。与蓝牙相比，ZigBee 更简单、速率更慢、功率及费用也更低。同时，由于 ZigBee 技术的低速率和通信范围较小的特点，也决定了 ZigBee 技术只适合于承载数据流量较小的业务。

其目标市场主要有 PC 外设（鼠标、键盘、游戏操控杆）、消费类电子设备（电视机、CD、VCD、DVD 等设备上的遥控装置）、家庭内智能控制（照明、燃气计量控制及报警等）、玩具（电子宠物）、医护（监视器和传感器）、工控（监视器、传感器和自动控制设备）等非常广阔的领域。

ZigBee 技术主要包括以下特点：

（1）数据传输速率低：只有 10 ~ 250 kbit/s，专注于低传输应用。

（2）低功耗：ZigBee 设备只有激活和睡眠两种状态，而且 ZigBee 网络中通信循环次数非常少，工作周期很短，一般来说两节普通 5 号干电池可使用 6 个月以上。

（3）成本低：因为 ZigBee 数据传输速率低，协议简单，所以大大降低了成本。

（4）网络容量大：ZigBee 支持星状、簇状和网状网络结构，每个 ZigBee 网络最多可支持 255 台设备，也就是说每个 ZigBee 设备可以与另外 254 台设备相连接。

（5）有效范围小：有效传输距离 10 ~ 75 m，具体依据实际发射功率的大小和各种不同的应用模式而定，基本上能够覆盖普通的家庭或办公室环境。

（6）工作频段灵活：使用的频段分别为 2.4 GHz、868 MHz（欧洲）及 915 MHz（美国），均为免执照频段。

（7）可靠性高：采用了碰撞避免机制，同时为需要固定带宽的通信业务预留了专用时隙，避免了发送数据时的竞争和冲突；节点模块之间具有自动动态组网的功能，信息在整个 ZigBee 网络中通过自动路由的方式进行传输，从而保证了信息传输的可靠性。

（8）时延短：ZigBee 针对时延敏感的应用做了优化，通信时延和从休眠状态激活的时延都非常短。

（9）安全性高：ZigBee 提供了数据完整性检查和鉴定功能，采用 AES-128 加密算法，同时根据具体应用可以灵活确定其安全属性。

5. 蓝牙

蓝牙（Bluetooth）是一种无线数据与话音通信的开放性全球规范，也是一种短距离的无线传输技术。其实质内容是为固定设备或移动设备之间的通信环境建立通用的短距离无线接口，将通信技术与计算机技术进一步结合起来，是各种设备在无电线或电缆相互连接的情况下，能在短距离范围内实现相互通信或操作的一种技术。蓝牙采用高速跳频（Frequency Hopping）和时分多址（Time Division Multiple Access，TDMA）等技术，支持点对点及点对多点通信。其传输频段为全球公共通用的 2.4 GHz 频段，能提供 1 Mbit/s 的传输速率和 10 m 的传输距离，并采用时分双工传输方案实现全双工传输。

蓝牙除具有和 ZigBee 一样，可以全球范围适用、功耗低、成本低、抗干扰能力强等特点外，还有许多自己的特点。

（1）同时可传输话音和数据。蓝牙采用电路交换和分组交换技术，支持异步数据信道、三路话音信道以及异步数据与同步话音同时传输的信道。

（2）可以建立临时性的对等连接（Ad hoc Connection)。

（3）开放的接口标准。为了推广蓝牙技术的使用，蓝牙技术联盟（Bluetooth SIG）将蓝牙的技术标准全部公开，全世界范围内的任何单位和个人都可以进行蓝牙产品的开发，只要最终通过 Bluetooth SIG 的蓝牙产品兼容性测试，就可以推向市场。

2.4 应用层

2.4.1 应用层概述

物联网的应用领域十分广泛。物联网应用层解决的是信息处理和人机交互的问题，网络层传输而来的数据在这一层进入各行各业、各种类型的信息处理系统，并通过各种设备与人进行交互。应用层主要由两个子层构成：其一是物联网中间件；其二是物联网应用场景。应用层利用经过分析处理的感知数据，为用户提供丰富的特定服务。物联网的应用可分为监控型（物流监控、污染监控）、查询型（智能检索、远程抄表）、控制型（智能交通、智能家居、路灯控制）、扫描型（手机钱包、高速公路不停车收费）等。随着技术的不断进步，如今物联网已成为人们日常生活的一部分。物联网应用领域如图 2-7 所示。

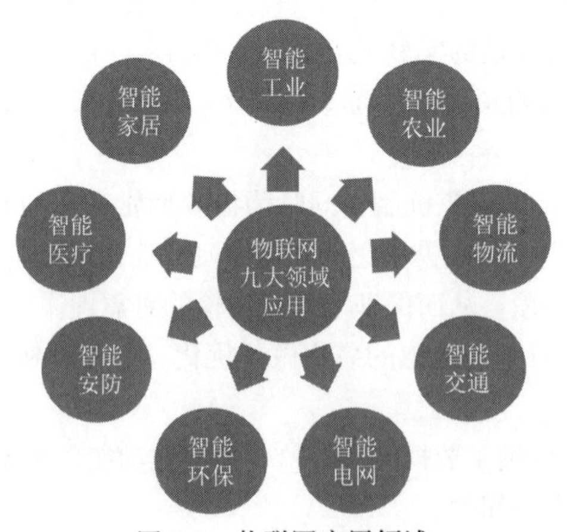

图 2-7 物联网应用领域

应用层将网络层传输来的数据通过各类信息系统进行处理，并通过各种设备与人进行交互。这一层也可按形态直观地划分为两个子层：一个是应用程序层；另一个是终端设备层。应用程序层进行数据处理，完成跨行业、跨应用、跨系统之间的信息协同、共享、互通的功能，包括电力、医疗、银行、交通、环保、物流、工业、农业、城市管理、家居生活等，可用于政府、企业、社会组织、家庭、个人等，这正是物联网作为深度信息化网络的重要体现。而终端设备层主要是提供人机界面，物联网虽然是“物物相联的网”，但最终是要以人为本的，最终还是需要人的操作与控制，不过这里的人机界面已远远超出现在人与计算机交互的概念，而是泛指与应用程序相连的各种设备与人的反馈。

2.4.2 应用层关键技术

1. M2M

M2M 是 Machine-to-Machine（机器对机器）的缩写，根据不同应用场景，往往也被解释为 Man-to-Machine（人对机器）、Machine-to-Man（机器对人）、Mobile-to-Machine（移动网络对机器）、Machine-to-Mobile（机器对移动网络）。Machine 一般特指人造的机器设备，而物联网（The Internet of Things）中的 Things 则是指更抽象的物体，范围也更广。例如，树木和动物属于 Things，可以被感知、被标记，属于物联网的研究范畴，但它们不是 Machine，不是人为事物。冰箱则属于 Machine，同时也是一种 Things。所以，M2M 可以看作物联网的子集或应用。

M2M 将多种不同类型的通信技术有机地结合在一起，将数据从一台终端传送到另一台终端，也就是机器与机器的对话。M2M 技术综合了数据采集、GPS、远程监控、电信、工业控制等技术，可以在安全监测、自动抄表、机械服务、维修业务、自动售货机、公共交通系统、车队管理、工业流程自动化、电动机械、城市信息化等环境中运行并提供广泛的应用和解决方案。

M2M 技术的目标就是使所有机器设备都具备联网和通信能力，其核心理念就是网络一切（Network Everything）。

2. 云计算技术

云计算通过共享基础资源（硬件、平台、软件）的方法，将巨大的系统池连接在一起以提供各种 IT 服务，这样企业与个人用户无须再投入昂贵的硬件购置成本，只需要通过互联网来租赁计算力等资源。用户可以在多种场合，利用各类终端，通过互联网接入云计算平台来共享资源。

云计算涵盖的业务范围，一般有狭义和广义之分。狭义云计算指 IT 基础设施的交付和使用模式，通过网络以按需、易扩展的方式获得所需的资源（硬件、平台、软件）。提供资源的网络被称为“云”。“云”中的资源在使用者看来是可以无限扩展的，并且可以随时获取、按需使用、随时扩展、按使用付费。这种特性经常被称为像水电一样使用的 IT 基础设施。广义云计算指服务的交付和使用模式，通过网络以按需、易扩展的方式获得所需的服务。这种服务可以是 IT 和软件、互联网相关的，也可以使用任意其他服务。

云计算由于具有强大的处理能力、存储能力、带宽和极高的性价比，可以有效用于物联网应用和业务，也是应用层能提供众多服务的基础。它可以为各种不同的物联网应用提供统一的服务交付平台，可以为物联网应用提供海量的计算和存储资源，还可以提供统一的数据存储格式和数据处理方法。利用云计算可以大大简化应用的交付过程，降低交付成本，并能提高处理效率。同时，物联网也将成为云计算最大的用户，促使云计算取得更大的商业成功。

3. 人工智能技术

人工智能（Artificial Intelligence，AI）是探索研究使各种机器模拟人的某些思维过程和智能行为（如学习、推理、思考、规划等），使人类的智能得以物化与延伸的一门学科。该领域的研究包括机器人、语言识别、图像识别、自然语言处理和专家系统等。当前主要的方法有神经网络、进化计算和粒度计算三种。在物联网中，人工智能技术主要负责分析物品所承载的信息内容，从而实现计算机自动处理。

人工智能技术的优点在于：大大改善操作者作业环境，减轻工作强度；提高了作业质量和工作效率；一些危险场合或重点施工应用得到解决；环保、节能；提高了机器的自动化程度及智能化水平；提高了设备的可靠性，降低了维护成本；故障诊断实现了智能化等。

4. 数据挖掘技术

数据挖掘（Data Mining）是从大量的、不完全的、有噪声的、模糊的及随机的实际应用数据中，挖掘出隐含的、未知的、对决策有潜在价值的数据的过程。数据挖掘主要基于人工智能、机器学习、模式识别、统计学、数据库、可视化技术等，高度自动化地分析数据，做出归纳性的推理。它一般分为描述型数据挖掘和预测型数据挖掘两种。描述型数据挖掘包括数据总结、聚类及关联分析等；预测型数据挖掘包括分类、回归及时间序列分析等。通过对数据的统计、分析、综合、归纳和推理，揭示事件间的相互关系，预测未来的发展趋势，为决策者提供决策依据。

在物联网中，数据挖掘只是一个代表性概念，它是一些能够实现物联网“智能化”“智慧化”的分析技术和应用的统称。细分起来，包括数据挖掘和数据仓库（Data Warehousing）、决策支持（Decision Support）、商业智能（Business Intelligence）、报表（Reporting）、ETL（数据抽取、转换和清洗等）、在线数据分析、平衡计分卡（Balanced Scoreboard）等技术和应用。

5. 中间件技术

中间件是为了实现每个小的应用环境或系统的标准化及它们之间的通信，在后台应用软件和读写器之间设置的一个通用的平台和接口。在物联网中，中间件作为其软件部分，有着举足轻重的地位。物联网中间件是在物联网中采用中间件技术，以实现多个系统或多种技术之间的资源共享，最终组成一个资源丰富、功能强大的服务系统，最大限度地发挥物联网系统的作用。具体来说，物联网中间件的主要作用在于将实体对象转换为信息环境下的虚拟对象，因此数据处理是中间件最重要的功能。同时，中间件具有数据的搜集、过滤、整合与传递等特性，以便将正确的对象信息传到后端的应用系统。主流的中间件包括 ASPIRE 和 Hydra。

物联网中间件的实现依托于中间件关键技术的支持，这些关键技术包括 Web 服务、嵌入式 Web、Semantic Web 技术、上下文感知技术、嵌入式设备及 Web of Things 等。

本章小结

本章介绍了物联网和系统架构、物联网的感知层、网络层、应用层等内容。通过本章的学习，可以对物联网的体系架构的三层体系及关键技术等有一个系统的认识。

习　题

1. 物联网体系架构主要有哪几层？分别是什么？
2. 简述物联网感知层的组成与作用。
3. 简述物联网应用层相关技术。

第3章 传感器技术

人们为了从外界获取信息，必须借助感觉器官。而单靠人们自身的感觉器官，在研究自然现象和规律及生产活动中它们的功能就远远不够了。为适应这种情况，就需要传感器。本单元介绍了传感器的定义、组成、分类和基本特性，并对各类传感器的特点和工作原理作了系统的介绍。

学习目标

- 理解传感器的定义、组成和分类
- 了解传感器的基本特性
- 掌握各类传感器的特点和工作原理

知识结构

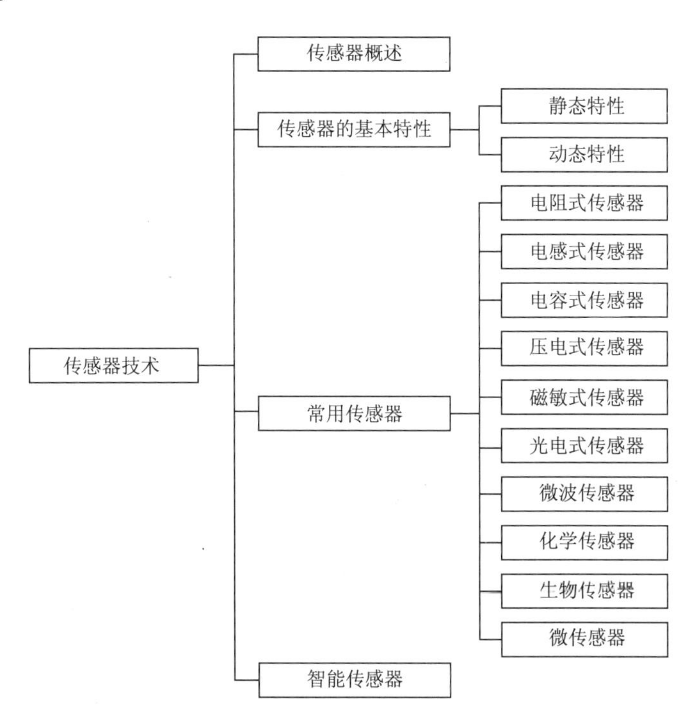

3.1 传感器概述

传感器技术1

传感器位于研究对象与测控系统之间的接口位置，是感知、获取与检测信息的窗口。一切科学实验和生产实践，特别是自动控制系统中要获取的信息，都要首先通过传感器获取并转换为容易传输和处理的电信号。

1. 传感器的定义

根据我国国家标准《传感器通用术语》（GB/T 7665—2005），传感器定义为：能够感受规定的被测量并按照一定规律转换成可用输出信号的器件和装置，通常由敏感元件和转换元件组成。其中，敏感元件是指传感器中能直接感受和响应被测量的部分；转换元件是指传感器中能将敏感元件的感受或响应的被测量转换成适于传输和处理的电信号部分。

传感器的共性就是利用物理定律或物质的物理、化学或生物特性，将非电量（如位移、速度、加速度、力等）输入转换成电量（电压、电流、频率、电荷、电容、电阻等）输出。

根据传感器的定义，传感器的基本组成分为敏感元件和转换元件两部分，分别完成检测和转换两个基本功能。

2. 传感器的组成

传感器一般由敏感元件、转换元件、信号调理与转换电路和辅助电源四部分组成，如图3-1所示。

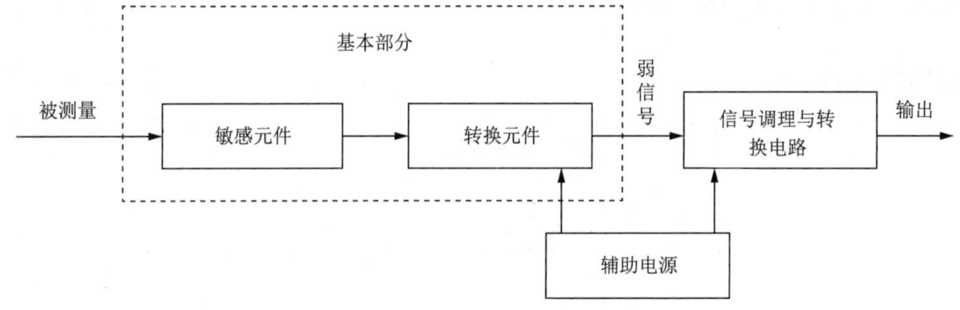

图3-1 传感器的组成

敏感元件直接感受被测量，并输出与被测量有确定关系的物理量信号；转换元件将敏感元件输出的物理量信号转换为电信号；信号调理与转换电路负责对转换元件输出的电信号进行放大调制；转换元件和变换电路一般需要辅助电源供电。

3. 传感器的分类

传感器可按输入量、输出量、工作原理、基本效应、能量变换关系及所蕴含的技术特征等分类。

（1）按传感器的输入量（即被测参数）进行分类，可分为位移、速度、温度、压力传感器等。

（2）按传感器的输出量进行分类，可分为模拟式和数字式传感器。

（3）按传感器的工作原理进行分类，可分为电阻式、电容式、电感式、压电式、磁敏式、热电式、光电式传感器等。

（4）按传感器的基本效应分类，可分为物理型、化学型、生物型传感器等。

（5）按传感器的能量变换关系进行分类，可分为能量控制型、能量变换型传感器。

（6）按传感器所蕴含的技术特征分类，可分为传统传感器与智能传感器。

3.2 传感器的基本特性

传感器的基本特性是指传感器的输入 / 输出关系特性，是传感器的内部结构参数作用关系的外部特性表现。不同的传感器有不同的内部结构参数，决定了它们具有不同的外部特性。

传感器所测量的物理量基本上有两种形式：稳态（静态或准静态）和动态（周期变化或瞬态）。前者的信号不随时间变化（或变化很缓慢）；后者的信号是随时间变化而变化的。传感器所表现出来的输入 / 输出特性存在静态特性和动态特性。

3.2.1 传感器的静态特性

传感器的静态特性是它在稳态信号作用下的输入 / 输出关系。静态特性所描述的传感器的输入 / 输出关系式中不含时间变量。

衡量传感器静态特性的主要指标是线性度、灵敏度、分辨率、迟滞、重复性和漂移。

1. 线性度

线性度是指传感器的输出与输入间成线性关系的程度。传感器的实际输入 / 输出特性大都具有一定程度的非线性，在输入量变化范围不大的条件下，可以用切线或割线拟合、过零旋转拟合、端点平移拟合等来近似地代表实际曲线的一段，这就是传感器非线性特性的“线性化”。所采用的直线称为拟合直线，实际特性曲线与拟合直线间的偏差称为传感器的非线性误差，取其最大值与输出满刻度值（即满量程）之比作为评价非线性误差（或线性度）的指标。

2. 灵敏度

灵敏度是传感器在稳态下输出量变化对输入量变化的比值。

对于线性传感器，它的灵敏度就是它的静态特性曲线的斜率；非线性传感器的灵敏度为变量。

3. 分辨率

分辨率是指传感器能够感知或检测到的最小输入信号增量，反映传感器能够分辨被测量微小变化的能力。分辨率可以用增量的绝对值或增量与满量程的百分比来表示。

4. 迟滞

迟滞，也称回程误差，是指在相同测量条件下，对应于同一大小的输入信号，传感器正（输入量由小增大）、反（输入量由大减小）行程的输出信号大小不相等的现象。产生迟滞的原因：传感器机械部分存在不可避免的摩擦、间隙、松动、积尘等，引起能量吸收和消耗。

迟滞特性表明传感器正、反行程期间输入 / 输出特性曲线不重合的程度。迟滞的大小一般由实验方法来确定。用正反行程间的最大输出差值对满量程输出的百分比来表示。

5. 重复性

重复性表示传感器在输入量按同一方向作全量程多次测试时所得输入 / 输出特性曲线一致的程度。实际特性曲线不重复的原因与迟滞的产生原因相同。重复性指标一般采用输出最大不重复误差与满量程输出的百分比表示。

6. 漂移

漂移是指传感器在输入量不变的情况下，输出量随时间变化的现象；漂移将影响传感器的稳定性或可靠性。产生漂移的原因主要有两个：一是传感器自身结构参数发生老化，如零点漂移（简称零漂）；二是在测试过程中周围环境（如温度、湿度、压力等）发生变化，这种情况最常见的是温度漂移（简称温漂）。

3.2.2 传感器的动态特性

传感器的动态特性是指传感器对动态激励（输入）的响应（输出）特性，即其输出对随时间变化的输入量的响应特性。一个动态特性好的传感器，其输出随时间变化的规律（输出变化曲线），将能再现输入随时间变化的规律（输入变化曲线），即输出输入具有相同的时间函数。但实际上由于制作传感器的敏感材料对不同的变化会表现出一定程度的惯性（如温度测量中的热惯性），因此输出信号与输入信号并不具有完全相同的时间函数，这种输入与输出间的差异称为动态误差，动态误差反映的是惯性延迟所引起的附加误差。

传感器的动态特性可以从时域和频域两个方面分别采用瞬态响应法和频率响应法来分析。在时域内研究传感器的响应特性时，一般采用阶跃函数；在频域内研究动态特性一般是采用正弦函数。对应的传感器动态特性指标分为两类，即与阶跃响应有关的指标和与频率响应特性有关的指标：

（1）在采用阶跃输入研究传感器的时域动态特性时，常用延迟时间、上升时间、响应时间、超调量等来表征传感器的动态特性。

（2）在采用正弦输入信号研究传感器的频域动态特性时，常用幅频特性和相频特性来描述传感器的动态特性。

3.3 常用传感器

3.3.1 电阻式传感器

电阻式传感器的基本工作原理是将被测量的变化转化为传感器电阻值的变化，再经一定的测量电路实现对测量结果的输出。电阻式传感器应用广泛、种类繁多，如应变电阻式传感器、压阻式传感器、热敏电阻传感器、光敏电阻传感器等。

1. 应变电阻式传感器

应变是物体在外部压力或拉力作用下发生形变的现象。当外力去除后物体又能完全恢复其原来的尺寸和形状的应变称为弹性应变。具有弹性应变特性的物体称为弹性元件。

应变电阻式传感器是利用电阻应变片将应变转换为电阻变化的传感器。应变电阻式传感器在力、力矩、压力、加速度、重量等参数的测量中得到了广泛的应用。

应变电阻式传感器的基本工作原理：当被测物理量作用在弹性元件上，弹性元件在力、力矩或压力等的作用下发生形变，产生相应的应变或位移，然后传递给与之相连的电阻应变片，引起应变敏感元件的电阻值发生变化，通过测量电路变成电压等电量输出。输出的电压大小反映了被测物理量的大小。

图 3-2 是一种金属应变电阻式传感器的结构，它由基体材料、金属电阻应变丝或应变箔、绝缘保护层和引线等部分组成。当传感器受外力作用导致金属丝受外力作用时，金属丝的长度和截面积都会发生变化，压力传感器电阻值随之发生改变。例如，金属丝受外力作用伸长时，截面积减少，电阻值增大；当金属丝受外力作用而压缩时，长度减小而截面增加，电阻值则会减小。只要测出加在电阻上的变化（通常是测量电阻两端的电压），即可获得应变金属丝的应变情况。

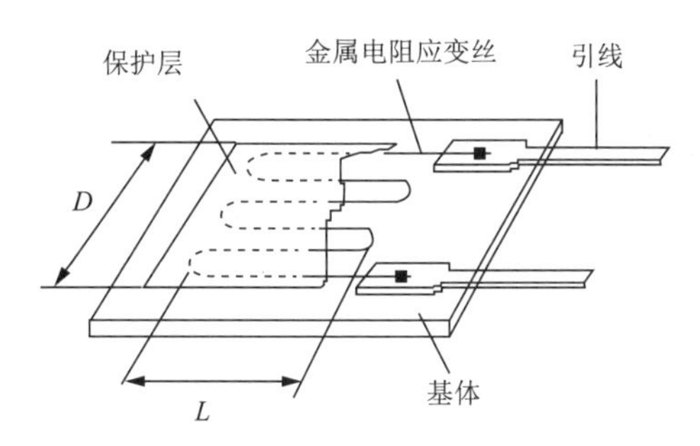

图 3-2　金属应变电阻式传感器的结构

2. 压阻式传感器

压阻式传感器是利用单晶硅半导体材料的压阻效应和集成电路技术制成的传感器。单晶硅半导体材料在某一轴向施加一定压力而产生应力时，其电阻率会发生变化，通过测量电路就可得到正比于力变化的电信号输出。压阻式传感器是通过在半导体基片上经扩散电阻而制成的一种纯电阻元件。基片可直接作为测量传感元件，扩散电阻在基片内接成电桥形式。基片受外力作用而产生形变时，电桥就会产生相应的不平衡从而输出电信号。压阻式传感器的结构如图 3-3 所示。

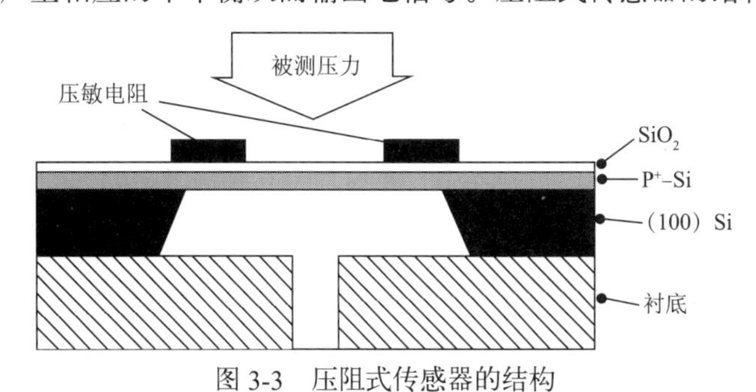

图 3-3　压阻式传感器的结构

3. 热敏电阻传感器

热敏电阻器主要是利用电阻值温度变化而变化这一特性来测量温度及与温度有关的参数。热敏电阻器的典型特点是对温度敏感，不同的温度下表现出不同的电阻值。利用上述原理制成的传感器称为热敏电阻传感器。热敏电阻传感器的原理结构图如图 3-4 所示。

图 3-4　热敏电阻传感器的原理结构图

4. 光敏电阻传感器

光敏电阻传感器是利用光敏电阻元件将光信号转换为电信号的传感器。光敏电阻材料主要是金属硫化物、硒化物和碲化物等半导体。通常采用涂敷、喷涂、烧结等方法在绝缘衬底上制作很薄的光敏电阻体及梳状欧姆电极，接出引线，封装在具有透光镜的密封壳体内。黑暗中，材料电阻值很高，光照时，只要光子能量大于半导体材料的禁带宽度，则价带中的电子吸收一个光子的能量后可跃迁到导带，并在价带中产生一个带正电荷的空穴，这种由光照产生的电子 - 空穴对增加了半导体材料中载流子的数目，其电阻率变小，电阻阻值下降。光照越强，阻值越低。入射光消失后，由光子激发产生的电子 - 空穴对将逐渐复合，光敏电阻值也就恢复。光敏电阻的原理及电路如图 3-5 所示。

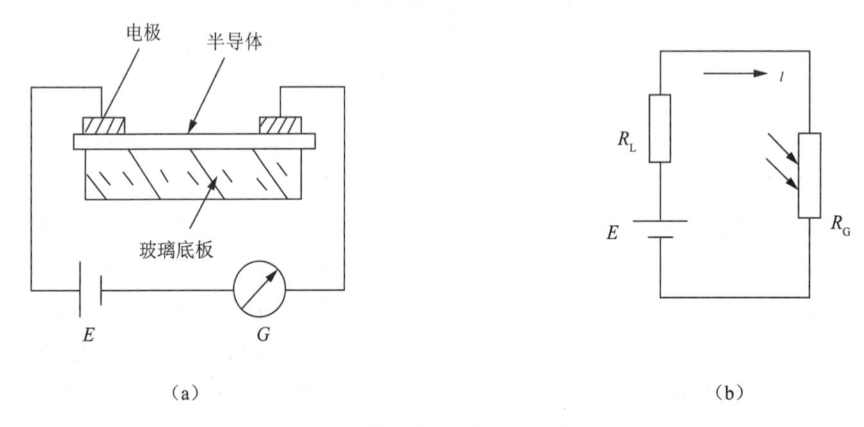

图 3-5　光敏电阻原理及电路图

3.3.2　电感式传感器

电感式传感器是建立在电磁感应基础上的，电感式传感器可以把输入的物理量（如位移、振动、压力、流量、比重）转换为线圈的自感系数或互感系数的变化，并通过测量电路将或的变化转换为电压或电流的变化，从而将非电量转换成电信号输出，实现对非电量的测量。

根据转换原理，电感式传感器分为自感式和互感式两大类。自感式电感传感器分为变磁阻式和涡流式两种。下面以变磁阻电感式传感器为例来说明。

变磁阻电感式传感器的结构如图 3-6 所示。它由线圈、铁芯、衔铁三部分组成。在铁芯和衔铁间有气隙，当衔铁移动时气隙厚度发生变化，引起磁路中磁阻变化，从而导致线圈的电感值变化。通过测量电感量的变化就能确定衔铁位移量的大小和方向。

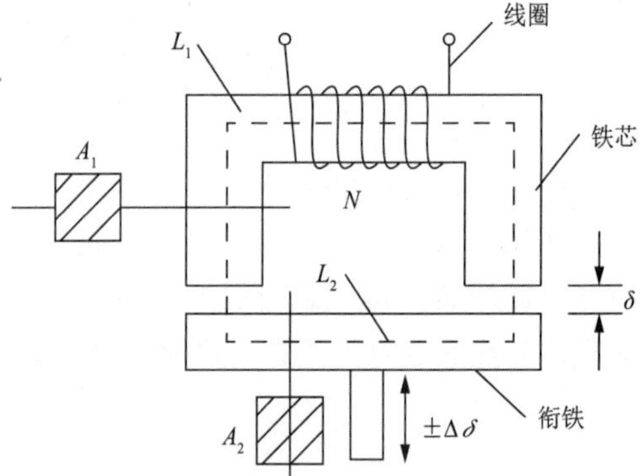

图 3-6　变磁阻电感式传感器的结构

3.3.3　电容式传感器

电容式传感器利用了将非电量的变化转换为电容量的变化来实现对物理量的测量。电容式传感器广泛用于位移、振动、角度、加速度，以及压力、差压、液面（料位或物位）、成分含量等的测量。

电容式传感器的常见结构包括平板状和圆筒状，简称平板电容器或圆筒电容器。

平板电容式传感器的结构如图 3-7 所示。当被测参数变化引起两平行板所覆盖的面积、极板间介质相对介电常数或两平行板间的距离变化时，将导致平板电容式传感器的电容量随之发生变化。

在实际使用中，通常保持其中两个参数不变，而只变其中一个参数，把该参数的变化转换成电容量的变化，通过测量电路转换为电量输出。因此，平板电容式传感器可分为三种：变极板覆盖面积的变面积型、变介质介电常数的变介质型和变极板间距离的变极距型。

圆筒电容式传感器的结构如图 3-8 所示。当被测参数变化引起极板间介质的相对介电常数或内外极板所覆盖的高度变化时，将导致圆筒电容式传感器的电容量随之发生变化。在实际使用中，通常保持其中一个参数不变，而改变另一个参数，把该参数的变化转换成电容量的变化，通过测量电路转换为电量输出。因此，圆筒电容式传感器可分为两种：变介质介电常数的变介质型和变极板间覆盖高度的变面积型。

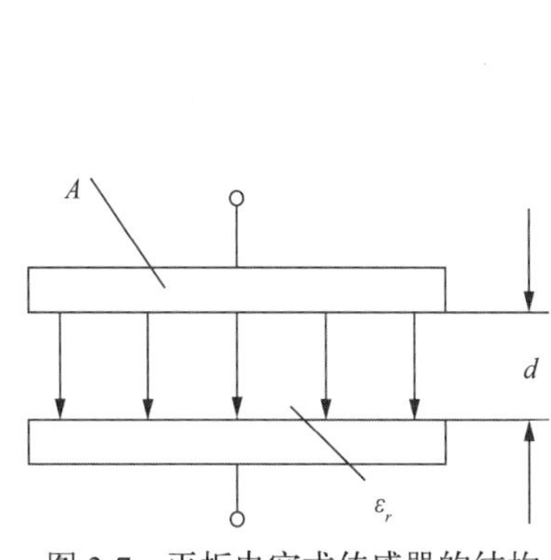

图 3-7　平板电容式传感器的结构

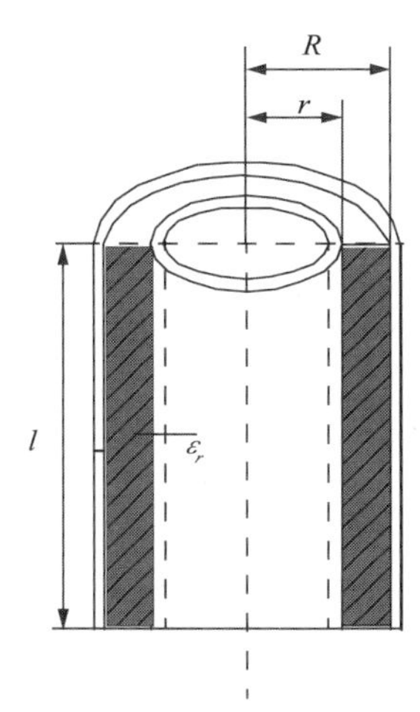

图 3-8　圆筒电容式传感器的结构

3.3.4　压电式传感器

压电式传感器是一种自发电式和机电转换式传感器，其敏感元件由压电材料制成。压电材料是呈现压电效应的敏感功能材料。所谓压电效应，就是对某些电介质沿一定方向施以外力使其变形时，其内部将产生极化而使其表面出现电荷集聚的现象，也称正压电效应，是机械能转变为电能。当在片状压电材料的两个电极面上加上交流电压，那么压电片将产生机械振动，即压电片在电极方向上产生伸缩变形，压电材料的这种现象称为电致伸缩效应，也称逆压电效应。逆压电效应是将电能转变为机械能。

压电式传感器可以等效为一个电容器，如图 3-9 所示。

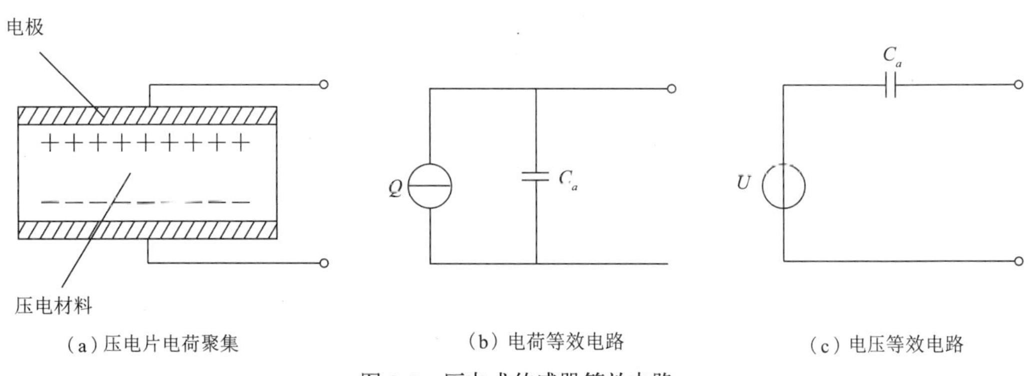

（a）压电片电荷聚集　　（b）电荷等效电路　　（c）电压等效电路

图 3-9　压电式传感器等效电路

压电式传感器的用途：主要用于与力相关的动态参数测试，如动态力、机械冲击、振动等，它可以把加速度、压力、位移、温度等许多非电量转换为电量。

3.3.5 磁敏式传感器

对磁场参量敏感、通过磁电作用将被测量（如振动、位移、转速等）转换为电信号的器件或装置称为磁敏式传感器。磁电作用主要分为电磁感应和霍尔效应两种情况，相应的磁敏式传感器主要有磁电感应式传感器和霍尔式传感器两种。

1. 磁电感应式传感器

磁电感应式传感器是利用导体和磁场发生相对运动而在导体两端输出感应电动势的原理进行工作的。它是一种机－电能量变换型传感器，属于有源传感器。磁电感应式传感器适用于转速、振动、位移、扭矩等测量。

磁电感应式传感器分为恒磁通式传感器和变磁通式传感器两类。

恒磁通式传感器是指在测量过程中使导体（线圈）位置相对于恒定磁通变化而实现测量的一类磁电感应式传感器，分成动圈式和动铁式两种结构类型，如图 3-10 所示。

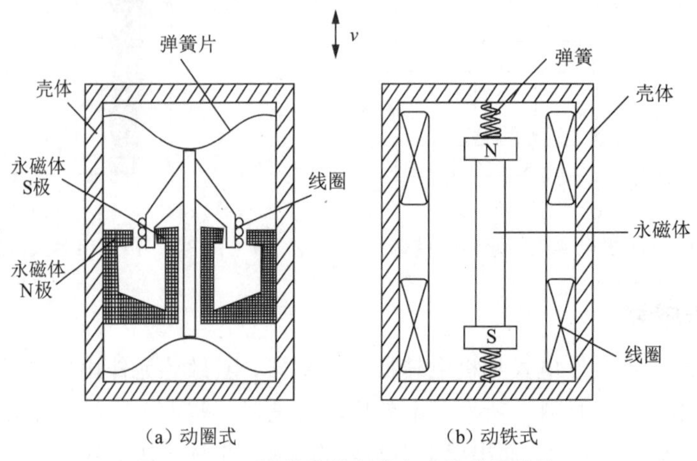

(a) 动圈式　　(b) 动铁式

图 3-10　恒磁通磁电感应式传感器结构

变磁通式传感器主要是靠改变磁路的磁通大小来进行测量，即通过改变测量磁路中气隙的大小改变磁路的磁阻，从而改变磁路的磁通。变磁通磁电感应式传感器的结构原理如图 3-11 所示。变磁通磁电感应式传感器可分为开磁路和闭磁路两种结构。

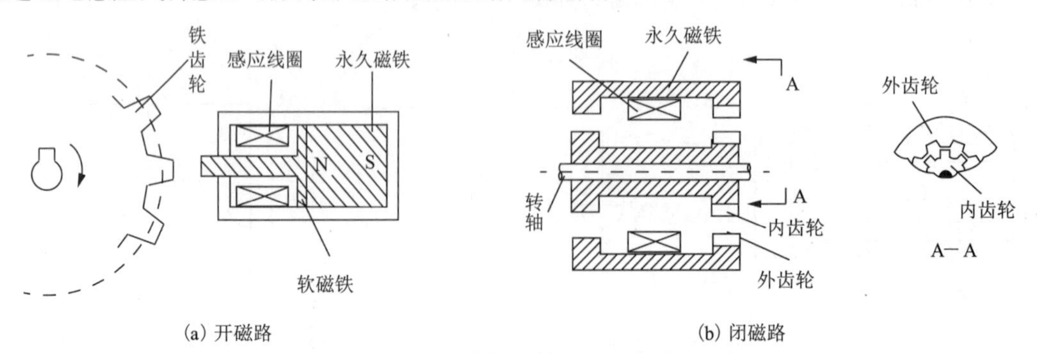

(a) 开磁路　　(b) 闭磁路

图 3-11　变磁通磁电感应式传感器结构

2. 霍尔式传感器

霍尔式传感器的核心是霍尔元件，其工作原理是霍尔效应，即当载流导体或半导体处于与电流相垂直的磁场中时，在其两端将产生电位差，该电位差称为霍尔电压。霍尔效应原理如图 3-12 所示。

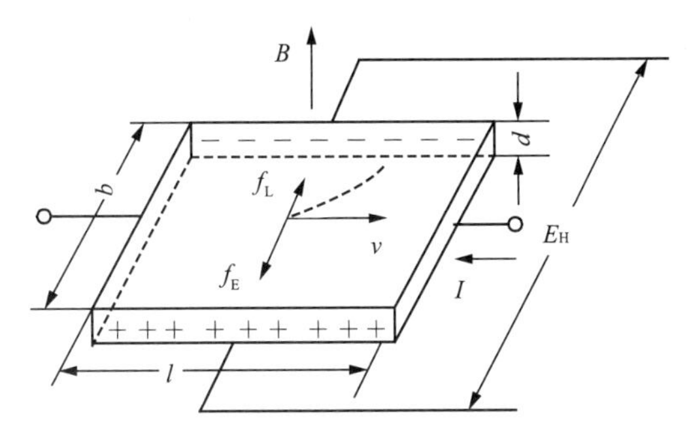

图 3-12　霍尔效应原理

3.3.6　光电式传感器

光电式传感器是利用光电器件把光信号转换成电信号（电压、电流、电荷、电阻等）的装置。光电式传感器工作时，先将被测量转换为光量的变化，然后通过光电器件把光量的变化转换为相应的电量变化，从而实现对非电量的测量。

光电式传感器可以直接检测光信号，还可以间接测量温度、压力、位移、速度、加速度等，虽然它是发展较晚的一类传感器，但其发展速度快、应用范围广，具有很大的应用潜力。

按照工作原理的不同，可将光电式传感器分为光电效应传感器、红外热释电探测器、固体图像传感器、光纤传感器等。下面以光电效应传感器为例来说明。

光电效应传感器是利用光电效应将光通量转换为电量的一种装置。光电效应是指光照射到金属上，引起物质的电性质发生变化。光电效应分为光电子发射（见图 3-13）、光电导效应和阻挡层光电效应，又称光生伏特效应。前一种现象发生在物体表面，称为外光电效应；后两种现象发生在物体内部，称为内光电效应。

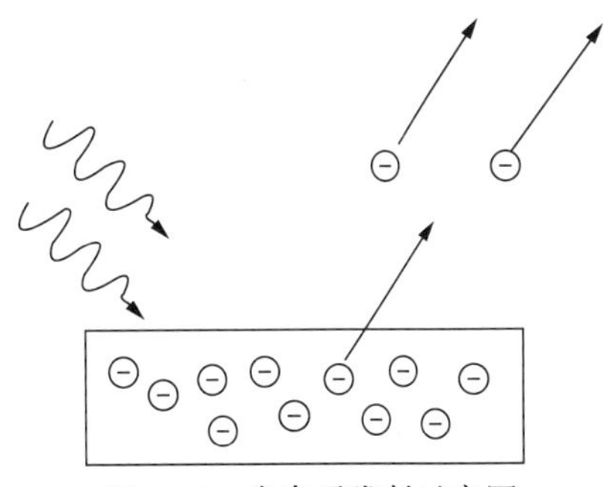

图 3-13　光电子发射示意图

光电式传感器可用来测量光学量或已转换为光学量的其他被测量，输出电信号。测量光学量时，光电器件是作为敏感元件使用；测量其他物理量时，它作为转换元件使用。

3.3.7　微波传感器

微波是介于红外线与无线电波之间的一种电磁波，其波长范围是 1 m ~ 1 mm，通常还按照波长特征将其细分为分米波、厘米波和毫米波三个波段。微波作为一种电磁波，具有电磁波的所有性质，利用微波与物质相互作用所表现出来的特性，人们制成了微波传感器，即微波传感器就是利用微波特性来检测某些物理量的器件或装置。

微波传感器的基本测量原理：发射天线发出微波信号，该微波信号在传播过程中遇到被测物体时将被吸收或反射，导致微波功率发生变化，通过接收天线将接收到的微波信号转换成低频电信号，再经过后续的信号调理电路等环节，即可显示出被测量。微波传感器测量原理如图 3-14 所示。

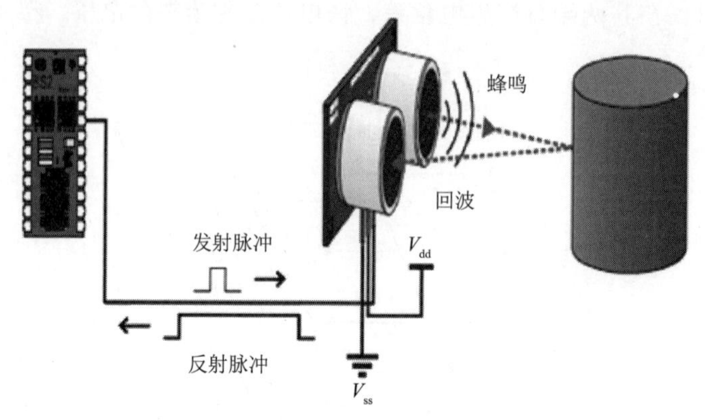

图 3-14 微波传感器测量原理示意图

3.3.8 化学传感器

化学传感器是指对各种化学物质敏感并将其浓度转换为电信号进行检测的传感器。如 CO、CO_2、O_2、H_2S 传感器、pH 传感器、酒精浓度传感器等。对比人的感官，化学传感器大体对应于人的嗅觉和味觉器官。但它还能感受人不能感受的某些物质，如 H_2、CO 等。图 3-15 所示为一种化学传感器的结构示意图。

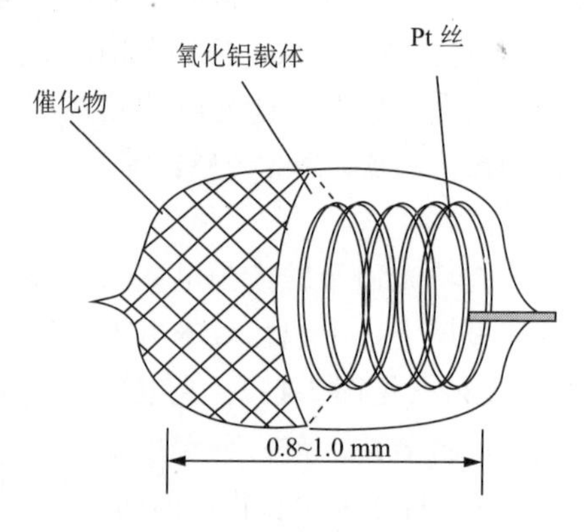

图 3-15 化学传感器的结构示意图

3.3.9 生物传感器

生物传感器是指利用固定化的生物分子作为敏感元件，用来探测生物体内或生物体外的环境化学物质或与之起特异性交互作用后产生响应的一种装置。生物传感器也定义为“一种含有固定化生物物质（如酶、抗体、全细胞、细胞器或其联合体）并与一种合适的换能器紧密结合的分析工具或系统，它可以将生化信号转化为数量化的电信号”。

生物传感器是通过被测定分子与固定在生物接收器上的敏感材料（称为生物敏感膜）发生特异性结合，并发生生物化学反应，产生热焓变化、离子强度变化、pH 变化、颜色变化、质量变化等信号，产生信号的强弱在一定条件下与特异性结合的被测定分子的量存在一定的数学关系，这些信号经换能器转变成电信号后被放大测定，从而获得被测定分子的量，如图 3-16 所示。

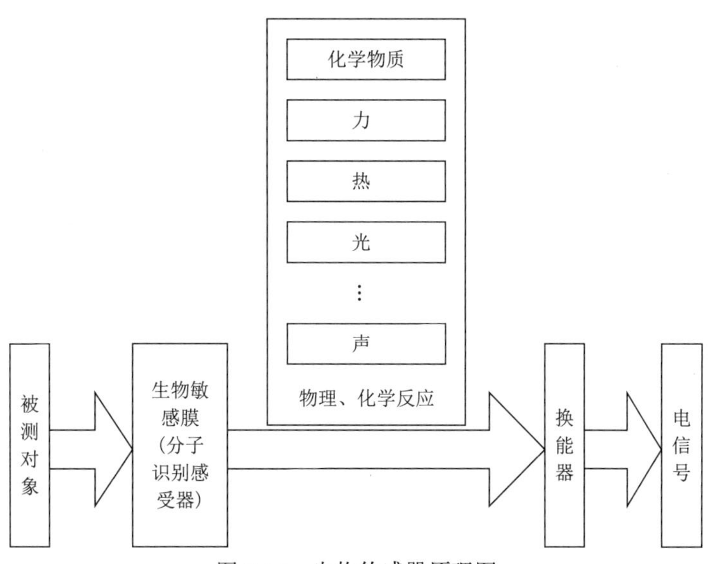

图 3-16 生物传感器原理图

3.3.10 微传感器

微机电系统（MEMS）是由微传感器、微执行器、信号处理和控制电路、通信接口和电源等部件组成的一体化的微型系统。其目标是把信息的获取、处理和执行集成在一起，组成具有多功能的微型系统，集成于大尺寸系统中，从而大幅度地提高系统的自动化、智能化和可靠性水平。MEMS 测控系统结构如图 3-17 所示。

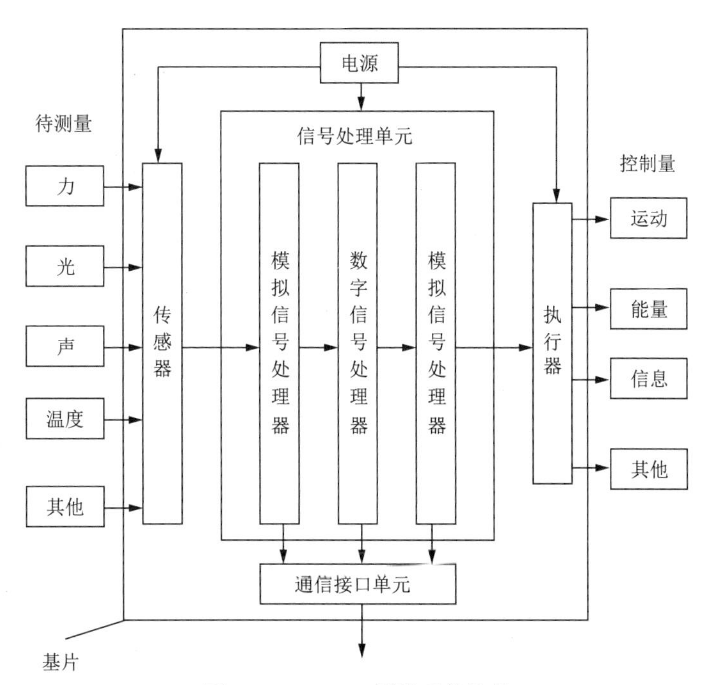

图 3-17 MEMS 测控系统结构

MEMS 的突出特点是其微型化，涉及电子、机械、材料、制造、控制、物理、化学、生物等多学科技术，其中大量应用的各种材料的特性和加工制作方法在微米或纳米尺度下具有特殊性，不能完全照搬传统的材料理论和研究方法，在器件制作工艺和技术上也与传统大器件的制作存在许多不同。

对于一个MEMS来说，通常具有以下典型的特性：(1) 微型化零件；(2) 由于受制造工艺和方法的限制，结构零件大部分为二维的、扁平零件；(3) 系统所用材料基本上为半导体材料，但也越来越多地使用塑料材料；(4) 机械和电子被集成为相应独立的子系统，如传感器、执行器和处理器等。

对于MEMS，其零件的加工一般采用特殊方法，通常采用微电子技术中普通采用的对硅的加工工艺以及精密制造与微细加工技术中对非硅材料的加工工艺，如蚀刻法、沉积法、腐蚀法、微加工法等。

随着MEMS技术的迅速发展，作为MEMS的一个构成部分的微传感器也得到长足的发展。微传感器是利用集成电路工艺和微组装工艺，基于各种物理效应的机械、电子元器件集成在一个基片上的传感器。微传感器是尺寸微型化了的传感器，但随着系统尺寸的变化，它的结构、材料、特性乃至所依据的物理作用原理均可能发生变化。

与一般传感器比较，微传感器具有以下特点：

(1) 空间占有率小。

(2) 灵敏度高，响应速度快。

(3) 便于集成化和多功能化。

(4) 可靠性提高。

(5) 消耗电力小，节省资源和能量。

(6) 价格低廉。

3.4 智能传感器

3.4.1 智能传感器概述

视频

传感器技术2

智能传感器是基于人工智能、信息处理技术实现的具有分析、判断、量程自动转换、漂移、非线性和频率响应等自动补偿，对环境影响量的自适应，自学习以及超限报警、故障诊断等功能的传感器。与传统的传感器相比，智能传感器将传感器检测信息的功能与微处理器的信息处理功能有机地结合在一起，充分利用微处理器进行数据分析和处理，并能对内部工作过程进行调节和控制，从而具有了一定的人工智能，弥补了传统传感器性能的不足，使采集的数据质量得以提高。

与传统传感器相比，智能传感器有以下优点：

(1) 通过软件可实现高精度的信息采集与前端处理，且成本低。

(2) 具有一定的编程自动化能力。

(3) 多功能化。

(4) 具有一定的自诊断与自维护能力。

3.4.2 智能传感器的主要功能

智能传感器的主要功能如下：

1. 信息存储和传输功能

随着智能集散控制系统的发展，对智能单元均要求其具备通信能力，用通信网络以数字形式进行双向通信，这成为智能传感器的关键标志之一。智能传感器通过测试数据传输或接收指令来实现各项功能。

2. 自补偿和计算功能

传感器的温度漂移和输出的非线性补偿一直是该领域的技术难点，智能传感器的自补偿和计算功能为其温度漂移和输出的非线性补偿开辟了新的途径，从而放宽了传感器加工精密度要求，只要能保证其重复性与再现性好，利用微处理器对测试信号通过软件计算，采用多次拟合和差值计算方法对漂移和非线性进行补偿，就能获得精确的测量结果。

3. 自检、自校、自诊断功能

普通传感器要定期检验和标定，以保证其使用时的准确度，这一般要求将其拆卸送检和校正，对于在线测量传感器的异常往往不能及时诊断。智能传感器首先具有诊断功能，在电源接通时能自检，诊断测试组件有无故障；其次根据使用时间可以在线进行校正，微处理器利用存在 EPROM 内的计量特性数据进行对比校正。

4. 复合敏感功能

现实场景中主要有声、光、电、热、力、化学信号等。敏感元件测量一般通过直接和间接法测量感知。而智能传感器具有复合功能，能够同时测量多种物理量和化学量，给出能够较全面反映对象的信息。

3.4.3 常用智能传感器

1. 智能压力传感器

智能压力传感器以压力测量为主，能同时动态监控传感系统自身运行环境温度，能对其漂移进行补偿，并在此基础上进行运算、电压调节、数字转换及传输接口等。智能压力传感器的实例图及微处理器功能模块结构如图 3-18 所示。

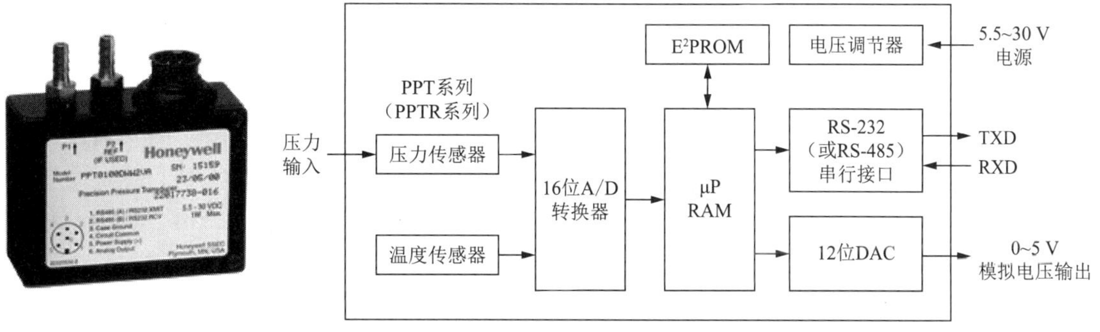

图 3-18 智能压力传感器的实例图及微处理器功能模块结构

2. 智能温湿度传感器

智能温湿度传感器体积微小，由微控单元、温度加热调整器、校准存储模块、通信接口等组成。

同时，传感器的单元化设计，使其能方便地整合到其他系统甚至组件中。智能温湿度传感器的功能模块结构如图 3-19 所示。

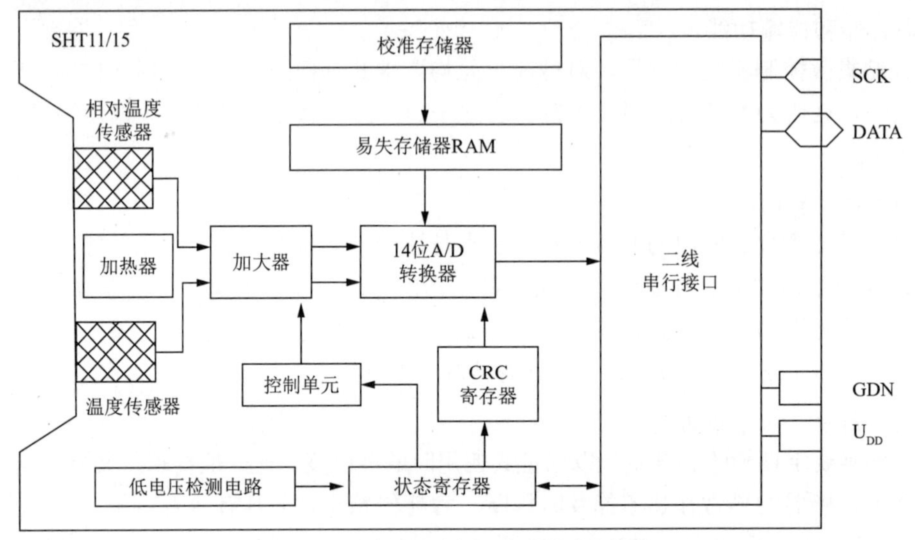

图 3-19　智能温湿度传感器的功能模块

本章小结

本章介绍了传感器的定义、组成及分类，传感器的特性，电阻式、电感式、电容式、压电式、磁敏式、光电式、微波、化学、生物、微传感器等常用传感器和智能传感器的工作原理。通过本章的学习，可以较全面地了解传感器技术。

习　　题

1. 什么是传感器？
2. 传感器通常由哪几部分组成？ 它们的作用及相互关系如何？
3. 浅谈传感器的发展趋势。

第4章 自动识别技术

物联网的宗旨是实现万物的互联与信息的方便传递，要实现人与人、人与物、物与物互联，首先要对物联网中的人或物进行识别。自动识别技术提供了物联网“物”与“网”连接的基本手段，它自动获取物品中的编码数据或特征信息，并把这些数据送入信息处理系统，是物联网自动化特征的关键环节。随着物联网领域的不断扩大和发展，条码、射频识别、近场通信、生物特征识别、卡识别等自动识别技术被广泛应用于物联网中。这些技术的应用，使物联网不但可以自动识别“物”，还可以自动识别“人”。

学习目标

- 了解自动识别技术概念
- 理解条形码技术工作原理
- 掌握 RFID 系统的构成
- 熟悉 RFID 系统的能量传输和防碰撞机制

知识结构

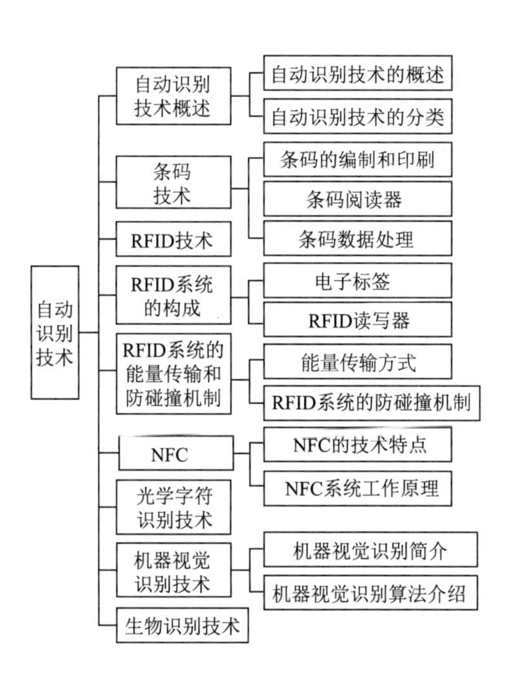

4.1 自动识别技术概述

视 频

自动识别技术1

自动识别技术是一种高度自动化的数据采集技术，它是以计算机技术和通信技术为基础的综合性科学技术，是信息数据自动识读、自动输入计算机的重要方法和手段。自动识别技术已经广泛应用于交通运输、物流、医疗卫生、生产自动化等领域，从而提高了人类的工作效率，也提高了机器的自动化和智能程度。

4.1.1 自动识别技术的概念

识别是人类社会活动的基本需求，对于人而言，识别就是辨别过程。在日常生活中，要识别周围的每一个事物，就需要采集并了解它们的信息，这些信息和数据的采集与分析对于生产或者生活决策来讲十分重要。在早期的计算机信息系统中，相当部分的数据是手工采集的。手工采集数据必然带来实差、速度慢、周期长、可靠性低、传递性差等问题。为了解决这些问题，人们研究和开发了各种各样的自动识别技术，将人们从繁重、重复而又十分不精确的手工劳动中解放出来，提高了系统信息的实时性和准确性。

自动识别技术是一种机器自动数据采集技术。它应用一定的识别装置，通过对某些物理现象进行认定或通过被识别物品和识别装置之间的接近活动，自动地获取被识别物品的相关信息，并通过特殊设备传递给后续数据处理系统来完成相关处理。也就是说，自动识别就是用机器来实现类似人对各种事物或现象的检测与分析，并做出辨别的过程。这个过程需要人们把经验和标准告诉机器，以使它们按照一定的规则对事物进行数据的采集并正确分析。自动识别技术的标准化工作主要由国际自动识别制造商协会 (Association for Automatic Identification and Mobility, AIM Global) 负责。AIM 是一个非营利性的全球性贸易组织，它在自动识别领域具有较高的权威。AIM 通过其下属的条码技术委员会、全球标准咨询组、射频识别专家组及该产业在国际上的其他成员组织，积极推动自动识别标准的制定以及相关产品的生产和服务。

中国自动识别技术协会 (AIM China) 是中国本土的自动识别技术组织，该协会是 AIM Global 的成员之一，它是由从事自动识别技术研究、生产、销售和使用的企事业单位及个人自愿结成的全国性、行业性、非营利性的社会团体。 AIM China 的主要工作内容是负责中国地区自动识别有关技术标准和规范的制定，并对自动识别技术的科研成果、产品、应用系统等进行评审和鉴定。其业务领域涉及条码识别技术、卡识别技术、光字符号识别技术、语音识别技术、射频识别技术、视觉识别技术、生物特征识别技术、图像识别技术和其他自动识别技术。

4.1.2 自动识别技术的分类

随着条码识别技术的广泛应用、无线射频识别 RFID 的飞速发展和生物识别技术的悄然兴起，一个规模庞大、系统完整的自动识别产业正逐步形成。各种各样的自动识别技术已经在交通运输、物流、货物销售、生产自动化等领域得到快速的普及和发展。

按照被识别对象的特征，自动识别技术包括两大类，分别是数据采集技术和特征提取技术。

1. 数据采集技术

数据采集技术的基本特征是需要被识别物体具有特定的识别特征载体，如唯一性的标签、光学符号等。按存储数据的类型，数据采集技术可分为以下几种。

（1）光存储，如条码、光标读写器、光学字符识别（OCR）。

（2）磁存储，如磁条、非接触磁卡、磁光存储、微波。

（3）电存储，如触摸式存储、射频识别、存储卡（LC 卡、非接触式 C 卡）、视觉识别能量扰动识别。

2. 特征提取技术

特征提取技术根据被识别物体本身的生理或行为特征来完成数据的自动采集与分析，如语音识别和指纹识别等。按特征的类型，特征提取技术可分为以下两种。

（1）动态特征，如声音（语音）、键盘敲击、其他感觉特征。

（2）属性特征，如化学感觉特征、物理感觉特征、生物抗体病毒特征、联合感觉系统。

物流信息的管理和应用首先涉及信息的载体。过去多采用单据、凭证、传票为载体，手工记录、电话沟通、人工计算、邮寄或传真等方法，对物流信息进行采集、记录、处理、传递和反馈，不仅极易出现差错、信息滞后，也使得管理者对物品在流动过程中的各个环节难以统筹协调，不能系统控制，更无法实现系统优化和实时监控，从而造成效率低下和人力、运力、资金、场地的大量浪费。

对 IT 资产的管理也受益于自动识别技术，现在很多的 IT 资产管理系统采用自动识别技术自动记录跟踪资产的位置信息，帮助管理者在设备出现故障时迅速定位故障位置，提高效率。非接触式自动识别也可以帮助企业更容易地完成资产盘点，节省人力时间，不需要像过去一样逐个寻找比对。

根据自动识别技术的应用领域和具体特征，本章将重点介绍条码识别、射频识别、机器识别、光学字符识别、生物识别等几种典型的自动识别技术。

4.2 条码技术

条码技术是最早应用的一种自动识别技术，属于图形识别技术。一个典型的条码系统处理流程如图 4-1 所示，无论是一维条码，还是二维码，其系统都是由编码、印刷、扫描识别和数据处理等几部分组成的。

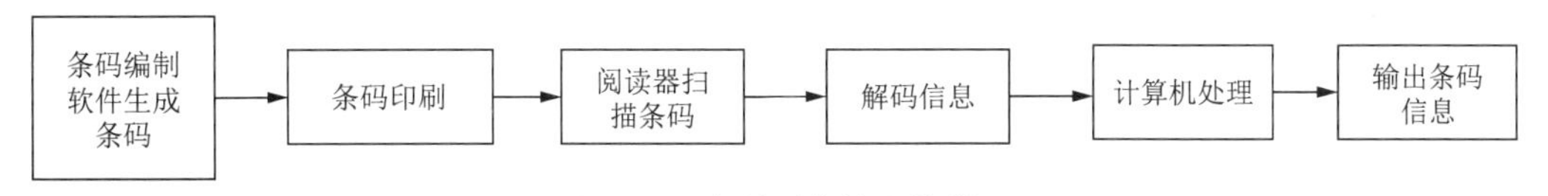

图 4-1 条码系统处理流程

4.2.1 条码的编制和印刷

条码是一种图形化的信息代码。一个具体条码符号的产生主要有两个环节：一个是条码符的编制；另一个是条码符号的印刷。这两个环节涉及条码系统中的条码编制程序和条码打印机。

任何一种条码都有其相应的物品编码标准，从编码到条码的转化，可通过条码编制软件来实现。商业化的条码编制软件有 BarTender 和 CodeSoft 等，可以编制一维条码和二维码，让用户方便地制作各类风格不同的证卡、表格和标签，而且还能够实现图形压缩、双面排版、数据加密、打印预览和单个 / 批量制作等功能，生成各种码制的条码符号。

条码编制完成后，需要靠印刷技术来生成。因为条码是通过条码识读设备来识别的，这就要求条码必须符合条码扫描器的某些光学特性，所以条码在印制方法、印制工艺、印制设备、符号载体和印制涂料等方面都有较高的要求。条码的印刷分为两大类：非现场印刷和现场印刷。

非现场印刷就是采用传统印刷设备在印刷厂大批量印刷。这种方法比较适合代码结构稳定、标识相同或标记变化有规律的（如序列流水号等）条码。现场印刷是指由专用设备在需要使用条码标识的地方即时生成所需的条码标识。

现场印刷适合于印刷数量少、标识种类多或应急用的条码标识，店内码采用的就是现场印刷方式。非现场印刷和现场印刷都有其各自的印刷技术和设备。例如，非现场印刷包括苯胺印刷、激光熔刻、金属版印刷、照相排版印刷、离子沉淀和电子照相技术等多种印刷技术。而现场印刷的量较少，一般采用图文打印机和专用条码打印机来印刷条码符号。图文打印机主要有喷墨打印机和激光打印机两种。专用条码打印机主要有热敏式条码打印机和热转印式条码打印机两种。

4.2.2 条码阅读器

要将按照一定规则编制出来的条码转换成有意义的信息，需要经历扫描和译码两个过程，条码的扫描和译码需要光电条码阅读器来完成，其工作原理如图 4-2 所示。条码阅读器由光源、接收装置、光电转换部件、解码器和计算机接口等几部分组成。

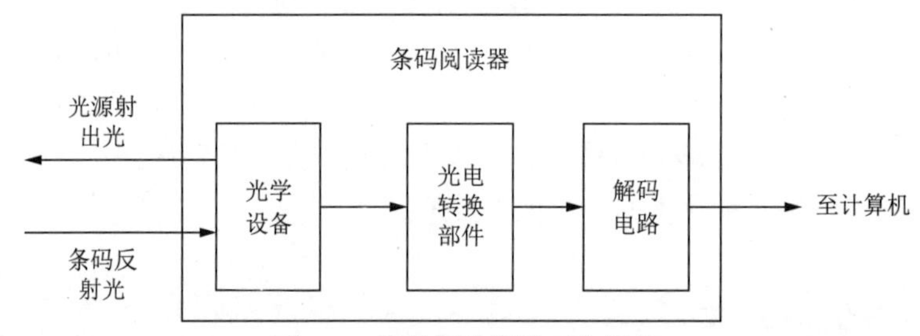

图 4-2 条码阅读器的工作原理

物体的颜色是由其反射光的颜色决定的，白色物体能反射各种波长的可见光，黑色物体则吸收各种波长的可见光。当条码阅读器光源发出的光在条码上反射后，反射光被条码阅读器接收到内部的光电转换部件上，光电转换部件根据强弱不同的反射光信号，将光信号转换成电子脉冲，解码器使用数学算法将电子脉冲转换成一种二进制码，然后将解码后的信息通过计算机接口传送给一部手持式终端机、控制器或计算机，从而完成条码识别的全过程。

条码阅读器按工作方式分为固定式和手持式两种，按光源分为发光二极管、激光和其他光源几种阅读器，按产品分为光笔阅读器、电子耦合器件（Change Coupled Device，CCD）阅读器和激光阅读器等。条码阅读器产品如图 4-3 所示。

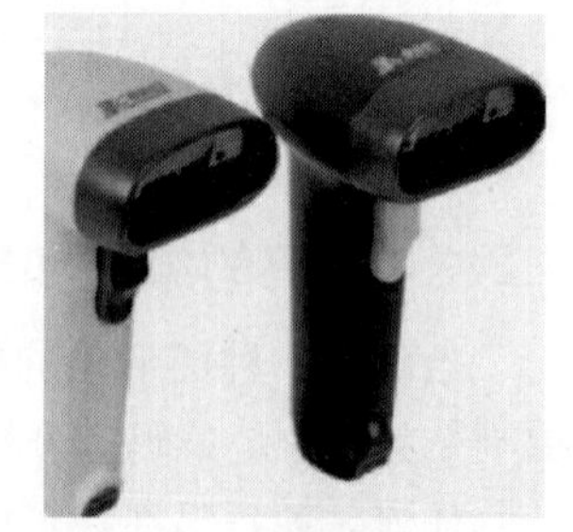

图 4-3 条码阅读器实例

光笔阅读器是一种外形像笔的阅读器，它是最经济的一种接触式阅读器，使用时需要移动光笔去接触扫描物体上的条码。光笔阅读器必须接触阅读，当条码因保存不当而损坏，或者上面有一层保护膜时，光笔就不能使用。

CCD 阅读器可阅读一维条码和线性堆叠式二维码（如 PDF417），其原理是使用一个或多个发光二极管覆盖整个条码，透过平面镜与光栅将条码符号映射到由光电二极管组成的探测器阵列上，经探测器完成光电转换，再由电路系统对探测器阵列中的每一个光电二极管依次采集信号，辨识出条码符号，完成扫描。与其他阅读器相比，CCD 阅读器的优点是操作方便，不直接接触条码也可识读，性能较可靠，寿命较长，且价格较激光阅读器便宜。

激光阅读器也可阅读一维条码和线性堆叠式二维码。它是利用激光二极管作为光源的单线式阅读器，主要有转镜式和颤镜式两种。转镜式采用高速马达带动一个棱镜组旋转，使二极管发出的单点激光变成一线。颤镜式的原理是光线经过条码反射后返回阅读器，由镜子采集、聚焦，通过光电转换器转换成电信号，再经过解码完成条码的识别。激光阅读器的扫描距离比光笔、CCD 远，是一种非接触式阅读器。由于激光阅读器采用了移动部件和镜子，掉落或强烈震动会导致阅读器不可用，因此耐用性较差，而且价格比较高。

以上几种阅读器都有电源供电，与计算机之间通过电缆连接来传送数据，接口有 RS-232 串口和 USB 等，属于在线式阅读器。在条码识别系统中，还有一些便携式阅读器，它们将条码扫描装置与数据终端一体化，由电池供电，并配有数据存储器，属于可离线操作的阅读器。这类便携式阅读器称为数据采集器，也称盘点机或掌上电脑数据采集器。其可分为两种类型：批处理数据采集器和无线数据采集器。批处理数据采集器装有一个嵌入式操作系统，采集器带独立内置内存、显示屏及电源。当数据收集后，先存储起来，然后通过 USB 线或串口数据线与计算机进行通信，将条码信息转储于计算机。无线数据采集器比批处理数据采集器更先进，除了独立内置内存、显示屏及电源外，还内置蓝牙、Wi-Fi 或 GSM/GPRS 等无线通信模块，能将现场采集到的条码数据通过无线网络实时传送给计算机进行处理。

4.2.3 条码数据处理

物品的条码信息通过条码阅读器扫描识别并译码后被传送至后台计算机应用管理程序。应用管理程序接收条码数据并将其输入数据库系统获取该物品的相关信息。数据库系统可与本地网络连接，实现本地物品的信息管理和流通，也可以与全球互联网相连，通过管理软件条码数据的处理与应用密切相关。例如，在典型的手机二维码应用中，手机操作系统实现全球性的数据交换。

条码数据的处理与应用密切相关。例如，在典型的手机二维码应用中，手机作为条码阅读器，在物流、交通、证件、娱乐等领域得到广泛的应用。手机二维码识别包括手机“主读”和“被读”两种方式。主读就是使用手机主动读取二维码，即通过手机拍照对二维码进行扫描，获取二维码中存储的信息，从而完成发送短信、拨号、数据交换等功能。读取二维码的手机需要预先安装快拍、我查查等应用软件，这类软件能把手机变成一台专业的多功能条码扫描仪，当手机对准商品条码时，商品的相关信息就会立刻显示在手机屏幕上。被读是指将二维码存储在手机中，作为一个条码凭证，如火车票、电影票、电子优惠券等。条码凭证是把传统凭证的内容及持有者信息编码成为一个二维码图形，并通过短信、彩信等方式发送至用户的手机上。使用时，通过专用的读码设备对手机上显示的二维码图形进行识读验证即可。

4.3 RFID 技术

视频

自动识别技术2

无线射频识别就是在产品中嵌入电子芯片（称为电子标签），然后通过射频信号自动将产品的信息发送给扫描器或读写器进行识别。射频是指频率范围在 300 kHz~30 GHz 之间的电磁波。RFID 技术涉及射频信号的编码、调制、传输、解码等多个方面。

RFID是20世纪90年代兴起的一种新型的、非接触式的自动识别技术，识别过程无须人工干预，可工作于各种恶劣环境，可识别高速运动物体，可同时识别多个标签，操作快捷方便。这些优点使RFID迅速成为物联网的关键技术之一。

RFID技术的种类繁多，不同的应用场合需要不同的RFID技术。依据不同系统的特征可以对RFID系统进行以下分类。

1. 按工作方式划分

电子标签和读写器是RFID系统最重要的组成部分，为了在RFID系统中进行数据交互，必须要在电子标签和读写器之间传递数据。按系统传递数据的工作方式划分，RFID系统可分为三种：全双工系统、半双工系统和时序系统。

在全双工系统中，电子标签与读写器之间可在同一时刻双向传送信息。在半双工系统中，电子标签与读写器之间也可以双向传送信息，但在同一时刻只能向一个方向传送信息。

在全双工和半双工系统中，电子标签的响应是在读写器发出电磁场或电磁波的情况下发送出去的。与读写器本身的信号相比，电子标签的信号在接收天线上是很弱的，所以必须使用合适的传输方法，以便把电子标签的信号与读写器的信号区别开。在实践中，尤其是针对无源射频标签系统，从电子标签到读写器的数据传输一般采用负载调制技术将电子标签数据加载到反射波上。负载调制技术就是利用负载的变动使电压源的电压产生变动，达到传输数据的目的。

全双工和半双工系统的共同点是从读写器到电子标签的能量传输是连续的，与数据传输的方向无关。时序系统则不同，读写器辐射出的电磁场短时间周期性地断开，这些间隔被电子标签识别出来，并被用于从电子标签到读写器的数据传输。其实，这是一种典型的雷达工作方式。时序系统的缺点是：在读写器发送间歇时，电子标签的能量供应中断，必须通过装入足够大的辅助电容器或辅助电池进行能量补偿。

2. 按工作频率划分

工作频率是RFID系统最重要的特征。一般来说，RFID系统中读写器发送数据时使用的工作频率称为系统的工作频率。在大多数情况下，系统中电子标签的频率与读写器的频率是差不多的，只是发射功率较低。系统的工作频率不仅决定着射频识别系统的工作原理和识别距离，还决定着电子标签及读写器实现的难易程度和设备的成本。根据系统工作频率的不同，RFID系统可分为4种：低频系统、高频系统、超高频系统和微波系统。

低频系统的工作频率范围为30~300 kHz，典型工作频率有125 kHz和133 kHz。低频系统中的电子标签一般为无源标签，即内部不含电池的标签，其工作能量要通过电感耦合的方式从读写器电感线圈的辐射场获得，也就是说在读写器线圈和电子标签的线圈间存在着变压器耦合作用。电子标签与读写器之间传送数据时，需要位于读写器天线辐射的近场区内，标签与读写器之间的距离一般小于1 m。低频标签芯片一般采用普通的CMOS工艺，具有省电、廉价的特点，而且工作频率不受无线电频率管制约束，适合近距离的、低速度的、数据量要求较少的识别应用。其典型应用有畜牧业的动物识别、汽车防盗类工具识别等。低频标签的劣势主要体现在：标签存储数据量较少；只适合低速、近距离识别应用；与高频标签相比，标签天线匝数更多，成本更高一些。

高频系统的工作频率一般为3~30 MHz，典型工作频率为13.56 MHz和27.12 MHz。高频电子标签一般也采用无源方式，工作所需的电能通过电感或电磁耦合方式从读写器的辐射近场中获得，阅读距离一般情况下也小于1 m。但由于高频系统的频率有所提高，因此，可用于较高速率的数据传输，而且高频标签可以方便地制成卡状，所以高频系统常用于电子车票、电子身份证等领域。

超高频与微波系统的电子标签简称微波电子标签，其典型工作频率为 433.92 MHz、862~928 MHz、2.45 GHz 和 5.8 GHz。433.92 MHz、862~928 MHz 频段的标签多为无源标签，而 2.45 GHz 和 5.8 GHz 频段的标签则大多采用有源电子标签。工作时，电子标签位于读写器天线辐射场的远场区内，相应的射频识别系统阅读距离一般大于 1 m，典型情况为 4~7 m，最大可达 10 m 以上。

从技术及应用的角度来说，微波电子标签并不适合作为大量数据的载体，因此其功能并非用于存储数据，而是主要体现在标识物品并完成无接触的识别过程上。一般微波电子标签的数据存储容量都限定在 2 kbit 以内，典型的数据容量指标有 1 kbit、128 bit、64 bit 等。微波电子标签的典型应用包括移动车辆识别、电子身份证、仓储物流、电子遥控门锁控制器等。

3. 按距离划分

根据作用距离，射频识别系统可分为密耦合、遥耦合和远距离三种系统。

（1）密耦合系统是作用距离很小的 RFID 系统，典型的距离为 0~1 cm，使用时必须把电子标签插入读写器或者放置在读写器设定的表面上。电子标签和读写器之间的紧密耦合能够提供较大的能量，可为电子标签中功耗较大的微处理器供电，以便执行较为复杂的加密算法等，因此，密耦合系统常用于安全性要求较高且对距离不做要求的设备中。

（2）遥耦合系统读写的距离增至 1 m，电子标签和读写器之间要通过电磁耦合进行通信。大部分 RFID 系统都属于遥耦合系统。由于作用距离的增大，传输能量的减少，遥耦合系统只能用于耗电量较小的设备中。

（3）远距离系统的读写距离为 1~10 m，有时更远。所有远距离系统都是超高频或微波系统，一般用于数据存储量较小的设备中。

4.4 RFID 系统的构成

在实际应用中，RFID 系统的组成可能会因为应用场合和应用目的而不同。但无论是简单的 RFID 系统还是复杂的 RFID 系统，都包含一些基本的组件，包括电子标签、读写器、中间件和应用系统等，如图 4-4 所示。

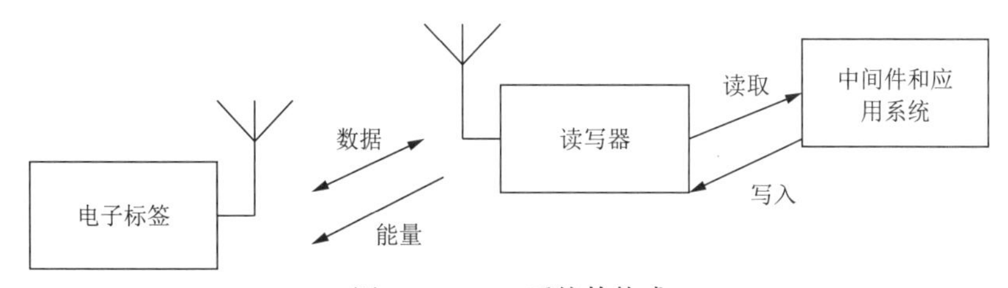

图 4-4 RFID 系统的构成

4.4.1 电子标签

电子标签也称应答器、射频标签，它粘贴或固定在被识别对象上，一般由耦合元件及芯片组成。每个芯片含有唯一的识别码，保存有特定格式的电子数据，当读写器查询时它会发射数据给读写器，实现信息的交换。标签中有内置天线，用于与读写器进行通信。电子标签有卡状、环状、纽扣状、笔状等形状。图 4-5 所示为标准卡（左）、异形卡（右上）和一元硬币（右下）的实物对比图。

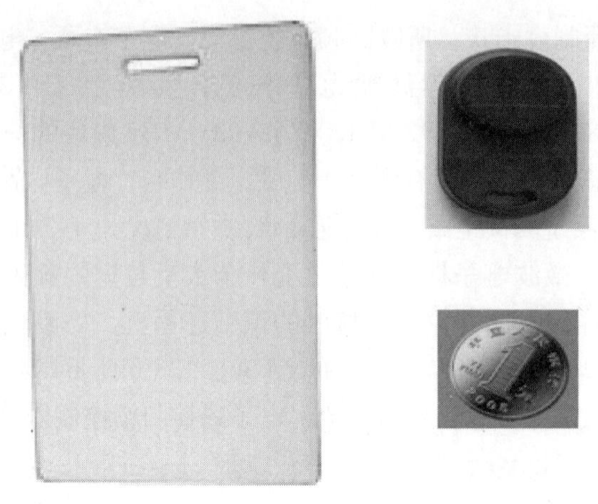

图 4-5　RFID 实卡与硬币对比图

1. 电子标签信息

电子标签中存储了物品的信息，这些信息主要包括全球唯一标识符 UD、标签的生产信息及用户数据等。以典型的超高频电子标签 ISO 180000-6B 为例，其内部一般具有 8~25 个字节的存储空间，存储格式如表 4-1 所示。电子标签能够自动或在外力的作用下把存储的信息发送出去。

表 4-1　电子标签 ISO 180000-6B 的一般存储式

字节地址	域名	写入者	锁定者
0~7	全球唯一标识符	制造商	制造商
8、9	标签生产厂	制造商	制造商
10、11	标签硬件类型	制造商	制造商
12~17	存储区格式	制造商或用户	根据应用的具体要求
18 及以上	用户数据	用户	根据具体要求

2. 电子标签原理

电子标签的种类因其应用目的而异，依据作用原理，电子标签可分为以集成电路为基础的电子标签和利用物理效应的电子标签。

（1）以集成电路为基础的电子标签。此类标签主要包括 4 个功能块：天线、高频接口、地址和安全逻辑单元、存储单元，其基本结构如图 4-6 所示。

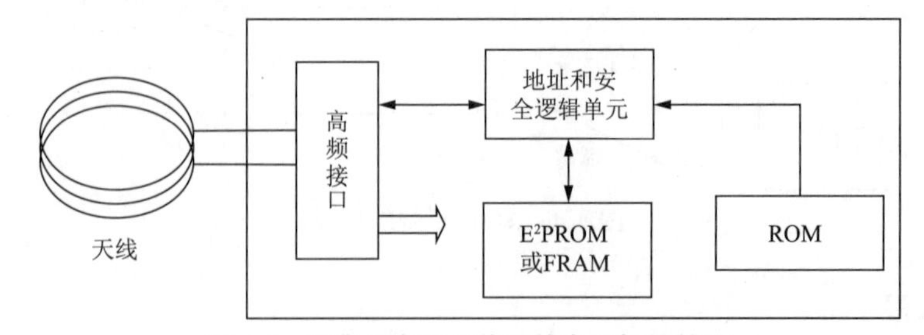

图 4-6　以集成电路为基础的电子标签结构

天线是在电子标签和读写器之间传输射频信号的发射与接收装置。它接收读写器的射频能量和相关的指令信息，并把存储在电子标签中的信息发射出去。

高频接口是标签天线与标签内部电路之间联系的通道，它将天线接收的读写器信号进行解调并提供给地址和安全逻辑模块进行再处理。当需要发送数据至读写器时，高频接口通过负载波调制或反向散射调制等方法对数据进行调制，之后再通过天线发送。

地址和安全逻辑单元是电子标签的核心，控制着芯片上的所有操作。例如，典型的“电源开启”逻辑，它能保证电子标签在得到充足的电能时进入预定的状态；“I/O 逻辑”能控制标签与读写器之间的数据交换；安全逻辑则能执行数据加密等保密操作。

存储单元包括只读存储器、可读写存储器及带有密码保护的存储器等。只读存储器存储着电子标签的序列号等需要永久保存的数据，而可读写存储器则通过芯片内的地址和数据总线与地址和安全逻辑单元相连。另外，部分以集成电路为基础的电子标签除了以上几个部分之外，还包含一个微处理器。具有微处理器的电子标签包含有自己的操作系统，操作系统的任务包括对标签数据进行存储操作、对命令序列进行控制、管理文件及执行加密算法等。

（2）利用物理效应的电子标签。这类电子标签的典型代表是声表面波标签，它是综合电子学、声学、半导体平面工艺技术和雷达及信号处理技术制成的。所谓声表面波（Surface Acoustic Wave，SAW）就是指传播于压电晶体表面的声波，其速率仅为电磁波速率的十万分之一传播损耗很小。SAW 元件是基于声表面波的物理特性和压电效应支撑的传感元件。在 RFID 系统中，声表面波电子标签的工作频率目前主要为 2.45 GHz，多采用时序法进行数据传输。声表面波电子标签的基本结构如图 4-7 所示，长条状的压电晶体基片的端部有叉指换能器。基片通常采用石英铌酸锂或钽酸锂等压电材料制作。利用基片材料的压电效应，叉指换能器将电信号转换成声信号，并局限在基片表面传播。然后，输出叉指换能器再将声信号恢复成电信号，实现电—声--电的变换过程，完成电信号处理。在压电基片的导电板上附有偶极子天线，其工作频率和读写器的发送频率一致。在电子标签的剩余长度上安装了反射器，反射器的反射带通常由铝制成。

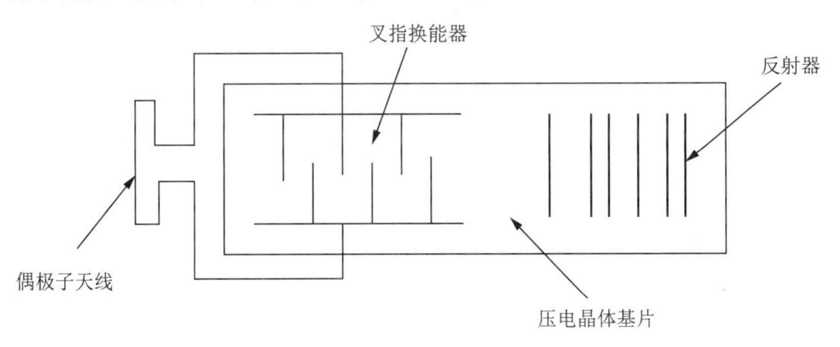

图 4-7　声表面波电子标签结构

SAW 电子标签的工作机制为：读写器的天线周期性地发送高频询问脉冲，在电子标签偶极子天线的接收范围内，接收到的高频脉冲被馈送至导电板，加载到导电板上的脉冲引起压电晶体基片的机械形变，这种形变以声表面波的形式向两个方向传播。一部分表面波被分布在基片上的每个反射器反射，而剩余部分到达基片的终端后被吸收。反射的声表面波返回到叉指换能器，在那里被转换成射频脉冲序列电信号（即将声波变换为电信号），并被偶极子天线传送至读写器。读写器接收到的脉冲数量与基片上的反射带数量相符，单个脉冲之间的时间间隔与基片上反射带的空间间隔成比例，从而通过反射的空间布局可以表示一个二进制的数字序列。如果将反射器组按某种特定的规律设计，使其反射信号表示规定的编码信息，那么阅读器接收到的反射高频电脉冲串就带有该物品的特定编码。再通过解调与处理，就能达到自动识别的目的。

3. 电子标签分类

电子标签有多种类型，随应用目的和场合的不同而有所不同。按照不同的分类标准，电子标签可以有许多不同的分类。

（1）按供电方式分为无源标签和有源标签两类。无源标签内部不带电池，要靠读写器提供能量才能正常工作。当标签进入系统的工作区域时，标签天线接收到读写器发送的电磁波，此时天线线圈就会产生感应电流，再经过整流电路给标签供电。典型的电感耦合无源电子标签电路如图 4-8 所示。

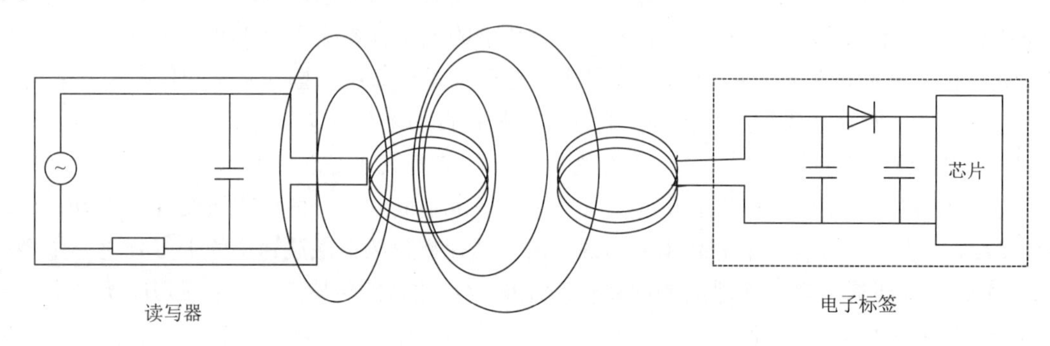

图 4-8　无源电子标签电路

无源标签具有永久的使用期，常常用在标签信息需要频繁读写的地方。无源标签的缺点是数据传输的距离要比有源标签短。但由于它们的成本很低，因此被大量应用于电子钥匙、电子防盗系统等。而且无源标签中永久编程的代码具有唯一性，所以可防止伪造，外人无法进行修改或删除。有源标签内部装有板载电源，工作可靠性高，信号传送距离远。有源标签的主要缺点是标签的使用寿命受到电池寿命的限制，随着标签内电池电力的消耗，数据传输的距离会越来越短。有源标签成本较高，常用于实时跟踪系统、目标资产管理等场合。

（2）根据工作方式的不同可分为主动式、被动式和半被动式电子标签。

被动式电子标签通常为无源电子标签，它与读写器之间的通信要由读写器发起，标签进行响应。被动式电子标签的传输距离较短，但是由于其构造相比主动式标签简单，而且价格低廉，寿命较长，于是被广泛应用于各种场合，如门禁系统、交通系统、身份证或消费卡等。

主动式电子标签通常为有源电子标签。主动式电子标签的板载电路包括微处理器、传感器、I/O 端口和电源电路等，因此，主动式电子标签系统能用自身的射频能量主动发送数据给读写器，而不需要读写器来激活数据传输。主动式电子标签与读写器之间的通信是由电子标签主动发起的，不管读写器是否存在，电子标签都能持续发送数据。而且，此类标签可以接收读写器发来的休眠命令或唤醒命令，从而调整自己发送数据的频率或进入低功耗状态，以节省电能。半被动式电子标签也包含板载电源，但电源仅仅为标签的运算操作提供能量，其发送信号的能量仍由读写器提供。标签与读写器之间的通信由读写器发起，标签为响应方。其与被动式电子标签的区别是，它不需要读写器来激活，可以读取更远距离的读写器信号，距离一般在 30 m 以内。由于无须读写器激活，标签能有充足的时间被读写器读写数据，即使标签处于高速移动状态，仍能被可靠地读写。

（3）根据内部使用存储器的不同电子标签可分成只读标签和可读写标签。

只读标签内部包含只读存储器 ROM（Read Only Memory）、随机存储器 RAM（Random Access Memory）和缓冲存储器。ROM 用于存储操作系统和安全性要求较高的数据。一般来说，

ROM 存放的标识信息可以由制造商写入，也可以在标签开始使用时由使用者根据特定的应用目的写入，但这些信息都是无重复的序列码，因此，每个电子标签都具有唯一性，这样电子标签就具有了防伪的功能。RAM 则用于存储标签响应和数据传输过程中临时产生的数据。而缓冲存储器则用于暂时存储调制之后等待天线发送的信息。只读标签的容量一般较小，可以用作标识标签。标识标签中存储的只是物品的标识号码，物品的详细信息还要根据标识号码到与系统连接的数据库中去查找。可读写标签内部除了包含 ROM、RAM 和缓冲存储器外，还包含有可编程存储器。可编程存储器允许多次写入数据。

可读写标签存储的数据一般较多，标签中存储的数据不仅有标识信息，还包括大量其他信息，如防伪校验等。

4.4.2 RFID 读写器

读写器是一个捕捉和处理 RFID 电子标签数据的设备，它能够读取电子标签中的数据，也可以将数据写到标签中。常见的几种读写器如图 4-9 所示。

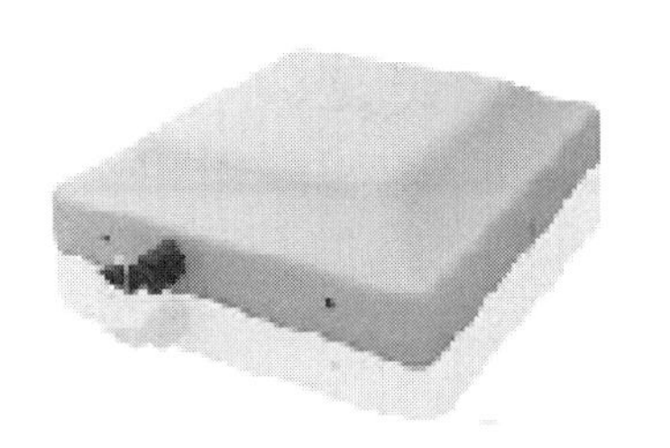

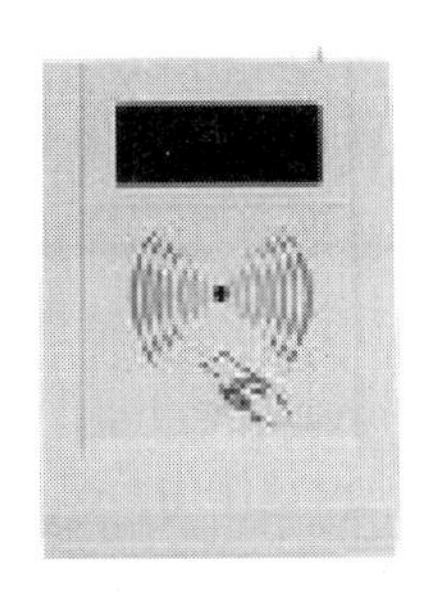

图 4-9 常见的几种读写器

从支持的功能角度来说，读写器的复杂程度明显不同，名称也各不一样，一般把单纯实现无接触读取电子标签信息的设备称为阅读器、读出装置或扫描器，把实现向射频标签内存中写入信息的设备称为编程器或写入器，把综合具有无接触读取与写入射频标签内存信息的设备称为读写器或通信器。图 4-10 所示为一个典型的 RFID 读写器内部包含的全向读写器模块实物图。

图 4-10 典型的 RFID 读写器内部模块实物图

4.5 RFID 系统的能量传输和防碰撞机制

在 RFID 系统中，当无源电子标签进入读写器的磁场后，接收读写器发出的射频信号，然后凭借感应电流所获得的能量把存储在芯片中的产品信息发送出去。如果是有源标签，则会主动发送某一频率的信号。读写器读取信息并解码后，送至应用系统进行相关数据处理。在这个过程中，

RFID 系统需要解决读写器与电子标签之间的能量传输和多个标签的碰撞问题。

4.5.1 能量传输方式

读写器及电子标签之间能量感应方式可以分成两种类型：电感耦合及电磁反向散射耦合。一般低频的 RFID 系统大都采用电感耦合，而高频的大多采用电磁反向散射耦合。耦合就是两个或两个以上电路构成一个网络，其中某一电路的电流或电压发生变化时影响其他电路发生相应变化的现象。通过耦合的作用，能将某一电路的能量（或信息）传输到其他电路中。电感耦合是通过高频交变磁场实现的，依据的是电磁感应定律。电磁反向散射耦合也就是雷达模型，发射出去的电磁波碰到目标后反射，反射波携带回目标的信息，这个过程依据的是电磁波的空间传播规律。

1. 电感耦合

电感耦合即当一个电路中的电流或电压发生波动时，该电路中的线圈（称为初级线圈）内便产生磁场，在同一个磁场中的另外一组或几组线圈（称为次级线圈）上就会产生相应比例的磁场（与初级线圈和次级线圈的匝数有关），磁场的变化又会导致电流或电压的变化，因此便可以进行能量传输。

电感耦合系统的电子标签通常由芯片和作为天线的大面积线圈构成，大多为无源标签，芯片工作所需的全部能量必须由读写器提供。读写器发射磁场的一部分磁感线穿过电子标签的天线线圈时，电子标签的天线线圈就会产生一个电压，将其整流后便能作为电子标签的工作能量。电感耦合方式一般适合于中、低频工作的近距离 RFID 系统，典型的工作频率有 125 kHz、225 kHz 和 13.56 MHz，识别作用距离一般小于 1 m。

2. 电磁反向散射耦合

当电磁波在传播过程中遇到空间目标时，其能量的一部分会被目标吸收，另一部分以不同强度散射到各个方向。在散射的能量中，一小部分携带目标信息反射回发射天线，并被天线接收。对接收的信号进行放大和处理，即可得到目标的相关信息。读写器发射的电磁波遇到目标后会发生反射，遇到电子标签时也是如此。

由于目标的反射性通常随着频率的升高而增强，所以电磁反向散射耦合方式一般适合于高频、微波工作的远距离射频识别系统，典型的工作频率有 433 MHz、915 MHz、2.45 GHz 和 5.8 GHz。其识别作用距离大于 1 m，典型作用距离为 3~10 m。

4.5.2 RFID 系统的防碰撞机制

在 RFID 系统的应用中，会发生多个读写器和多个电子标签同时工作的情况，这就会造成读写器和电子标签之间的相互干扰，无法读取信息，这种现象称为碰撞。碰撞可分为两种，即电子标签的碰撞和读写器的碰撞。

电子标签的碰撞是指一个读写器的读写范围内有多个电子标签，当读写器发出识别命令后，处于读写器范围内的各个标签都将做出应答，当出现两个或多个标签在同一时刻应答时，标签之间就出现干扰，造成读写器无法正常读取。

读写器的碰撞情况比较多，包括读写器间的频率干扰和多读写器—标签干扰。读写器间的频率干扰是指读写器为了保证信号覆盖范围，一般具有较大的发射功率，当频率相近、距离很近的两个读写器一个处于发送状态、一个处于接收状态时，读写器的发射信号会对另一个读写器的接收信号造成很大干扰。多读写器—标签干扰是指当一个标签同时位于两个或多个读写器的读写区域内时，多个读写器会同时与该标签进行通信，此时标签接收到的信号为多个读写器信号的矢量和，导致电子标签无法判断接收的信号属于哪个读写器，也就不能进行正确应答。

在 RFID 系统中，会采用一定的策略或算法来避免碰撞现象的发生，其中常采用的防碰撞方法有空分多址法、频分多址法和时分多址法。

（1）空分多址法是在分离的空间范围内重新使用频率资源的技术。实现方法有两种：一种方式是将读写器和天线的作用距离按空间区域进行划分，把多个读写器和天线放置在一起形成阵列，这样，联合读写器的信道容量就能重复获得；另一种方式是在读写器上采用一个相控阵天线，该天线的方向对准某个电子标签，不同的电子标签可以根据其在读写器作用范围内的角度位置被区分开来。空分多址方法的缺点是天线系统复杂度较高，且费用昂贵，因此一般用于某些特殊应用的场合。

（2）频分多址法是把若干个不同载波频率的传输通路同时供给用户使用的技术。一般情况下，从读写器到电子标签的传输频率是固定的，用于能量供应和命令数据传输。而电子标签向读写器传输数据时，电子标签可以采用不同的、独立的副载波进行数据传输。频分多址法的缺点是读写器成本较高，因此这种方法通常也用于特殊场合。

（3）时分多址法是把整个可供使用的通信时间分配给多个用户使用的技术，它是 RFID 系统中最常使用的一种防碰撞方法。时分多址法可分为标签控制法和读写器控制法。标签控制法通常采用 ALOHA 算法，也就是电子标签可以随时发送数据，直至发送成功或放弃。读写器控制法就是由读写器观察和控制所有的电子标签，通过轮询算法或二分搜索算法，选择一个标签进行通信。轮询算法就是按照顺序对所有的标签依次进行通信。二分搜索算法由读写器判断是否发生碰撞，如果发生碰撞，则把标签范围缩小一半，再进一步搜索，最终确定与之通信的标签。

4.6 NFC

近场通信（Near Field Communication，NFC）由 RFID 及网络技术整合演变而来，并向下兼容 RFID。电磁辐射源产生的交变电磁场可分为性质不同的两部分，其中一部分电磁场能量在辐射源周围空间及辐射源之间周期性地来回流动，不向外发射，称为感应场（近场）；另一部分电磁场能量脱离辐射体，以电磁波的形式向外发射，称为辐射场（远场）。近场和远场的划分比较复杂，一般来讲，近场是指电磁波场源中心三个波长范围内的区域，而三个波长之外的空间范围则称为远场。在近场区内，磁场强度较大，可用于短距离通信。因此，近场通信也就是一种短距离的高频无线通信技术，它允许电子设备之间进行非接触式的点对点数据传输。

4.6.1 NFC 的技术特点

NFC 的通信频带为 13.56 MHz，最大通信距离 10 cm 左右，目前的数据传输速率为 106 kbit/s、212 kbit/s 和 424 kbit/s。NFC 由 RFID 技术演变而来，与 RFID 相比，NFC 有如下特点。

（1）NFC 将非接触式读卡器、非接触卡和点对点功能整合进一块芯片，而 RFID 必须由阅读器和电子标签组成。RFID 只能实现信息的读取及判定，而 NFC 技术则强调的是信息交互。通俗地说，NFC 就是 RFID 的演进版本，NFC 通信双方可以近距离交换信息。例如，内芯片的 NFC 手机既可以作为 RFID 无源标签使用，进行费用支付，也可以当做 RFID 用于数据交换与采集，还可以进行 NFC 手机之间的数据通信。

(2) NFC 传输范围比 RFID 小。RFID 的传输范围可以达到几米，甚至几十米，但由于 NFC 采取了独特的信号衰减技术，相对于 RFID 来说，NFC 具有距离近、带宽高、能耗低等特点。而且，NFC 的近距离传输也为其提供了较高的安全性。

(3) 应用方向不同。NFC 主要针对电子设备间的相互通信，而 RFID 则更擅长于长距离识别。RFID 广泛应用在生产、物流、跟踪、资产管理上，而 NFC 则在门禁、公交、手机支付等领域内发挥着巨大的作用。与其他无线通信方式相比，如红外和蓝牙，NFC 也有其独特的优势。作为一种近距离的通信机制，NFC 比红外通信建立时间短、能耗低、操作简单、安全性高，而红外通信时设备必须严格对准才能传输数据。与蓝牙相比，虽然 NFC 在传输速率与距离上比不上蓝牙，但 NFC 不需要复杂的设置程序，可以创建快速安全的连接，从 NFC 移动设备检测、身份确认到数据存取只需要约 0.1 s 的时间即可完成，且能完全自动地建立连接，不需电源。NFC 可以和蓝牙互为补充，共同存在。

4.6.2 NFC 系统工作原理

作为一种新兴的近距离无线通信技术，NFC 被广泛应用于多个电子设备之间的无线连接，进而实现数据交换和服务。根据应用需求不同，NFC 芯片可以集成在 SM 卡、SD 卡或其他芯片上。

1.NFC 系统的组成

NFC 系统由两部分组成：NFC 模拟前端和安全单元。NFC 模拟前端包括 NFC 控制器与 NFC 天线。NFC 控制器是 NFC 的核心，它主要由模拟电路（包括输出驱动、调制解调、编解码、模式检测、RF 检测等功能）、收发传输器、处理器、缓存器和主机接口等几部分构成。NFC 安全单元则协助管理控制应用和数据的安全读写。NFC 手机通常使用单线协议（Single Wire Protocol，SWP）连接 SM 卡和 NFC 芯片，连接方案如图 4-11 所示，图中 VCC 表示电源线，GND 表示地线，CLK 表示时钟，RST 表示复位。SIM 卡就是手机所用的用户身份识别卡。SWP 是 ETSI（欧洲电信标准协会）制定的 SM 卡与 NFC 芯片之间的通信接口标准。

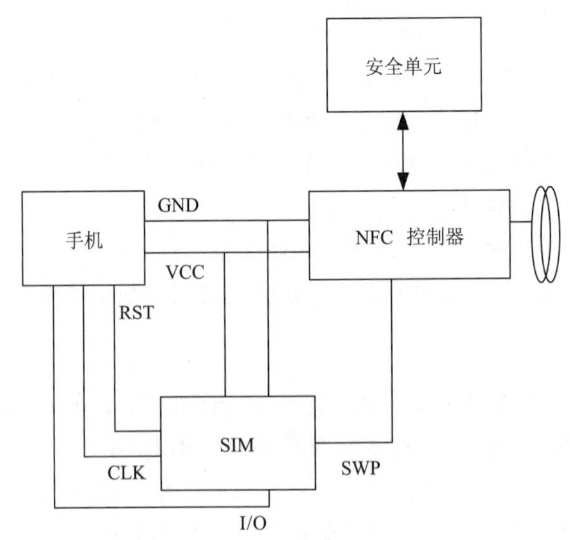

图 4-11　基于 SWP 的 NFC 方案

2.NFC 的使用模式

对于使用 NFC 进行通信的两个设备来说，必须有一个充当 NFC 读写器，另一个充当 NFC 标签，通过读写器对标签进行读写。但相比 RFID 系统，NFC 的一个优势在于，NFC 终端通信模式的选择并不是绝对的。例如，具备 NFC 终端的手机，其存储的信息既能够被读写器读取，同时手机本身也能作为读写器，还能实现两个手机间的点对点近距离通信。一般来说，NFC 的使用模式分为以下三种。

（1）卡模式。这种模式其实相当于一张采用 RFID 技术的射频卡。在该模式中，NFC 设备作为被读设备，其信息被 NFC 识读设备采集，然后通过无线功能将数据发送到应用处理系统进行处理。另外，这种方式有一个极大的优点，那就是 NFC 卡片通过非接触读卡器的射频场来供电，即便是被读设备（如手机）没电也可以工作。在卡模式中，NFC 设备可以作为信用卡、借记卡、标识卡或门票使用，实现“移动钱包”的功能。

（2）读写模式。在读写模式中，NFC 设备作为非接触读卡器使用，可以读取标签，如从海报或者展览信息电子标签上读取相关信息，这与条码扫描的工作原理类似。基于该模式的典型应用有本地支付、电子票应用。例如，可以使用手机上的应用程序扫描 NFC 标签获取相关信息，再通过无线传送给应用系统。

（3）点对点模式（P2P 模式）。在 P2P 模式中，NFC 设备之间可以交换信息，实现数据点对点传输，如下载音乐、交换图片或者同步设备地址簿等。这个模式和红外差不多，可用于数据交换，只是传输距离比较短，但是传输建立时间很短，且传输速度也快，功耗也低。

4.7 光学字符识别技术

光学字符识别（Optical Character Recognition，OCR）是指利用扫描仪等电子设备将印刷体图像和文字转换为计算机可识别的图像信息，再利用图像处理技术将上述图像信息转换为计算机文字，以便对其进行进一步编辑加工的系统技术。OCR 属于图形识别的一种，其目的就是要让计算机知道它到底看到了什么，尤其是文字资料，节省因键盘输入花费的人力与时间。

视 频

自动识别技术3

OCR 系统的应用领域比较广泛，如零售价格识读、订单数据输入、单证识读、支票识读、文件识读、微电路及小件产品上的状态特征识读等。在物联网的智能交通应用系统中，可使用 OCR 技术自动识别过往车辆的车牌号码。

OCR 系统的识别过程包括图像输入、图像预处理、特征提取、比对识别、人工校正和结果输出等几个阶段，其中最关键的阶段是特征提取和比对识别阶段。

图像输入就是将要处理的文件通过光学设备输入到计算机中。在 OCR 系统中，识读图像信息的设备称为光学符号阅读器，简称光符阅读器。它是将印在纸上的图像或字符借助光学方法变换为电信号后，再传送给计算机进行自动识别的装置。一般的 OCR 系统的输入装置可以是扫描仪、传真机、摄像机或数码相机等。

图像预处理包含图像正规化、去除噪声、图像校正等图像预处理及图文分析、文字行与字分离的文件前处理。例如，典型的汉字识别系统预处理包括去除原始图像中的显见噪声（干扰）、扫描文字行的倾斜校正、把所有文字逐个分离等。

图像预处理后就进入特征提取阶段。特征提取是OCR系统的核心，用什么特征、怎么提取，直接影响识别的好坏。特征可分为两类：统计特征和结构特征。统计特征有文字区域内的黑/白点数比等。结构特征有字的笔画端点、交叉点的数量及位置等。

图像的特征被提取后，不管是统计特征还是结构特征，都必须有一个比对数据库或特征数据库来进行比对。比对方法有欧式空间的比对方法、松弛比对法、动态程序比对法、类神经网络的数据库建立及比对、隐马尔可夫模型等方法。利用专家知识库和各种特征比对方法的相异互补性，可以提高识别的正确率。例如，在汉字识别系统中，对某一待识字进行识别时，一般必须将该字按一定准则，与存储在机内的每一个标准汉字模板逐一比较，找出其中最相似的字，作为识别的结果。显然，汉字集合的字量越大，识别速度越低。为了提高识别速度，常采用树分类，即多级识别方法，先进行粗分类，再进行单字识别。

比对算法有可能产生错误，在正确性要求较高的场合下需要采用人工校对方法，对识别输出的文字从头至尾地查看，检出错识的字，再加以纠正。为了提高人工纠错的效率，在显示输出结果时往往把错识可能性较大的单字用特殊颜色加以标示，以引起用户注意。也可以利用文字处理软件自附的自动检错功能来校正拼写错误或者不合语法规则的词汇。

4.8 机器视觉识别技术

4.8.1 机器视觉识别简介

机器视觉识别技术是一门涉及人工智能、神经生物学、心理物理学、计算机科学、图像处理、模式识别等诸多领域的交叉学科。机器视觉主要用计算机来模拟人的视觉功能，从客观事物的图像中提取信息，进行处理并加以理解，最终用于实际检测、测量和控制。机器视觉技术最大的特点是速度快、信息量大、功能多。机器视觉主要用计算机来模拟人的视觉功能，但并不仅仅是人眼的简单延伸，更重要的是具有人脑的一部分功能——从客观事物的图像中提取信息，进行处理并加以理解，最终用于实际检测、测量和控制。

机器视觉就是用机器代替人眼来做测量和判断。机器视觉系统是指通过机器视觉产品（即图像摄取装置，分CMOS和CCD两种）将被摄取目标转换成图像信号，传送给专用的图像处理系统，根据像素分布和亮度、颜色等信息，转变成数字化信号；图像系统对这些信号进行各种运算来抽取目标的特征，进而根据判别的结果来控制现场的设备动作。

一个典型的工业机器视觉应用系统包括如下部分：光源、镜头、CCD照相机、图像处理单元（或图像捕获卡）、图像处理软件、监视器、通信/输入输出单元等。首先采用摄像机获得被测目标的图像信号，然后通过A/D转换变成数字信号传送给专用的图像处理系统，根据像素分布、亮度和颜色等信息，进行各种运算来抽取目标的特征，然后再根据预设的判别准则输出判断结果，去控制驱动执行机构进行相应处理。机器视觉是一项综合技术，其中包括数字图像处理技术、机械工程技术、控制技术、光源照明技术，光学成像技术、传感器技术、模拟与数字视频技术、计算机软硬件技术、人机接口技术等。机器视觉强调实用性，要求能够适应工业现场恶劣的环境，要有合理的性价比、通用的工业接口、较高的容错能力和安全性，并具有较强的通用性和可移植性。它更强调实时性，要求高速度和高精度。

机器视觉的引入，代替传统的人工检测方法，极大地提高了投放市场的产品质量，提高了生产效率。由于机器视觉系统可以快速获取大量信息，而且易于自动处理，也易于同设计信息及加工控制信息集成，因此，在现代自动化生产过程中，人们将机器视觉系统广泛地用于工况监视、成品检验和质量控制等领域。机器视觉系统的特点是提高生产的柔性和自动化程度。在一些不适合于人工作业的危险工作环境或人工视觉难以满足要求的场合，常用机器视觉来替代人工视觉；同时在大批量工业生产过程中，用人工视觉检查产品质量效率低且精度不高，用机器视觉检测方法可以大大提高生产效率和生产的自动化程度。而且，机器视觉易于实现信息集成，是实现计算机集成制造的基础技术。

4.8.2 机器视觉识别算法介绍

1. 灰度图转换

日常生活中获取的很多图像都是彩色图像，为方便处理，首先应该进行灰度图转换。对于一幅位图，其结构由文件头、位图信息头、颜色信息和图像数据 4 部分组成。从一幅 24 位真彩色图到灰度图的转换过程中，需要改变除需要修改文件的数据区以外，文件头、文件信息头的部分信息也要做相应计算修改。本章采取了一种简单的方法，在不修改文件头、文件信息头的条件下，完成灰度图的 转换，具体实现如下：

（1）已知原图像数据存储区为 m_pData，新建一片存储区 m_pData2。

（2）通过公式 $0.3r+0.59g+0.11b$ 得到各像素的灰度信息，存储在 m_pData2 中。

（3）将 m_pData 中各像素的 r、g、b 值设定为相应的灰度值。

（4）用 m_pData 中的数据进行显示和保存，用 m_pData2 中的数据进行计算。

这种实现方法的优点是不需要计算修改文件头，但是每次显示或者存盘都要将 m_pData2 中的数据复制到 m_pData 中，比较麻烦。

2. 直方图均衡化

将图像从彩色转换到灰度图后，可以对其进行各种转换。直方图均衡化是把原始图像的灰度直方图从比较集中的某个灰度区间变成在全部灰度范围内的均匀分布。这是对图像的非线性拉伸，重新分配图像像素值，使一定灰度范围内的像素数量大致相同，适用于背景和前景都太亮或者太暗的图像。

一幅灰度级为 [0,L−1] 范围的数字图像的直方图是离散函数：

$$h(r_k) = n_k$$

式中，r_k 是第 k 级灰度；n_k 是图像中灰度级为 r_k 的像数个数。

直方图均衡化的目的即通过点运算使得输入图像转化为在每一灰度级上都有相同的像素点数的输出图像，即输出图像的直方图是平的。

$$h(r_k) = \text{wide*height}/L$$

式中，wide、height 为图像的宽和高，单位为像素。

为达到以上目的，灰度级为 k 的像素应映射到的灰度级为：

$$S_k = (L-1)\sum_{j=0}^{k}\frac{n_j}{n},\ \ k = 0,1,2,\cdots,L-1$$

其具体的实现步骤如下：

（1）统计直方图数组，用一个数组 p 记录 $p[i]$，即直方图分布。

（2）i 从 1 开始，令 $s[i] = s[i-1] + p[i]$，即得到累积分布。

（3）一个数组 L 记录新的 s 的索引值：令 $L[i] = s[i] \times (256-1)$，这里默认 L=256。

（4）依次循环每一个像素，取原图的像素值作为数组 L 的下标值，取该下标对应的 L 数组值为均衡化后的像素值。

3. 均值滤波和中值滤波

由于在图像的形成、传输和接收的过程中，不可避免地存在外部干扰和内部干扰，会存在一定的噪声，因此需要进行平滑或滤波。改善图像质量的方法很多，这里简要描述常用的均值滤波和中值滤波。

均值滤波，即采用当前像素的邻域平均灰度值来代替原值，达到减弱噪声的目的。特点是实现简单，有一定程度的滤波效果，但是其是以图像模糊为代价的。其实现步骤如下：

（1）取得原图像大下，新建数据区。

（2）循环取得各点像素值，根据设定的模板大小求取邻域内的像素平均值，放到新建的数据区。

（3）依次循环直至整幅图像处理完。

（4）将新建数据区的数据复制到原数据区。

中值滤波是采用当前像素的邻域内灰度值居中的像素值来代替原值，是一种统计滤波方式。因为一些干扰噪声往往具有较大或较小的灰度值，因此可以被滤掉，对于椒盐噪声有较好效果。其实现方法如下：

（1）取得原图像大小，新建数据区。

（2）循环取得各点像素值，根据设定的模板大小求取邻域内的像素中间值，放到新建的数据区。

（3）依次循环直至整幅图像处理完。

（4）将新建数据区的数据复制到原数据区。

4. 灰度变换

在得到原图像灰度图的基础上，可以对原图像进行一些基本变换，达到便于分辨、滤除噪声、图像锐化等目的。例如，二值化处理可以缩减图像信息量，便于实时处理；反色变换可以突出一些很亮的细节；对数变换可以压缩图像亮区的灰度值，拉伸暗区的灰度值，从而突出暗区的图像特征；幂次变换可以增强图像对比度。这里简要举例如下。

（1）反转变换。

反色变换实现比较简单，只需要依次读取每个像素点的灰度值，令其等于 $L-1-r$（r 为原灰度值）即可，不需要另外开辟内存空间。

（2）幂次变换。

幂次变换即依次求取各个像素点的幂次即可，根据需要乘以相应系数，达到不同效果。即：

$$s=cr^{\gamma}$$

在做幂次变换的过程中，当 γ 取值较大时易产生数据溢出现象，经过将 s 调整为长整型解决这个问题。

（3）对数变换。

对数变换即依次求取各个像素点的对数，也可乘以相应系数，达到不同效果。即：

$$s=c\lg(1+r)$$

在以上处理中，可能会出现灰度值大于 $L-1$ 或者小于 0 的情况，需要再进行线性变换处理，或者直接将小于 0 的灰度值设为 0，将大于 $L-1$ 的灰度值设为 $L-1$。

（4）分段线性变换

对原图像不同的像素值进行不同程度的变量或变暗处理能达到增强对比度或者突出某些细节的作用。分段线性变换即是通过设定不同区域的处理方法达到不同处理效果的变换。其实现方法如下：

① 设定分段线性变换的两个转折点。

② 新建数据区，大小为 L。

③ 循环计算 $0\sim L-1$ 各个像素值变换后的值，放到新建的数据区。

④ 依次循环每一个像素，取原图的像素值作为新建数据区的索引，取该索引对应的新建数据区的像素值。

⑤ 依次处理直至整幅图像处理完毕。

这种方法先一次计算完 $0\sim L-1$ 的所有灰度值对应的像素值，对于较大的图像可以节约计算量。

5. 拉普拉斯算子

在实际的图像处理过程中，往往需要突出图像中的细节或增强被模糊的图像细节，以便于识别或后续处理。其基本方法是进行微分运算，找到变化较显著的点或线，即认为是边界。通常可以用一阶微分和二阶微分。一阶微分的极值处是边界点，二阶微分的过零点为边界点。这里介绍一种基于二阶微分的图像增强方法：拉普拉斯算子。拉普拉斯算子是 x 和 y 方向上的二阶微分相加得到的，是各向同性滤波器如图 4-12 所示。通过将该算子与原图像做卷积运算达到边缘提取的效果。

0	1	0	1	1	1
1	-4	1	1	-8	1
0	1	0	1	1	1
0	1	0	-1	-1	-1
-1	4	-1	-1	8	-1
0	-1	0	-1	-1	-1

图 4-12 拉普拉斯算子

程序实现方法如下：

（1）取得原图像大小，新建数据区。

（2）循环取得各点邻域像素值，根据设定的模板大小（这里是 3×3）依次做卷积运算，放到新建的数据区。

（3）依次循环直至整幅图像处理完。

（4）将新建数据区的数据复制到原数据区。

通过拉普拉斯算子可以提取轮廓，但是同时也放大了噪声信号，所以可以先滤波，再提取轮廓。

另外，拉普拉斯算子与原图卷积之后，还要做过零检测，才能得到单像素边缘，这里略掉此步。

4.9 生物识别技术

生物识别技术主要是指通过人类生物特征进行身份认证的一种技术。生物特征识别技术依据的是生物独一无二的个体特征，这些特征可以测量或自动识别和验证，具有遗传性或终身不变等特点。

生物特征的含义很广，大致上可分为身体特征和行为特征两类。身体特征包括指纹、静脉、掌型、视网膜、虹膜、人体气味、脸型，甚至血管、DNA、骨骼等。行为特征包括签名、语音、行走步态等。生物识别系统对生物特征进行取样，提取其唯一的特征，转化成数字代码，并进一步将这些代码组成特征模板。当进行身份认证时，识别系统获取该人的特征，并与数据库中的特征模板进行比对，以确定二者是否匹配，从而决定接受或拒绝该人。

生物特征识别发展最早的是指纹识别技术，其后，人脸识别、虹膜识别、掌纹识别等也纷纷进入身份认证领域。

1. 指纹识别

指纹是指人的手指末端正面皮肤上凸凹不平的纹线。虽然指纹只是人体皮肤的一小部分，却蕴含着大量的信息。起点、终点、结合点和分叉点，被称为指纹的细节特征点。指纹识别即通过比较不同指纹的细节特征点来进行鉴别。

指纹识别系统是一个典型的模式识别系统，包括指纹图像采集、指纹图像处理、特征提取和特征匹配等几个功能模块。

指纹图像采集可通过专门的指纹采集仪或扫描仪、数码相机等进行。指纹采集仪主要有光学指纹传感器、电容式传感器、CMOS 压感传感器和超声波传感器。

采集的指纹图像通常都伴随着各种各样的干扰，这些干扰一部分是由仪器产生的，一部分是由手指的状态，如手指过干、过湿或污垢造成的。因此，在提取指纹特征信息之前，需要对指纹图像进行处理，包括指纹区域检测、图像质量判断、方向图和频率估计、图像增强、指纹图像二值化和细化等处理过程。

对指纹图像进行处理后，通过指纹识别算法从指纹图像上找到特征点，建立指纹的特征数据。在自动指纹识别的研究中，指纹不按簸箕或斗分类，而是分成 5 种类型：拱类、尖拱类、左旋类、右旋类、旋涡类。对于指纹纹线间的关系和具体形态，又有末端、分叉、孤立点、环、岛、毛刺等多种细节点特征。对于指纹的特征提取来说，特征提取算法的任务就是检测指纹图像中的指纹类型和细节点特征的数量、类型、位置及所在区域的纹线方向等。一般的指纹特征提取算法由图像分割、增强、方向信息提取、脊线提取、图像细化和细节特征提取等几部分组成。

根据指纹的种类，可以对纹形进行粗匹配，进而利用指纹形态和细节特征进行精确匹配，给出两枚指纹的相似性程度。根据应用的不同，对指纹的相似性程度进行排序或给出是否为同一指纹的判决结果。

在所有生物识别技术中，指纹识别是当前应用最为广泛的一种，在门禁、考勤系统中都可以看到指纹识别技术的身影。市场上还有更多的指纹识别的应用，如便携式计算机、手机、汽车、银行支付等。在计算机使用中，包括许多非常机密的文件保护，大都使用“用户 ID+ 密码”的方法来进行用户的身份认证和访问控制。但是，如果一旦密码被忘记，或被别人窃取计算机系统以及文件的安全就受到了威胁，而使用指纹识别就能有效地解决这一问题。

2. 虹膜识别

人眼睛的外观图由巩膜、虹膜、瞳孔三部分构成。巩膜即眼球外围的白色部分，约占总面积的 30%。眼睛中心为瞳孔部分，约占总面积的 5%。虹膜位于巩膜和瞳孔之间，占据总面积的 65%。虹膜在红外光下呈现出丰富的纹理信息，如斑点、条纹、细丝、冠状、隐窝等细节特征。虹膜从婴儿胚胎期的第 3 个月起开始发育，到第 8 个月主要纹理结构已经成形。虹膜是外部可见的，但同时又属于内部组织，位于角膜后面。除非经历身体创伤或白内障等眼部疾病，否则几乎终生不变。虹膜的高度独特性、稳定性及不可更改的特点，是虹膜可用作身份识别的物质基础。

自动虹膜识别系统包含虹膜图像采集、虹膜图像预处理、特征提取和模式匹配几部分。系统主要涉及硬件和软件两大模块：虹膜图像获取装置和虹膜识别算法。

虹膜图像采集所需要的图像采集装置与指纹识别等其他识别技术不同。由于虹膜受到眼睑、睫毛的遮挡，准确捕获虹膜图像是很困难的，而且为了能够实现远距离拍摄、自动拍摄、用户定位以及准确从人脸图像中获取虹膜图像等，虹膜图像的获取需要设计合理的光学系统，配置必要的光源和电子控制单元。一般来说，虹膜图像采集设备的价格都比较昂贵。设备准确性的限制常常会造成虹膜图像光照不均等问题，因此，虹膜图像在采集后一般需要进行图像的增强，提高虹膜识别系统的准确性。

特征提取和匹配是虹膜识别技术中一个重要的部分。国际上常用的识别算法有多种，例如相位分析的方法、给予过零点描述的方法、基于纹理分析的方法等。当前国际上比较有名的 Daugman 识别算法属于相位分析法，它采用 Gabor 小波滤波的方法编码虹膜的相位特征，利用归一化的汉明距离实现特征匹配分类器。

与虹膜识别类似的一种眼部特征识别技术是视网膜识别技术，视网膜是眼睛底部的血液细胞层。视网膜扫描是采用低密度的红外线去捕捉视网膜的独特特征。视网膜识别的优点在于其稳定性高且隐藏性好，使用者无须和设备直接接触，因而不易伪造，但在识别的过程中要求使用者注视接收器并盯着一点，这对于戴眼镜的人来说很不方便，而且与接收器的距离很近，也让人不太舒服。另外，视网膜技术是否会给使用者带来健康的损坏也是一个未知的课题，所以，尽管视网膜识别技术本身很好，但用户的接受程度很低。

3. 其他生物识别技术

指纹识别、虹膜识别等生物识别技术属于高级生物特征识别技术，每个生物个体都具有独一无二的该类生物特征，且不易伪造。还有一些生物特征属于次级生物特征，如掌形识别、人脸识别、声音识别、签名识别等。

例如，人脸识别是根据人的面部特征来进行身份识别的技术，它利用摄像头或照相机记录下被拍摄者眼睛、鼻子、嘴的形状及相对位置等面部特征，然后将其转换成数字信号，再利用计算机进行身份识别。人脸识别是一种常见的身份识别方式，现已被广泛用于公共安全领域。还有一种生物特征识别技术是深层生物特征识别技术，它们利用的是生物的深层特征，如血管纹理、静脉、DNA 等。例如，静脉识别系统就是根据血液中的血红素有吸收红外线光的特质，将具有红外线感应度的小型照相机或摄像头对着手指、手掌、手背进行拍照，获取个人静脉分布图，然后进行识别。

本章小结

本章介绍了自动识别技术的概念、分类、条形码技术、RFID技术、NFC技术、光学字符识别技术、机器视觉识别技术、生物识别技术等内容。通过本章的学习，可以对自动识别技术及工作原理有一定的了解，为物联网应用技术的学习打下坚实的实战基础。

习　　题

1. 自动识别技术在物联网中的作用是什么？
2. 什么是条码识别系统？其构成要素有哪些？
3. RFID系统由哪几部分组成？各部分的主要功能是什么？
4. 非接触是IC卡和接触式IC卡是如何获取工作电压的？
5. 除了本章中提到的自动识别技术外，还有哪些自动识别技术？

网络与通信技术

随着计算机技术的迅猛发展，计算机的应用涉及各个技术领域和整个的社会生活。特别是家用计算机的普及，社会的信息化，数据的分布式处理，以及各种计算机资源的共享等方面的需求，促使计算机技术向网络化发展，将分散的计算机连接起来，组成计算机网络。20世纪90年代以来，世界范围内的信息化和网络化，使得“计算机就是网络”的概念已经深入人心。

学习目标

- 理解计算机网络的概念及功能
- 熟悉计算机网络分类
- 掌握数据通信基础
- 了解传输介质和网络设备
- 了解通信相关技术

知识结构

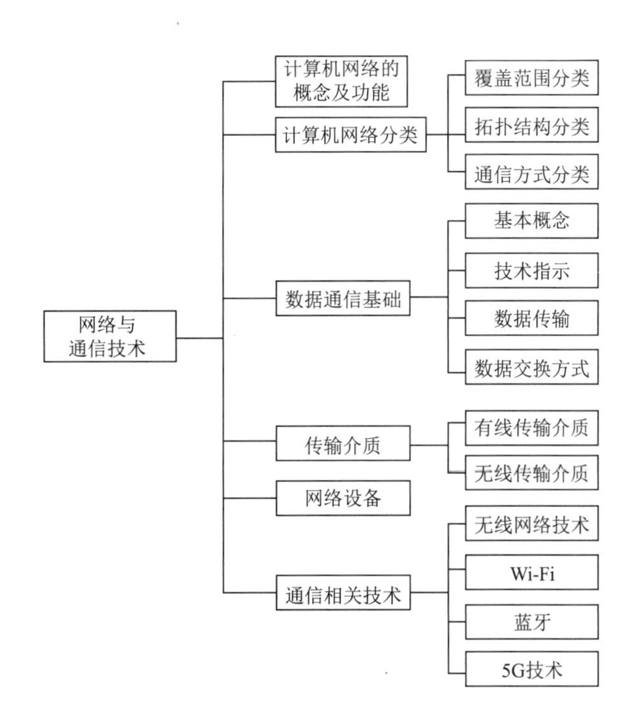

5.1 计算机网络的概念及功能

视 频

网络技术 1

5.1.1 计算机网络的概念

计算机网络是现代通信技术与计算机技术相结合的产物。所谓计算机网络，就是利用通信设备和线路将地理位置不同、功能独立的多个计算机系统互联起来，以功能完善的网络软件（即网络通信协议、信息交换方式和网络操作系统等）实现网络中资源共享和信息传递的系统。简单地讲，计算机网络就是“以能够相互共享资源方式连接起来的自治计算机系统的集合”。

一个计算机网络系统通常具备下列三个要素：

（1）计算机网络建立的主要目的是实现计算机资源的共享，其中共享的资源可以包括计算机硬件、软件及数据信息等资源。

（2）互联的计算机是分布在不同地理位置的多台独立的自治计算机（Autonomous Computer），它们之间没有明确的主从关系，可以联网工作，也可以脱网独立工作。

（3）联网计算机之间的通信必须遵循共同的协议规则。

5.1.2 计算机网络的产生和发展

20 世纪 50 年代初，由于军事目的，美国半自动地面防空系统（SAGE）开始了计算机技术与通信技术相结合的尝试，由此产生了 ARPANET，到 80 年代中期 ARPANET 已颇具规模。这期间美国国家科学基金会（NSF）组建了 NSFNET，并连到 ARPANET 上，最终形成了 Internet，其应用范围也由最早的军事、国防扩展到学术机构，进而迅速覆盖了全球的各个领域，运营性质也由以科研、教育为主逐渐转向商业化。

计算机网络经历了一个从简单到复杂，从低级到高级的发展过程。其发展历史经历了 4 个阶段。

第一阶段：以单台计算机为中心的联机系统（面向终端的计算机网络）。20 世纪 60 年代初，随着集成电路的发展，为了实现资源共享和提高计算机的工作效率，出现了面向终端的计算机通信网。在这种方式中，主机是网络的中心，终端（键盘和显示器）分布在各处并与主机相连，用户通过本地的终端使用远程主机。这种计算机网络的缺点是主机负荷较重，通信线路的利用率低，网络结构属于集中控制方式，可靠性低。

第二阶段：多台计算机通过通信线路连接在一起构成的计算机网络。以单台计算机为中心的联机系统只能在终端与主机之间进行通信，子网之间则无法通信。因此，20 世纪 60 年代出现了以 ARPANET 为代表的多个主机互联的系统，可以实现计算机和计算机之间的通信，这种网络的组织形式的特点是资源共享、分散控制、分组交换、采用专门的通信控制处理机、分层的网络协议等。这些特点往往被认为是现代计算机网络的典型特征。

第三阶段：遵循网络体系结构标准建成的网络。1974 年 IBM 公司研制出它的系统网络体系结构，其他公司也相继推出了各自的网络体系结构。由于这些不同的公司开发的系统网络体系结构只能连接本公司生产的设备，为了使不同体系结构的网络也能够相互交换信息，国际标准化组织（ISO）于 1977 年成立了专门的机构并制定了世界范围内的网络互联标准，称为开放系统互连基本参考模型（OSI/RM），简称 OSI 模型，这也标志着第三代计算机网络的诞生。

第四阶段：主要的标志是 Internet 的广泛应用，局域网成为计算机网络结构的基本单元，网络间互联越来越普及，计算机网络向高性能、多媒体、智能化、开放性等方向发展。

我国于 1980 年开始由铁道部进行计算机联网实验，采用的网络体系结构是 Digital 公司的 DNA。1989 年 2 月我国第一个公用分组交换网 CHINAPAC 通过试运行和验收，达到了开通业务的条件，但当时主要网络设备依赖进口。20 世纪 80 年代后期，公安部和军队相继建立了各自的专用计算机广域网，银行等部门也建立了本系统的专用计算机网络。20 世纪 90 年代初，国内的许多单位都相继建立了大量的局域网，主要网络设备也由进口转为国产。在计算机网络标准化工作方面，我国于 1983 年 5 月成立了全国计算机与信息处理标准化技术委员会。1988 年我国制定了与 ISO 的开放系统互联参考模型相对应的国家标准《信息处理系统 开放系统互连 基本参考模型》（GB 9387—1988），后于 1998 年被《信息技术 开放系统互连 基本参考模型 第 1 部分：基本模型》（GB/T 9387.1—1988）代替。

5.1.3 计算机网络的组成

1. 计算机网络的系统组成

计算机网络的系统由网络硬件和网络软件两部分组成。在网络系统中硬件对网络的性能起着决定的作用，是网络运行的实体，而网络软件则是支持网络运行、提高效益和开发网络资源的工具。

（1）网络硬件。网络硬件是组成计算机网络系统的物质基础。随着计算机技术和通信技术的发展，网络硬件日趋多样化，功能更强，结构也更复杂。常用的网络硬件有计算机、网络接口卡、通信介质以及各种网络互联设备。

① 计算机。网络中的计算机又分为服务器和网络工作站两类。

服务器是具有较强的计算功能和存储丰富信息资源的高档计算机，它向其他网络客户提供服务，并负责对网络资源进行管理，是网络系统中的核心部分。一个计算机网络系统一般有多台服务器，通常用小型计算机、专用 PC 服务器或高档微机做网络的服务器。

网络工作站是通过网卡连接到网络上的个人计算机，它保持着原有计算机的功能，可作为独立的个人计算机为用户服务，同时可以按照被授予一定的权限访问服务器，各工作站之间可以相互通信，也可以共享网络资源。

② 网络接口卡。网络接口卡（Network Interface Card）简称网卡，又称网络接口适配器，它是计算机与通信介质的接口，是构成网络的基本部件。每一台网络服务器和工作站都至少配有一块网卡，通过通信介质将它们连接到网络上。

③ 通信介质。通信介质是在计算机之间进行数据传输的重要媒介，它提供了数据信号传输的物理通道。通信介质按其特征可分为有线介质和无线介质两大类。有线介质包括双绞线、同轴电缆、光缆等；无线介质包括无线电、微波、红外线、卫星通信等。它们具有不同的传输速率和传输距离，分别支持不同的网络类型。

④ 网络互联设备。常用的网络互联设备有中继器、集线器、网桥、路由器、交换机、调制解调器、光电转换器等，这些网络设备在不同的网络连接中起着不同的作用。

（2）网络软件。网络软件是实现网络功能必不可少的，网络软件通常包括网络操作系统、网络通信软件、网络管理及应用软件等。其中，网络操作系统是运行在网络硬件基础之上的，为网络用户提供共享资源管理服务、基本通信服务、网络系统安全服务及其他网络服务。网络操作系统是网络的核心，其他应用软件需要网络操作系统的支持才能运行。

2. 计算机网络系统的逻辑组成

以资源共享为主要目的的计算机网络从逻辑上可分成两大部分：通信子网和资源子网。

（1）通信子网面向通信控制和通信处理。它主要包括通信控制处理机（CCP）、网络控制中心（NCC）、分组组装或拆卸设备（PAD）、网关等设备组成，以此来完成网络数据传输、转发等通信处理任务。

（2）资源子网负责全网面向应用的数据处理，实现网络资源的共享。它由各种拥有资源的用户主机和软件（网络操作系统和网络数据库等）所组成，主要包括主机（Host）、终端设备（Terminal）、网络操作系统、网络数据库等，以此来向网络用户提供各种网络资源与网络服务。

5.1.4 计算机网络的功能

1. 资源共享

计算机网络的主要目的是共享资源。共享的资源有硬件资源、软件资源、数据资源。其中共享数据资源是计算机网络最重要的目的。

2. 数据通信

利用计算机网络可实现各计算机之间快速可靠地互相传送数据，进行信息处理，如传真（Fax）、电子邮件（E-mail）、电子数据交换（EDI）、电子公告牌（BBS）、远程登录（Telnet）、信息浏览等通信服务。数据通信能力是计算机网络最基本的功能。

3. 分布式处理

一方面，对于一些大型任务，可以通过网络分散到多个计算机上进行分布式处理，也可以使各地的计算机通过网络资源共同协作，进行联合开发、研究等；另一方面，计算机网络促进了分布式数据处理和分布式数据库的发展。

4. 提高计算机的可靠性

计算机网络一般都属分布式控制方式，如果有单个部件或少数计算机失效，网络可通过不同路由来访问这些资源。另外，网络中的工作负荷被均匀地分配给网络中的各个计算机系统，当某个系统的负荷过重时，网络能自动将该系统中的一部分负荷转移至其他负荷较轻的系统中去处理。计算机网络系统能实现对差错信息的重发，网络中各计算机还可以通过网络成为彼此的后备机，从而提高了系统的可靠性。

5.2 计算机网络分类

计算机网络的分类方法有很多，可从不同的角度观察网络系统、划分网络，这也有利于全面地了解网络系统的各种特性。

5.2.1 根据网络覆盖范围分类

通常，按照网络的覆盖范围和计算机之间的相互距离，可将计算机网络分为广域网（Wide Area Network，WAN）、局域网（Local Area Network，LAN）、城域网（Metropolitan Area Network，MAN）三种类型。

1. 广域网

广域网也称远程网，网络的地理范围是一个地区、省或国家，甚至可以跨越洲际，通信的距离在数十千米以上。Internet 就是典型的广域网。Internet 是将成千上万个局域网与城域网互联形成的规模空前的超级计算机网络，是一种高层技术。广域网的数据传输速率相对较低。通常，广域网除了计算机设备以外还要涉及一些电信通信方式。

2. 局域网

局域网是指在有限的地区范围内构成的计算机网络，通常以一个单位或一个部门为限。这种网络只能容纳数量有限的计算机，通信距离一般在数米到数千米之间，最大不超过数十千米，可以覆盖一个实验室、一栋大楼、一个校园、一个单位或一个企业。局域网传输速率较高，具有较高的可靠性和低误码率。

3. 城域网

城域网是介于局域网和广域网之间的一种大范围的高速网络，网络的地理范围可以是一个城市，通信距离大约在数千米至数十千米之间，适合一个地区、一个城市或一个行业系统使用。它与广域网相比有较高的数据传输速率、较低的误码率，与局域网相比能够容纳更多的计算机，覆盖范围也比局域网要大。实际上，城域网技术并没有能够在世界各地广泛推广，而是更多地使用了广域网技术参与城域网建设。

5.2.2 根据网络拓扑结构分类

计算机网络的拓扑结构，是指网上计算机或设备与传输介质形成的节点与线的物理构成模式。网络的节点有两类：一类是转换和交换信息的转接节点，包括节点交换机、集线器和终端控制器等；另一类是访问节点，包括计算机主机和终端等。线则代表各种传输介质，包括有线介质和无线介质。

计算机网络的拓扑结构主要有总线结构、星状结构、环状结构、树状结构和混合结构。

1. 总线结构

总线结构如图 5-1 所示，由一条高速公用主干电缆即总线连接若干个节点而构成网络。网络中所有的节点通过总线进行信息的传输。其中一个节点是网络服务器，由它提供网络通信及资源共享服务，其他节点是网络工作站。总线网络采用广播通信方式，因此总线的长度及网络中工作站节点的个数都是有限制的。这种结构的特点是结构简单灵活，组网容易，使用方便，性能好。其

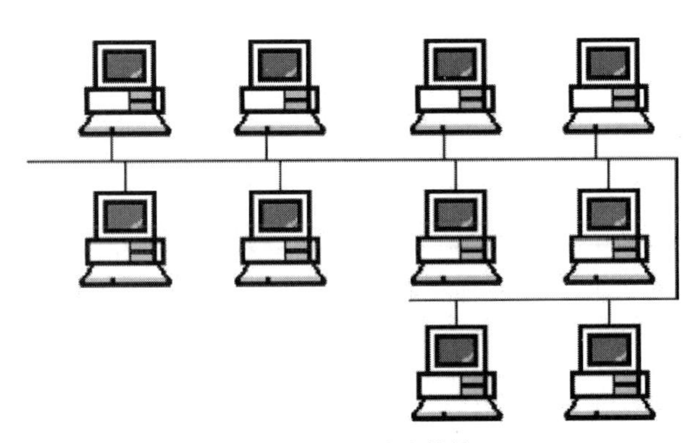

图 5-1 总线结构

缺点是主干总线对网络起决定性作用，总线发生故障将影响整个网络。

总线结构是目前使用最普遍的一种网络结构。

2. 星状结构

星状结构如图 5-2 所示，由中央节点集线器与各个节点连接组成。每个节点都通过一条单独的通信线路直接与中心节点连接，各个从节点间不能直接通信。星状结构的特点是结构简单，组网容易，便于控制和管理。其缺点是中央节点负担较重，容易形成系统的“瓶颈”，线路的利用率低，可扩充性差。

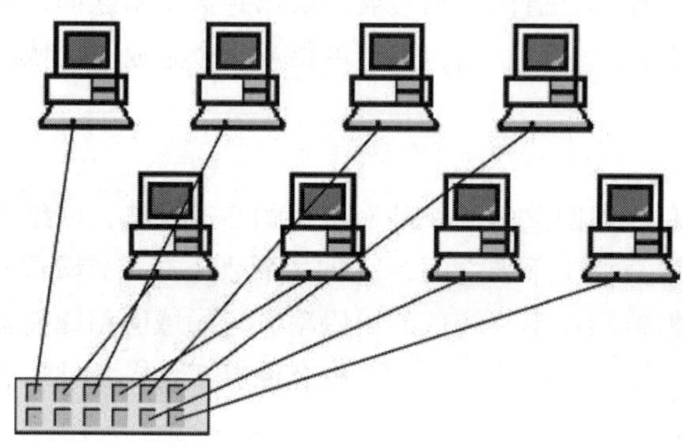

图 5-2　星状结构

3. 环状结构

环状结构如图 5-3 所示，由各节点首尾相连形成一个闭合环状线路。环状网络中的信息传送是单向的，即沿一个方向从一个节点传到另一个节点；每个节点需安装中继器，以接收、放大、发送信号。这种结构的特点是结构简单，组网容易，便于管理。其缺点是当节点过多时，将影响传输效率，不利于扩充。

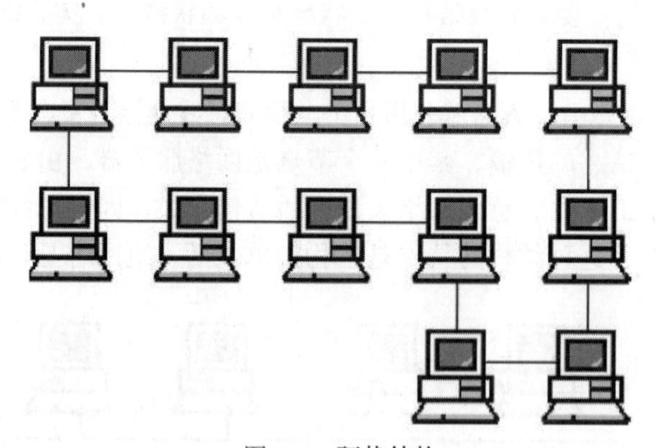

图 5-3　环状结构

4. 树状结构

树状结构是一种分级结构，从总线拓扑演变而来，形状像一棵倒置的树，顶端是树根，树根以下带分支，每个分支还可再带子分支，树根接收各站点发送来的数据，然后再以广播方式发送到全网，如图 5-4 所示。这种结构的特点是扩充方便、灵活，成本低，易推广，适合于分主次或分等级的层次型管理系统。树状拓扑的缺点是，各个节点对根的依赖性太大，如果根发生故障，则全网不能正常工作。

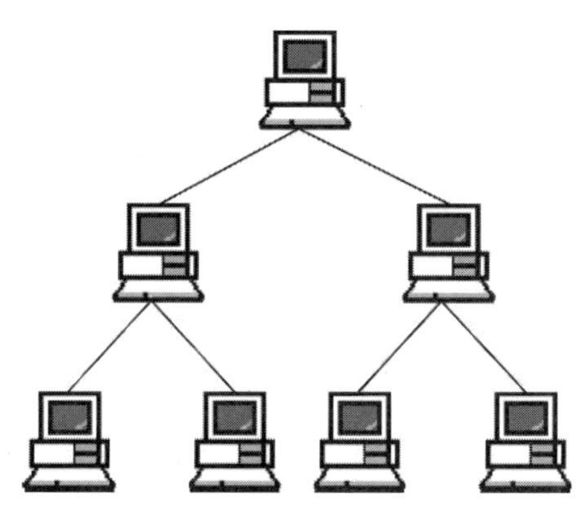

图 5-4 树状结构

5. 混合结构

将以上某两种单一拓扑结构混合起来，取两者的优点构成的拓扑结构称为混合拓扑结构。例如，星状拓扑和环状拓扑混合成“星—环”拓扑，星状拓扑和总线拓扑混合成的“星—总”拓扑。混合型拓扑的优点：故障诊断和隔离较为方便，易于扩展，安装方便。

不管是局域网还是广域网，其拓扑结构的选择需要考虑诸多因素：网络既要易于安装，又要易于扩展；网络的可靠性也是考虑的重要因素，要易于故障诊断和隔离，以使网络的主体在局部发生故障时仍能正常运行；网络拓扑的选择还会影响传输介质的选择和介质访问控制方法的确定，这些因素又会影响各个站点在网上的运行速度和网络软硬件接口的复杂性。

5.2.3 根据通信方式分类

根据通信方式的不同，可以将网络划分为点对点通信方式和广播式通信方式。

1. 点对点通信方式

点对点通信方式采用点对点的连接方式，所有节点之间均有直达的线路连接，即所有节点之间的相互通信均可以通过相邻的节点实现，其可靠性最好。这种方式没有信道竞争，几乎不存在信道访问的控制问题。但当节点增加时，通信线路也将大幅度增加，线路利用率较低。

2. 广播式通信方式

广播式通信方式又称点到多点式通信方式。广播式结构网络利用一个共同的传播介质把各个计算机连接起来，所有主机共享一条信道，某主机发出的数据，所有其他节点都能收到。这种方式不必进行路径选择，从而提高了网络性能。但在广播信道中，由于信道共享而容易引起信道访问冲突。

其他还有按不同角度分类的计算机网络：按通信介质分为有线网和无线网；按速率分为低、中、高速；按使用范围分为公用网和专用网；按网络控制方式分为集中式和分布式；按照网络应用范围分为校园网、企业网、内联网和外联网。

5.3 数据通信基础

数据通信技术是计算机网络的基础，它是将计算机技术与通信技术结合起来，完成数据的传输、转换存储和处理。为了更好地理解网络通信的原理，下面将用简单、通俗的语言来介绍数据通信的相关概念。

5.3.1 数据通信的基本概念

在计算机网络中，数据通信的目的就是来交换信息。

1. 信息

信息（Information）是人们对现实世界事物存在方式或运动状态的某种认识，是客观事物属性和相关联系特征的表征，如文字信息、语音信息、图像信息等。

2. 数据

数据（Data）可定义为有意义的实体，它涉及事物的存在形式。数据可分为模拟数据和数字数据两大类。模拟数据是在某个区间内连续变化的值，例如声音和视频都是幅度连续变化的波形，又如温度和压力也都是连续变化的值。数字数据是离散的值，例如文本信息和整数。

3. 信号

信号（Signal）是数据的电子或电磁编码。对应于模拟数据和数字数据，信号也可分为模拟信号和数字信号。模拟信号是随时间而连续变化的电流、电压或电磁波，可以利用其某个参量（如幅度、频率或相位等）来表示要传输的数据；数字信号则是一系列离散的电脉冲，可以利用其某一瞬间的状态来表示要传输的数据。

4. 信道

信道是信号传输的通道，包括通信设备和传输媒体。信道按传输信号的形式可以分为模拟信道和数字信道。模拟信道用于传输模拟信号，数字信道用于传输数字信号。

5. 数据通信的三要素

一般说来，用任何方法通过任何媒体将信息从一方传送到另一方的过程称为通信。为了保证信息传输的实现，通信必须具备三个要素：信源、信道和信宿。信源是通信过程中产生和发送信息的设备或计算机，是信息产生的发源地。信道是信源和信宿之间的通信线路。信宿是通信过程中接收和处理信息的设备或计算机，是接收信息的目的地。

无论信源产生的是模拟数据还是数字数据，在传输过程中都要转换成适合于信道传输的某种信号形式。模拟数据和数字数据都可以用模拟信号或数字信号来表示，因而也可以用这些信号形式来传输。

数字数据可用模拟信号来表示，但要利用调制解调器（Modem）来将数字数据调制转换为模拟信号，使之能在适合于此种模拟信号的媒体上传输。大多数通用的 Modem 都用语音频带来表示数字数据，因此能使数字数据在普通的音频电话线上传输；在线路的另一端，Modem 再把模拟信号解调还原成原来的数字数据。

模拟数据也可以用数字信号来表示。对于声音数据来说，完成模拟数据和数字信号转换功能的设施是编码解码器（CODEC）。CODEC 将直接表示声音数据的模拟信号，编码转换成用二进制位流近似表示的数字信号；而线路另一端的 CODEC 则将二进制位流解码恢复成原来的模拟数据。

6. 数据通信模型

模拟通信系统利用模拟信号来传递信息，如电话、广播和电视等。系统一般由信源、调制器、信道、解调器、信宿及噪声源组成，如图 5-5 所示。人们日常使用的拨号上网就是一个模拟通信系统的实例，发送端工作站发送的数据经调制解调器转换为模拟信号后，传送到公共电话网上传输，再到接收端经调制解调器转换为数字信号后，与服务器通信。

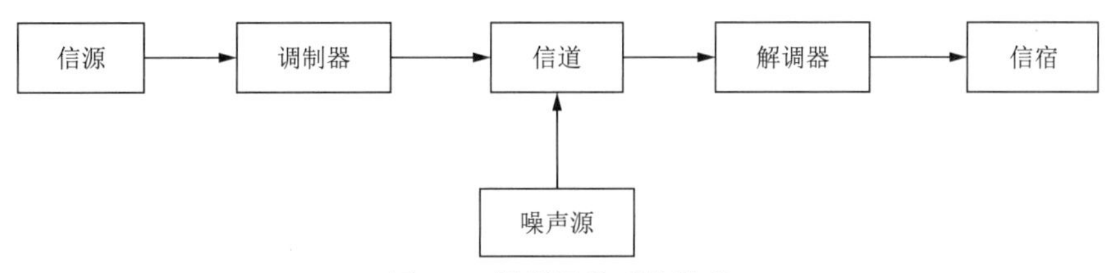

图 5-5　模拟通信系统模型

数字通信系统利用数字信号来传递信息，如计算机通信、数字电话、数字电视等。数字通信系统由信源、信源编码器、信道编码器、调制器、信道、解调器、信道译码器、信源译码器、信宿及噪声源组成，如图 5-6 所示。它的主要特点是数字通信抗干扰能力强，可以实现信号的差错控制，传输质量高。通过对信号加密和防火墙技术可以实现保密通信，但数字通信所占的信道带宽远远大于模拟信道。

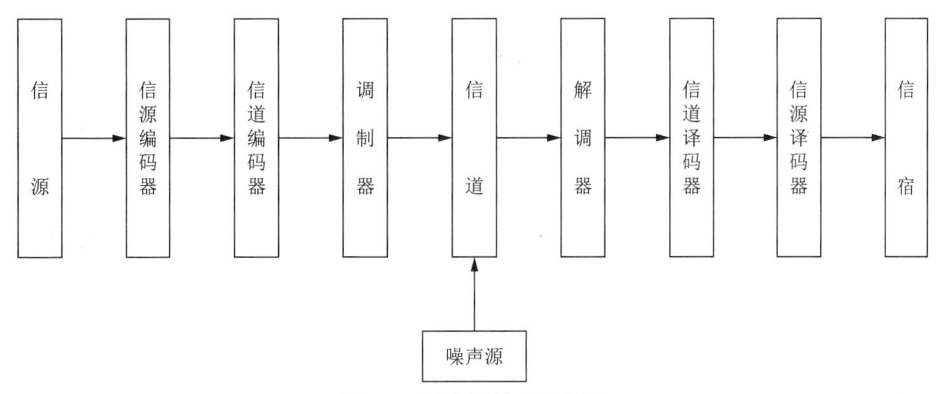

图 5-6　数字通信系统模型

5.3.2　数据通信中的主要技术指标

数据通信的任务是传输数据信息，以期达到传输速度快、出错率低、信息量大、可靠性高，并且既经济又便于使用维护。这些要求可以用下列技术指标加以描述。

1. 带宽

无论是模拟信号还是数字信号，它们在通信线路上传输时都要占据一定的频谱（频率范围），最高频率和最低频率之差称为信号的频带宽度，简称带宽。信号的大部分能量往往包含在频率较窄的一段频带中，这就是有效带宽。

2. 信道容量

信道容量指信道的最大数据传输速率，即单位时间内可传送的最大位数。信道容量的单位为 bit/s。

信道容量表示一个信道传输数据的能力。信道容量与数据传输速率的区别在于，前者表示信道的最大数据传输速率，是信道传输数据能力的极限，而后者则表示实际的数据传输速率。这就像公路上的最大限速值与汽车实际速度之间的关系一样，它们虽然采用相同的单位，但表示的是不同的含义。

无噪声理想信道容量与信道的带宽的关系如下：

$$C=2H\log_2 N \tag{5.1}$$

式中，C 为信道容量；H 为信道带宽（信道能够传输信号的最大频率范围）；N 为传输时为一个码元所取的离散值个数。本公式也称奈奎斯特公式或无噪声信道传输能力公式。

对有噪声的实际信道，其关系如下：

$$C=H\log_2(1+S/N) \tag{5.2}$$

式中，S/N 为接收端的信噪比。本公式也称香农公式。

3. 数据传输速率

数据传输速率是通信系统的主要技术指标，包括数据信号速率和调制速率。

数据信号速率指每秒钟能传输的二进制信息位数，单位是 bit/s，又称为比特率。

调制速率指信号经调制后的传输速率，即每秒钟通过信道传输的码元个数，单位是 Baud，又称波特率。

虽然数据传输速率和调制速率都是描述通信速度的指标，但它们是完全不同的两个概念。打个比喻来说，假如调制速率是公路上单位时间经过的卡车数，那么数据传输速率便是单位时间里经过的卡车所装运的货物箱数。如果一车装一箱货物，则单位时间经过的卡车数与单位时间里卡车所装运的货物箱数相等；如果一车装多箱货物，则单位时间经过的卡车数便小于单位时间里卡车所装运的货物箱数。位速率和波特率之间有如下关系：

$$S=B\log_2 N \tag{5.3}$$

式中，N 是一个脉冲信号所表示的有效状态，在二进制方式中，$N=2$ 时，$S=B$，即数据传输速率和调制速率相等。

4. 误码率

误码率又称出错率，指二进制数据位传输时出错的概率，是衡量数据通信系统在正常工作情况下的传输可靠性的指标。误码率的公式如下：

$$\text{误码率}P_c=\text{误传的码元总数}/\text{传送的码元总数} \tag{5.4}$$

在计算机通信网络中，一般要求误码率低于 10^{-9}，若误码率达不到这个指标，可通过差错控制方法进行检验和纠错。根据测试，电话线路在 300 ~ 2 400 kbit/s 传输速率时，平均误码率在 10^{-2} ~ 10^{-4} 之间，在 4 800 ~ 9 600 kbit/s 传输速率时，平均误码率为 10^{-4} ~ 10^{-6}，因此普通的通信线路如果不采用差错控制技术，是不能够满足计算机通信要求的。

5.3.3 数据传输

数据传输是数据通信的基础，在数据通信系统中，通信信道为数据的传输提供了各种不同的通路。对应于不同类型的信道，数据传输采用不同的方式。

1. 数据信号的传输方式

在数据通信系统中，信号的传输方式分为两大类：基带传输和频带传输。

（1）基带传输。二进制数字脉冲信号称为基带信号，基带传输就是将数据直接转换为脉冲信号加到电缆上进行传送的数据传输方式。传输的是数字信号，多用于短距离传输，距离一般不超过 2.5 km，如果超出，则需要用再生重发器来增加功率，调整波形。基带传输设备简单、费用便宜，适用于传输距离不长的类型，如用于一个企业网的内部或校园网的内部的数据传输。

（2）频带传输。频带传输是将数字信号变换成一定频率范围内的模拟信号，在以频率为相应范围的信道内传送的方式。宽带信号是将多组基带信号分别调制成不同频率的载波，并由这些载波分别占用不同频段的调制载波组成。频带传输中最主要的技术就是调制和解调。例如，家庭上网所用的 Modem 就是完成数字信号和模拟信号之间转换的设备。频带传输适用于长距离传输。

基带传输和频带传输最重要的区别在于，基带传输采用的是“直接控制信号状态”的传输方式，而频带传输采用的是“控制载波信号状态”的传输技术。

2. 数据通信方式

依据传输线数目的多少，可以将数据通信方式分为并行通信和串行通信。并行传输用于短距离、高速率的通信，串行传输用于长距离、低速率的通信。

(1) 并行通信。并行通信是指数字信号以成组的方式在多个并行信道上传输，数据由多条数据线同时传送和接收，每个比特位使用单独的一条线路，如图 5-7 所示。发送设备将这些数据位通过对应的数据线传送给接收设备，还可附加一位数据校验位。接收设备可同时接收到这些数据，不需要做任何变换就可直接使用。这种方式的优点是传输速率高，处理简单。其缺点是因为需要多个并行通道，从而增加了设备的成本，而且并行线路的电平相互干扰也会影响传输质量，因此不适合做较长距离的通信。并行通信用于计算机内部，如硬盘同主板之间的连接线，也可用于距离近的设备之间的通信，如打印机与计算机之间的连接线。

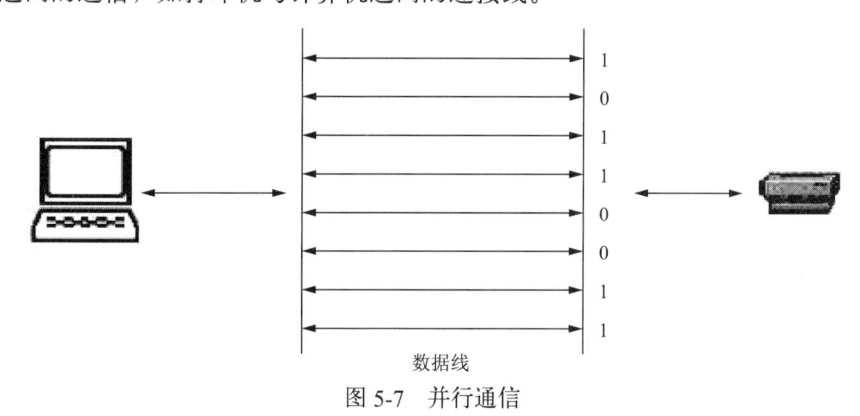

图 5-7 并行通信

(2) 串行通信。串行通信是将比特位逐位在一条信道上传输，如图 5-8 所示。由于数据是串行的，必须解决收发双方如何保持字符的同步问题，否则，接收端将无法正确区分每一个字符。串行数据传输的速度要比并行数据传输慢得多，但其只用一个通道，有效地减少了设备成本，且易于实现和维护。当前计算机网络中的通信绝大多数是串行通信，计算机上的 USB 接口也是一种串行线路。

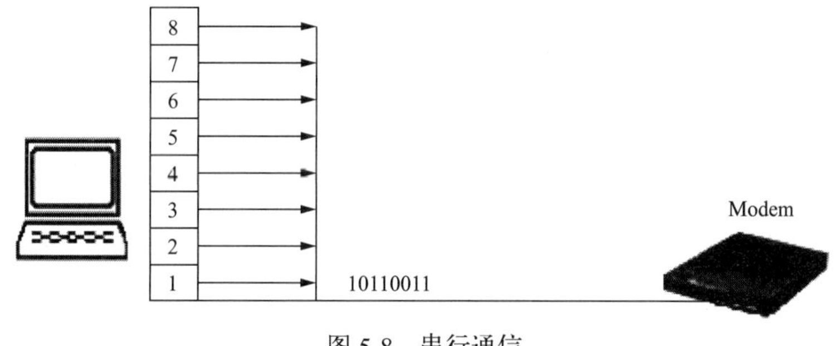

图 5-8 串行通信

在串行通信中，根据数据流的方向可分为单工通信、半双工通信和全双工通信三种模式。

单工通信是指在两个通信设备间，信息只能沿着一个方向被传输。采用单工通信时，在通信设备双方中，一方只能设置为发送设备，另一方只能设置为接收设备。广播、电视系统节目的传送等均属于单工通信。

半双工通信是指两个通信设备间的信息交换可以双向进行，但是，在某一时刻，只允许数据在一个方向上传输。这种通信要求双方的通信设备既有发送信号的功能，同时还应有接收信号的功能。对讲系统就属于半双工通信。

全双工通信允许数据在两个通信设备间同时在两个方向上传输。因此，全双工通信是两个单工通信方式的结合，它要求发送设备和接收设备都有独立的发送和接收能力。现代电话通信提供了全双工传送，一般较高级的局域网也采用全双工传输。

3. 同步过程通信

数据通信时，发送端将数据转换为信号，通过介质传送出去，接收端收到信号后，再将其转换为原来的数据。接收端和发送端发来的数据序列在时间上必须取得同步，以便能准确地区分和接收发来的每位数据。这就要求接收端要按照发送端所发送的每个码元的重复频率及起止时间来接收数据，在接收过程中还要不断校准时间和频率，这一过程称为同步过程。在计算机通信与网络中，广泛采用同步传输和异步传输两种方式。

（1）同步传输。同步传输方式是以固定的时钟节拍来连续串行发送数字信号的一种方法。同步传输使接收端对每一位数据都要和发送端保持同步。其数据格式如图 5-9 所示。

图 5-9　同步传输数据格式

在同步传输中，数据的发送一般以帧为单位。传送时在每个帧的帧首加两个或两个以上同步字符 Sync，帧内每个字符前后不附加起止位。同步字符 Sync 是一个独特的比特组合，用于通知接收端一个帧已经到达。Sync 类似于异步传输中的起始位，但它除了具有起始位的功能外，还能确保接收端的采样速度和比特的到达速度保持一致，接收端和发送端一般采用同一同步时钟。

在数据通信中，实现同步传输的方法可分为外同步法和自同步法两种。

在外同步法中，接收端的同步信号事先由发送端送来，而不是由自己产生，也不是从信号中提取。在发送数据之前，发送端先向接收端发出一串同步时钟脉冲，接收端按照这一时钟脉冲频率和时序锁定接收端的接收频率，以便在接收数据的过程中始终与发送端保持同步。该方法适用于近距离传输。

自同步法是指能从数据信号波形中提取同步信号的方法。该方法是让接收端的调制解调器从接收数据信息中直接提取同步信号，并以此获得同步的时钟频率。该方法通常用于远距离的传输。

（2）异步传输。在异步传输的通信系统中，传输的信息一般是以字符为单位，在每个字符的前面冠以起始位、结束处加上终止位，从而组成一个字符序列，如图 5-10 所示。在数据传输过程中，字符可顺序出现在比特流中，字符与字符间的间隔时间是任意的，即字符间采用异步定时，但字符中的各个比特用固定的时钟频率传输。字符间的异步定时和字符中比特之间的同步定时，是异步传输的特征。这种传输方式中，每个字符以起始位和停止位加以分隔，故也称起止式传输。

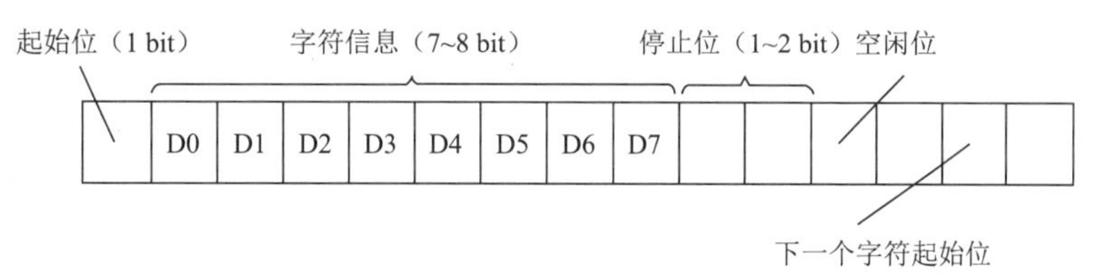

图 5-10 异步传输帧格式

异步传输过程中的每个字符可由下列 4 部分组成。

① 1 位起始位　以逻辑 0 表示。

② 5 ～ 8 位数据位　即要传输的字符内容。

③ 1 位奇或偶检验位　用于检错，该部分可以不选。

④ 1 ～ 2 位停止位　以逻辑 1 表示，用作字符间的间隔。

异步传输是靠起始位（逻辑 0）和停止位（逻辑 1）来实现字符的定界及字符内比特同步的。接收端靠检测链路上由空闲位或前一字符停止位（均为逻辑 1）到该字符起始位的下降来获知一个字符的开始，然后按收发双方约定的时钟频率对约定的字符比特数（5 ～ 8 位）进行逐位接收，最后以约定算法（奇或偶校验法）进行差错检测，完成一个字符的传输。发送器和接收器中近似于同一频率的两个约定时钟，在一段较短的时间内能够保持同步。

异步传输的方法实现简单，但需要添加起始位、校验位和停止位等附加位，相对于同步传输来说，编码效率和信道利用率较低，一般用于低速数据传输的场合。

4. 复用传输方式

用一对传输线路传输多路信息的方法称为复用传输。多路复用传输的目的在于充分利用现有资源，提高通信线路的利用率，同时也能有效提高通信的能力。长途通信网具有距离远、投资高、容量大、性能高等特点，通常使用多路复用传输技术可以节约成本。对于局域网，因线路距离短、通信流量小，不必使用多路复用传输技术来提高线路的利用率。

多路复用传输一般有频分多路复用传输（FDM）、时分多路复用传输（TDM）和波分多路复用传输（WDM）。

（1）频分多路复用传输。在物理信道的可用带宽超过单个原始信号所需带宽的情况下，可将该物理信道的总带宽分割成若干个与传输单个信号带宽相同（或略宽）的子信道，每个子信道传输一路信号，这就是频分多路复用传输。多路原始信号在频分多路复用传输前，先要通过频谱搬移技术将各路信号的频谱搬移到物理信道频谱的不同段上，同时要使信号的带宽不相互重叠，这可以通过采用不同的载波频率进行调制来实现。为了防止相互干扰，使用保护带来隔离每一个通道，保护带是一些不使用的频谱区。频分多路复用传输常用于模拟信号的传输，如收音机、电视机等，FDM 也用于宽带网络。载波电话通信系统是频分多路复用传输的典型例子。

（2）时分多路复用传输。若媒体能达到的位传输速率超过传输数据所需的数据传输速率，可采用时分多路复用传输技术，即将一条物理信道按时间分成若干个时间片轮流地分配给多个信号使用。每一时间片由复用传输的一个信号占用，这样，利用每个信号在时间上的交叉，就可以在一条物理信道上传输多个数字信号。时分多路复用传输不仅仅局限于传输数字信号，也可同时交叉传输模拟信号。时分多路复用传输在任一时刻，只传送一种信号，多路信号分时地在信道中传送，而频分多路复用传输是在任一时刻，同时传送多路信号，各路信号占用的频带不同。

(3) 波分多路复用传输。波分多路复用传输是用于光信号的复用传输技术，是在一根光纤中同时传输多个波长的光信号。其基本原理是在发送端将不同的光信号组织起来，再将组合起来的光信号通过一条光缆进行传输，在接收端再将组合的光信号区分开来，再经过处理即可恢复原信号后送入不同的终端。本质上波分多路复用传输是光域中的频分多路复用传输技术，每个波长都分为不同的频率来达到同时传输的目的，每个波长占用光纤的一段带宽。

5. 差错控制

(1) 差错产生的原因及其控制。在实际的数据通信中，不可避免地要产生差错。差错产生的内部原因如信号衰减、延迟等，外部原因如电磁干扰、工业噪声等，都会对传输产生不可预料的影响。差错控制就是指在数据通信过程中能发现或纠正差错，把差错限制在尽可能小的允许范围内的技术和方法。

差错控制有两层含义，分别是检错和纠错。

(2) 差错的控制方法。最常用的差错控制方法是冗余差错控制编码。数据信息位在向信道发送之前，先按照某种关系附加上一定的冗余位，构成一个码字后再发送，这个过程称为差错控制编码过程。接收端收到该码字后，检查信息位和附加的冗余位之间的关系，以检查传输过程中是否有差错发生，这个过程称为检验过程。

差错控制编码可分为检错码和纠错码。

①检错码：能自动发现差错的编码。

②纠错码：不仅能发现差错而且能自动纠正差错的编码。

(3) 差错控制基本方式。差错控制基本方式主要有检错反馈重发、前向纠错和混合纠错三种。

①检错反馈重发。检错反馈重发又称自动请求重发，简称 ARQ。

ARQ 的工作原理：发送端对所发送的序列进行差错控制编码，接收端根据检验序列的编码规则判决有无误码，若发现有误码，则利用反向信道要求发送端重发有错的信息，直至接收端检测认为无误为止，从而达到纠正差错的目的。ARQ 可以工作于半双工链路和全双工链路上。工作于半双工链路上的又称停等式 ARQ，发送端在发完一组信息后就停下来等待接收端由反馈信道送回的判决信号。如果送回的是“否认”或收到的是“否认”信号，则在计时器停止计时前需重发该组信号。如收到“肯定”信号，则继续发送下一组。这种方式常用于面向字符的传输控制协议中。工作于全双工链路上的 ARQ，信息组和判决信号均被编号，发送端可连续发送信息，同时检测接收端送回的判决信号，并依据接收端的要求重发全部或选择重发部分信息，这种连续式 ARQ 系统常用于面向比特的传输控制过程中。反馈重发方式的缺点是需要双向信道，且实时性较差。

②前向纠错方式。前向纠错方式的工作原理是：发送端将信息编成具有检错和纠错能力的码字并发送出去，接收端对收到的码字进行译码，译码时不但能发现错误，而且还能自动进行错误纠正，并且将已纠正的信息送给接收器。特点：不需要反向信道，也不存在由于反馈重发而造成的时延，实时性好；需要较为复杂的译码设备，为了确定和纠正错误码元，有较多的冗余码元，传输效率有所下降。

③混合纠错。混合纠错方式综合了上述两种纠错方式，其基本原理是发送端发送具有一定纠错能力的码字，接收端对所收到的数据进行检测。若发现错误，就对少量的能纠正的错误进行纠正，而对于超过纠正能力的差错通过反馈重发方式予以纠正。

(4) 常用的检纠错码。常用的检纠错码主要有循环冗余码、奇偶校验码、等重码和方阵检验码。

①循环冗余码。循环冗余码（CRC）又称多项式码。它利用事先生成的一个多项式去除要发送的信息多项式，得到的多项式就是所需的循环冗余校验码。循环码检验具有良好的数学结构，易于实现，发送端编码器和接收端检测译码器的实现较为简单，同时，具有十分强的检错能力，特别适合于检测突发性错误，在计算机网络中得到了广泛的应用。

②奇偶校验码。奇偶校验码是一种最常见的检错码。它是在一个二进制数上加上一个校验位，以便检测差错。在偶校验中，要在每个字符上加上一个附加位，使得该字符中 1 的个数为偶数。在奇校验中，也要在每一个字符上增加一个附加位，使得该字符中 1 的个数为奇数，接收端则通过判断接收的数据中 1 的个数是否为偶数来确定传输是否出错。奇偶校验方法非常简单，但并不十分可靠，奇偶校验一般只用于通信要求较低的环境。通常偶校验用于异步传输或低速传输，奇校验用于同步传输。

③等重码。等重码又叫恒比码，其特点是保证每个码组中 1 和 0 的个数保持恒定比例，如果接收端收到码不符合恒比规律，就认定有错。该码只能检测奇数个差错，所以在实际中常运用反馈重发方式使差错明显减少。

④方阵检验码。方阵检验码也称行列监督码，其码字中的每个码元受到行和列的两次监督。方阵检验码常用于纠正突发差错，该码常用于计算机内部通信系统中。

5.3.4 数据交换方式

在数据通信中，进行通信的两个设备通过传输介质直接连接在一起一般是不现实的，常常是通过有中间节点的网络来把数据从源设备发送到目标设备。交换技术就是采用交换机或节点机等交换系统，通过路由选择技术在进行通信的双方之间建立物理的逻辑连接，形成一条通信电路，实现通信双方的信息传输和交换的一种技术。计算机网络中常用的交换技术包括电路交换、报文交换和分组交换。

1. 电路交换

（1）电路交换的工作原理。电路交换包括电路建立、数据传输和电路拆除三个过程。

①电路建立。在传输任何数据之前，要先经过呼叫过程建立一条端到端的电路。如图 5-11 所示，若 H1 站要与 H3 站连接，典型的做法是 H1 站先向与其相连的 A 节点提出请求，然后 A 节点在通向 C 节点的路径中找到下一个支路。比如，A 节点选择经 B 节点的电路，在此电路上分配一个未用的通道，并告诉 B 它还要连接 C 节点；B 节点再呼叫 C 节点，建立电路 BC；最后，C 节点完成到 H3 站的连接。这样 A 节点与 C 节点之间就有一条专用电路 ABC，用于 H1 站与 H3 站之间的数据传输。

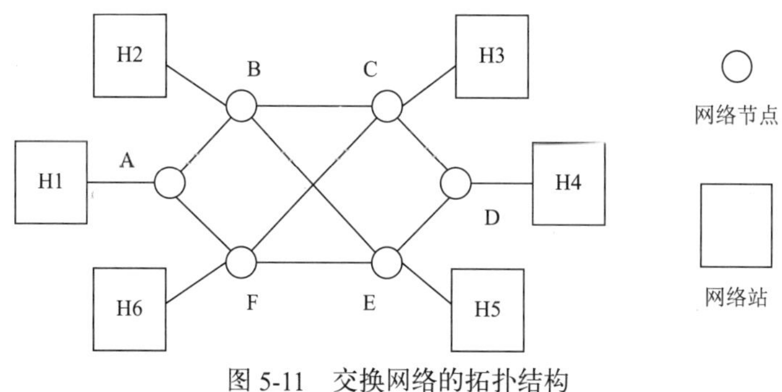

图 5-11　交换网络的拓扑结构

②数据传输。电路ABC建立以后，数据就可以从A节点发送到B节点，再由B节点交换到C节点；C节点也可以经B节点向A节点发送数据。在整个数据传输过程中，所建立的电路必须始终保持连接状态。

③电路拆除。数据传输结束后，由某一方（A节点或C节点）发出拆除请求，然后逐节拆除到对方节点。

(2) 电路交换技术的优缺点及其特点。

电路交换技术的优点是数据传输可靠、迅速，数据不会丢失且保持原来的序列。

电路交换技术的缺点是在某些情况下，电路空闲时的信道容易被浪费，在短时间数据传输时电路建立和拆除所用的时间得不偿失。因此，它适用于系统间要求高质量的大量数据传输的情况。

电路交换技术的特点是在数据传送开始之前必须先设置一条专用的通路。在线路释放之前，该通路由一对用户完全占用。对于猝发式的通信，电路交换效率不高。

2. 报文交换

(1) 报文交换的工作原理。报文交换方式的数据传输单位是报文，报文就是站点一次性要发送的数据块，其长度不限且可变。当一个站要发送报文时，它将一个目的地址附加到报文上，网络节点根据报文上的目的地址信息，把报文发送到下一个节点，一直逐个节点地转送到目的节点。

每个节点在收到整个报文并检查无误后，就暂存这个报文，然后利用路由信息找出下一个节点的地址，再把整个报文传送给下一个节点。因此，端与端之间无须先通过呼叫建立连接。

一个报文在每个节点的延迟时间，等于接收报文所需的时间和向下一个节点转发所需的排队延迟时间之和。

(2) 报文交换的特点。报文从源点传送到目的地采用“存储—转发”方式，在传送报文时，一个时刻仅占用一段通道。在交换节点中需要缓冲存储，报文需要排队，故报文交换不能满足实时通信的要求。

(3) 报文交换的优点。

①电路利用率高。由于许多报文可以分时共享两个节点之间的通道，所以对于同样的通信量来说，对电路的传输能力要求较低。

②通信量大。在电路交换网络上，当通信量变得很大时，就不能接收新的呼叫。而在报文交换网络上，通信量大时仍然可以接收报文，不过传送延迟会增加。

③多目的地。报文交换系统可以把一个报文发送到多个目的地，而电路交换网络很难做到这一点。

④速度和代码可转换。报文交换网络可以进行速度和代码的转换。

(4)报文交换的缺点。不能满足实时或交互式的通信要求，报文经过网络的延迟，时间长且不定。有时节点收到过多的数据而无空间存储或不能及时转发时，就不得不丢弃报文，而且发出的报文不按顺序到达目的地。

3. 分组交换

分组交换是对报文交换的一种改进，它将报文分成若干个分组，每个分组的长度有一个上限，有限长度的分组使得每个节点所需的存储能力降低了，分组可以存储到内存中，提高了交换速度。它适用于交互式通信，如终端与主机通信。分组交换有虚电路分组交换和数据报分组交换两种。它是计算机网络中使用最广泛的一种交换技术。

（1）虚电路分组交换的原理与特点。

在虚电路分组交换中，为了进行数据传输，网络的源节点和目的节点之间要先建一条逻辑通路。每个分组除了包含数据之外还包含一个虚电路标识符。在预先建好的路径上的每个节点都知道把这些分组引导到哪里去，不再需要路由选择判定。最后，由某一个站用清除请求分组来结束这次连接。它之所以是“虚”的，是因为这条电路不是专用的。

虚电路分组交换的主要特点是：在数据传送之前必须通过虚呼叫设置一条虚电路。但并不像电路交换那样有一条专用通路，分组在每个节点上仍然需要缓冲，并在线路上进行排队等待输出。

（2）数据报分组交换的原理与特点。

在数据报分组交换中，每个分组的传送是被单独处理的。每个分组称为一个数据报，每个数据报自身携带足够的地址信息。一个节点收到一个数据报后，根据数据报中的地址信息和节点所储存的路由信息，找出一个合适的出路，把数据报原样地发送到下一节点。由于各数据报所走的路径不一定相同，因此不能保证各个数据报按顺序到达目的地，有的数据报甚至会中途丢失。在整个过程中，没有虚电路建立，但要为每个数据报做路由选择。

4. 各种数据交换技术的性能比较

（1）电路交换。在数据传输之前必须先设置一条完全的通路。在线路拆除（释放）之前，该通路由一对用户完全占用。电路交换效率不高，适合于较轻和间接式负载使用租用的线路进行通信。

（2）报文交换。报文从源点传送到目的地采用存储转发的方式，报文需要排队。因此，报文交换不适合于交互式通信，不能满足实时通信的要求。

（3）分组交换。分组交换方式和报文交换方式类似，但报文被分组传送，并规定了最大长度。分组交换技术是在数据网中最广泛使用的一种交换技术，适用于交换中等或大量数据的情况。

5.4 传输介质

传输介质是信息传输的物理通道，提供可靠的物理通道是信息能够正确、快速传递的前提。对传输介质选择的不同，会使网络整体性能有很大的差异。传输介质的选择通常需要考虑的性能指标主要有传输速率、成本、可扩展性、连接性和抗噪性 5 个方面。

5.4.1 传输介质的特性与性能指标

1. 传输介质的特性

传输介质的特性对网络数据通信的质量有很大影响，这些特征是：

（1）物理特性：它是对传输介质的物理结构的描述。

（2）传输特性：它包括传输介质允许使用模拟信号发送还是使用数字信号发送、调制技术、传输容量及传输频率范围。

（3）连通特性：它允许采用点到点连接还是多点连接。

（4）地理范围：在不用中间设备并将失真限制在允许范围内的情况下，整个网络所允许的最大距离。

（5）抗干扰性：指传输介质防止噪声、电磁干扰对传输数据影响的能力。

（6）相对价格：包括元件、安装与网络维护等费用。

2. 性能指标

（1）传输速率：传输速率是指单位时间内介质能传输的数据量。每种传输介质的物理特性决定了它潜在的传输速率。传输速率通常用 Mbit/s 进行度量。介质的带宽限制了它的最大传输速率，带宽越宽，传输速率就越大。

（2）成本：传输介质的成本主要包括介质的购买成本、安装成本、维护和升级成本等。不同介质的购买成本差别很大。

（3）可扩展性：可扩展性是指网络介质允许的三种物理规格，即最大段长度、每段的最大节点数及最大网络连接段数。一个信号能够传输并仍能被正确解释的最大距离即为最大段长度，若超过这个长度，可能会发生数据损失。每段的最大节点数也与信号的衰减有关，为了保证一个清晰的强信号，必须限制一个网络段中的节点数。一个信号从它发送到最后接收之间存在一个时间上的延迟，称为时延，当连接多个网络段时，将增加网络上的时延。一般情况下，每种类型的介质都会标定一个最大的连接段数。

（4）连接性：连接性是指介质与网络设备的连接特性。网络设备可以是一个文件服务器、工作站、交换机等。每种网络介质都对应一种特定类型的连接器，所使用的连接器的种类将影响网络安装和维护的成本及网络升级的难易程度。

（5）抗噪性：噪声能使数据信号发生变形，会影响数据传输。这里噪声主要指电磁干扰和射频干扰。不同的介质受噪声的影响不同。通常情况下网络布线时应远离强大的电磁源，以减少噪声的影响。如果不能避免环境对网络造成的影响，应选择一种抗噪性好的电缆。

5.4.2 有线传输介质

计算机网络中采用的传输介质一般分为有线介质和无线介质两大类。有线介质中常用的有双绞线、同轴电缆和光缆。无线介质中有红外通信、激光通信和微波通信等。

1. 双绞线

双绞线（TP）由螺旋状扭在一起的两根绝缘导线组成，如图 5-12 所示。双绞线一般分为非屏蔽双绞线（UTP）和屏蔽双绞线（STP）。计算机网络中最常用的是第三类和第五类非屏蔽双绞线。

图 5-12 双绞线

双绞线的特性如下：

（1）物理特性。铜质线芯，传导性能良好。

（2）传输特性。可用于传输模拟信号和数字信号，对于模拟信号，每 5 ～ 6 km 需要一个放大器；对于数字信号，每 2 ～ 3 km 需要一个中继器。双绞线的带宽达 268 kHz。

对于模拟信号，可用频分多路复用传输技术把它分成 24 路来传输音频模拟信号，根据当前的 Modem 技术，若使用移相键控法 PSK，每路可达 9 600 bit/s 以上，在一条 24 路的双绞线上，总传输率可达 230 kbit/s。

对于数字信号，使用 T1 线路总传输率可达 1.544 Mbit/s。达到更高传输率也是可能的，但与距离有关。

对于局域网（10BASE-T 和 100BASE-T 总线），传输速率可达 10 ～ 100 Mbit/s。常用的三

类非屏蔽双绞线和五类非屏蔽双绞线电缆均由 4 对双绞线组成，三类非屏蔽双绞线传输速率可达 10 Mbit/s，五类非屏蔽双绞线传输速率可达 100 Mbit/s。但与距离有关。

（3）连通特性。可用于点到点连接或多点连接。

（4）地理范围。对于局域网，速率为 100 kbit/s，可传输 1 km；速率 10 ~ 100 Mbit/s，可传输 100 m。

（5）抗干扰性。低频（10 kHz 以下）抗干扰性能强于同轴电缆，高频（10 ~ 100 kHz）抗干扰性能弱于同轴电缆。

（6）相对价格。比同轴电缆和光纤便宜得多。

2. 同轴电缆

同轴电缆由绕同一轴线的内导体、电绝缘材料、屏蔽层和塑料保护外套所组成。内导体是一根实心铜线，用于传输信号，屏蔽层被织成网状，用于屏蔽电磁干扰和辐射，如图 5-13 所示。同轴电缆被广泛用于局域网中。为保持同轴电缆的正确电气特性，电缆必须接地，同时两头要有端接器来削弱信号反射作用。同轴电缆分为基带同轴电缆（阻抗 500 Ω）和宽带同轴电缆（阻抗 750 Ω）。基带同轴电缆又可分为粗缆和细缆两种（见表 5-1），都用于直接传输数字信号；宽带同轴电缆用于频分多路复用的模拟信号传输，也可用于不使用频分多路复用的高速数字信号和模拟信号传输。闭路电视所使用的 CATV 电缆就是宽带同轴电缆。

图 5-13 同轴电缆

表 5-1 各类同轴电缆特性比较

规格	阻抗	适用网络
RG-58 A/U 细缆	50Ω	10BASE-2 以太网
RG-58 C/U 细缆	50Ω	RG-58 A/U 的军用版本
RG-8 粗缆	50Ω	10BASE-5 以太网
RG-11 粗缆	50Ω	10BASE-5 以太网
RG-59	75Ω	有线电视网
RG-62 A/U	93Ω	ARCnet 和 IBM3270 终端

同轴电缆的特性如下：

（1）物理特性。单根同轴电缆直径约为 1.02 ~ 2.54 cm，可在较宽频范围工作。

（2）传输特性。基带同轴电缆仅用于数字传输，阻抗为 50 Ω，并使用曼彻斯特编码，数据传输速率最高可达 10 Mbit/s。宽带同轴电缆可用于模拟信号和数字信号传输，阻抗为 75 Ω，对于模拟信号，带宽可达 300 ~ 450 MHz。在 CATV 电缆上，每个电视通道分配 6 MHz 带宽，而广播通道的带宽则要窄得多，因此，在同轴电缆上使用频分多路复用传输技术可以支持大量的视、音频通道。

（3）连通特性。同轴电缆适用于点到点和多点连接。基带电缆每段可支持几百台设备，在大系统中还可以用转接器将各段连接起来；宽带电缆可以支持数千台设备，但在高数据传输率下使用宽带电缆时，设备数目限制在 20 ~ 30 台。

（4）地理范围。传输距离取决于传输的信号形式和传输的速率，典型基带电缆的最大距离限制在几千米，在同样数据速率条件下，粗缆的传输距离较细缆的长。宽带电缆的传输距离可达几十千米。

（5）抗干扰性。同轴电缆的抗干扰能力比双绞线强。

（6）相对价格。同轴电缆的费用比双绞线贵，但比光缆便宜。

3. 光纤

光纤是光导纤维的简称，它由能传导光波的石英玻璃纤维外加保护层构成。相对于金属导线来说具有重量轻、线径细的特点。用光纤传输电信号时，在发送端先要将其转换成光信号，而在接收端又要由光检测器还原成电信号。光纤具有频带宽、数据传输率高、抗干扰能力强、传输距离远等优点。光纤按使用的波长区的不同分为单模和多模光纤通信方式。光纤的特性如下：

（1）物理特性。在计算机网络中均采用两根光纤（一来一去）组成传输系统。按波长范围（近红外范围内）可分为三种：0.85 μm 波长区（0.8 ~ 0.9 μm）、1.3 μm 波长区（1.25 ~ 1.35 μm）和 1.55 μm 波长区（1.53 ~ 1.58 μm）。不同的波长范围光纤损耗特性也不同，其中 0.85 μm 波长区为多模光纤通信方式，1.55 μm 波长区为单模光纤通信方式，1.3 μm 波长区有多模和单模两种方式。

（2）传输特性。光纤通过内部的全反射来传输一束经过编码的光信号，内部的全反射可以在任何折射指数高于包层媒体折射指数的透明媒体中进行。实际上光纤作为频率范围从 10^{14} ~ 10^{15}Hz 的波导管，这一范围覆盖了可见光谱和部分红外光谱。光纤的数据传输率可达 Gbit/s 级，传输距离达数十千米。当前，一条光纤线路上只能传输一个载波，随着技术进一步发展，会出现实用的多路复用光纤。

（3）连通特性。光纤普遍用于点到点的链路。总线拓扑结构的实验性多点系统已经建成，但是价格还太贵。原则上讲，由于光纤功率损失小、衰减少的特性以及有较大的带宽潜力，因此一段光纤能够支持的分接头数比双绞线或同轴电缆多得多。

（4）地理范围。从目前的技术来看，可以在 6 ~ 8 km 的距离内不用中继器传输，因此光纤适合于在几个建筑物之间通过点到点的链路连接局域网络。

（5）抗干扰性。不受噪声或电磁影响，适宜在长距离内保持高数据传输率，而且能够提供良好的安全性。

（6）相对价格。就每米的价格和所需部件（发送器、接收器、连接器）来说，光纤比双绞线和同轴电缆都要贵，但是双绞线和同轴电缆的价格不大可能再下降，而光纤的价格将随着工程技术的进步会大大下降，使它能与同轴电缆的价格相竞争。

（7）光纤的连接。光纤的连接常用熔接方法或利用光纤连接器。光纤的熔接是将两根光纤利用特定的仪器将其熔合到一起，其衰减较小，但需专业人员使用专用仪器来完成，做好后不能轻易改变。利用光纤连接器可以方便地更改光纤的连接，不过其衰减较大，连接器的接头部分仍需专业人员利用专业设备来完成，如图 5-14 所示。

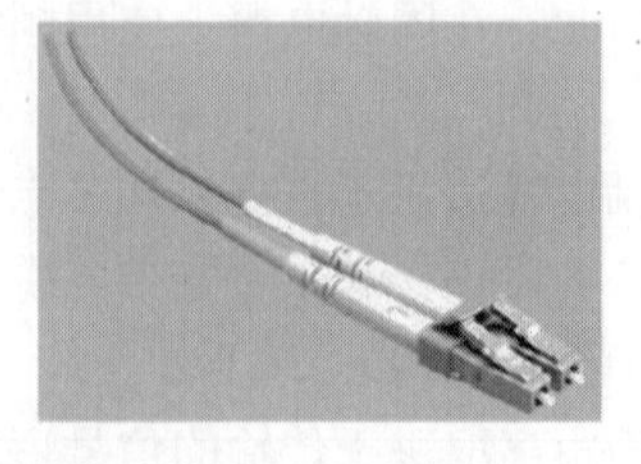

图 5-14　光纤模块结构的接口和接头

由于光纤通信具有损耗低、频带宽、数据传输率高、抗电磁干扰强等特点，对高速率、距离较远的局域网也是很适用的。当前采用一种波分技术，可以在一条光纤上复用多路传输，每路使用不同的波长，这种波分复用技术（Wavelength Division Multiplexing，WDM）是一种新的数据传输系统。

5.4.3 无线传输介质

1. 微波通信

微波系统一般工作在较低的兆赫兹频段，地面系统通常为 4 ~ 6 GHz 或 21 ~ 23 GHz，星载系统通常为 11 ~ 14 GHz，沿着直线传播，可以集中于一点。微波不能很好地穿过建筑物。微波通过抛物状天线将所有的能量集中于一小束，这样可以获得极高的信噪比，发射天线和接收天线必须精确地对准。由于微波是沿着直线传播的，所以每隔一段距离就需要建一个中继站，如图 5-15 所示。中继站的微波塔越高，传输的距离就越远，中继站之间的距离大致与塔高的平方成正比。

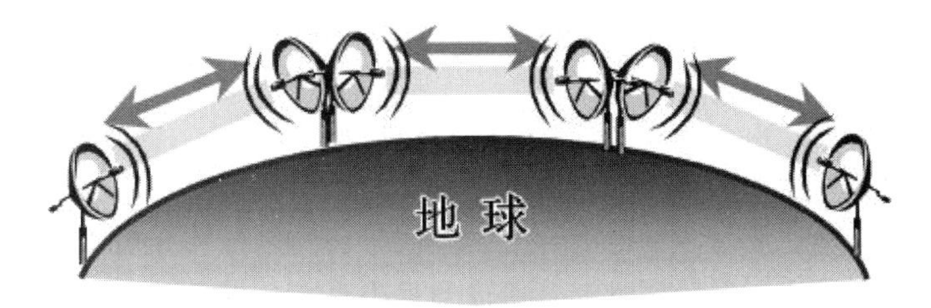

图 5-15 微波通信模型

2. 卫星通信

在星载微波系统中，发射站和接收站设置于地面，卫星上放置转发器。地面站首先向卫星发送微波信号，卫星在接收到该信号后，由转发器将其向地面转发，供地面各站接收。星载系统覆盖面积极大，理论上一颗同步卫星可以覆盖地球 1/3 的面积，三颗同步卫星就可以覆盖全球，如图 5-16 所示。用户的地面设备包括一个 0.75 ~ 2.4 m 直径的抛物面天线、接收机、电缆等。我们可以将一颗卫星看作一个集线器，各接收站看作一个节点，这样就形成了一个星状网络。

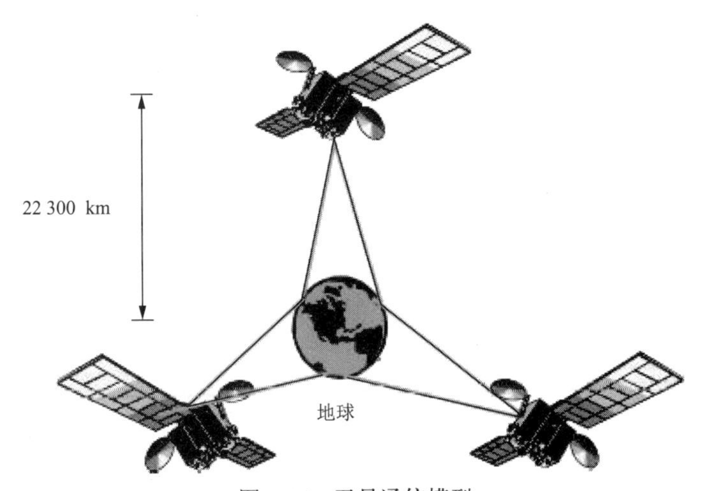

图 5-16 卫星通信模型

3. 红外通信和激光通信

红外传输是以红外线作为传输载体的一种通信方式。它以红外二极管或红外激光管作为发射源，以光电二极管作为接收设备，类似于在光纤中传输红外线的方式。红外线传输主要用于短距离通信。

微波、红外线和激光都需要在发送端和接收端之间有一条视线通路，故它们统称视线媒体。

5.5 网络设备

通信子网由通信设备（网络设备）、通信线路（传输介质）组成，以完成网络数据传输、转发等通信处理任务。通过传输介质将计算机和网络设备连接成计算机网络，而为了实现更大范围的资源共享，就需要在网络与网络之间相互通信。我们把这种将网络与网络连接而构成的更大规模的网络称为网络互联。而实现网络互联，就需要网络设备，常用的网络设备有中继器、集线器、网桥、交换机、路由器、网关和网卡等。

5.5.1 中继器

在网络中，不管采用什么拓扑结构、传输介质以及什么样的网络设备，总有一个最大传输距离的问题。当网络段超过最大传输距离时，由于信号在网络传输介质中有衰减和噪声，使数据信号变得越来越弱，衰减到一定程度时就会造成信号失真，从而导致接收错误。为了避免这种故障，可以在网络中加装一个完成信号复制、调整、放大从而延长信号传输距离的设备——中继器（Repeater）。如图 5-17 所示，中继器工作在 OSI 的最底层即物理层。

图 5-17　中继器

1. 中继器的功能

中继器主要负责在两个节点的物理层上按位传递信息，以及放大或再生局域网的信号。由于局域网的跨越距离过长，造成信号衰减，从而导致接收设备无法识别，因此，需要加装中继器，以加强信号。中继器还可以扩展网络连接距离和扩充工作站数目。

2. 中继器的使用场合

中继器是一个两端口的网段连接设备，主要用来连接两个网段。中继器由组合在一起的两个收发器组成，连到不同的两段同轴电缆上。中继器在两段电缆间向两个方向传送数字信号，在信号通过时将信号放大和复原。因而，中继器对于系统的其余部分来说是透明的。由于中继器不做缓冲存储操作，所以并没有将两段电缆隔开，因此当不同段上的两个站同时发送时，它们的分组将互相干扰（冲突）。从理论上讲，仅使用中继器就可以把网络延伸到任意远的距离。但是，作为网络的一部分，它又必须受到网络协议方面的要求和限制。其实在网络标准中，都对信号的最大传输范围作了具体的规定。中继器只能在规定范围内进行有效的工作，否则会引起网络故障。为了避免多路径的干扰，在任何两个站之间只允许有一条包含分段和中继器的路径。在 IEEE802 标准中，任何两个站之间的路径中最多只允许有 4 个中继器，这就将有效的电缆长度延伸到 2.5 km。

中继器连接起来的多个段不属于互联的范畴，它仅仅是扩大了一个网络的范围，仍是同一个网络。

3. 中继器的选购

在选购中继器时应注意以下两个参数：

（1）连接网段的接口。连接 10BASE-2 网段时应选择带有 BNC 接口的中继器；而连接 10BASE-5 网段时需选择带 AUI 接口的中继器；连接 10/100BASE-T 网段时需选择带 RJ-45 接口的中继器。

（2）拟扩展的距离。考虑网络本身协议方面的要求应选购实际需要的网络跨距。

5.5.2 集线器

集线器就是通常所说的 Hub，如图 5-18 所示。像树的主干一样，它是各分支的汇集点。集线器就是一种多端口的中继器，其区别仅在于中继器只是连接两个网段，而集线器能够提供更多的端口服务。集线器通过对工作站进行集中管理，能够避免网络中出现问题的区段对整个网络正常运行的影响。

图 5-18　集线器

1. 集线器的功能

在网络中，集线器是一个共享设备，主要功能是对接收到的信号进行再生放大，以扩大网络的传输距离。依据 IEEE 802.3 协议，集线器功能是随机选出某一端口的设备，并让它独占全部带宽，与集线器的上联设备（交换机、路由器或服务器等）进行通信。

（1）Hub 只是一个多端口的信号放大设备。当一个端口接收到数据信号时，由于信号从源端口到 Hub 的传输过程中已有了衰减，所以 Hub 便将该信号进行整形放大，使被衰减的信号再生（恢复）到发送时的状态，紧接着转发到其他所有处于工作状态的端口上（广播）。以太网的每个时间片内只允许有一个节点占用公用通信信道而发送数据，所有端口共享带宽。

（2）Hub 只与它的上联设备（如上层 Hub、交换机、路由器或服务器等）进行通信。Hub 同层的各端口之间不直接进行通信，而是通过上联设备再通过集线器将信息广播到所有端口上。由此可见，即使是在同一 Hub 中的两个不同的端口之间进行通信，都必须要经过两步操作：第一步是将信息上传到上联设备；第二步是上联设备再将该信息广播到所有端口。

不过，随着技术的发展和需求的变化，许多的 Hub 在功能上进行了拓宽，不再受这种工作机制的影响。

简单集线器不支持网管功能，带网管功能的智能集线器可以通过 SNMP 协议进行远程控制与管理。

2. 集线器的分类

集线器也像网卡一样是伴随着网络的产生而产生的，它属于一种传统的基础网络设备。集线器技术发展至今，也经历了许多不同主流应用的历史发展时期，所以集线器产品也有许多不同类型。

(1) 按照带宽进行分类。这是集线器最常用的一种分类法，按照带宽不同，可以将集线器分为 10 Mbit/s、100 Mbit/s、10/100 Mbit/s 自适应型双速集线器和 1 000 Mbit/s 集线器等。

(2) 按照管理方式进行分类。按照管理方式的不同，集线器可以分为智能集线器和非智能集线器。

智能集线器是指能够通过简单网络管理协议对集线器进行简单管理的集线器。这种集线器增加了网络交换功能，具有网络管理和自动检测端口速率的能力。当前市场上大部分集线器都属于智能集线器。非智能集线器具有信号放大和再生作用，不能用于对等网，属于低端产品，常用于有服务器的局域网。

(3) 按照配置形式进行分类。按照配置形式进行分类，集线器可分为独立式集线器、模块化集线器、堆叠式集线器等。

①独立式集线器。通过以太网总线提供中央网络连接，以星状拓扑结构连接起来，称之为独立式集线器或未管理的集线器。这种集线器可以是无源的，也可以是有源的，有源集线器使用得更多。这类集线器具有价格低、网络管理方便、容易查找故障等优点，主要用于构建小型局域网。

②模块化集线器。模块化集线器是一种模块化的设备，在其底板电路板上可以插入多种类型的模块，集线器的底板给插入的模块准备了多条总线，这些插入的模块可以适应不同的网段，如以太网、快速以太网、光纤分布式数据接口（FDDI）和异步传输模式（ATM）中。各种功能不同的模块可以根据需要选择，以提供不同的功能。这类集线器主要用于大型网络。

③堆叠式集线器。堆叠方式是指将若干集线器用电缆通过堆栈端口连接起来，以实现单台集线器端口数的扩充。堆栈中的所有集线器可视为一个整体集线器来进行管理，也就是说，堆栈中所有的集线器从拓扑结构上可视为一个集线器。堆叠数量可以达到 5~8 个，但当堆叠的层数较多、连接的计算机数量也较多时，连接在各个端口的计算机相互争用带宽，会使数据传输效率和速率降低。

增加节点数的另一种方法是级联，但是使用这项功能的条件是集线器必须提供可级联端口，这种端口上通常标有 Uplink 字样。如果是专用端口，当需要级联时，连接两个集线器的双绞线必须进行跳线。

(4) 按每个集线器的连接端口进行分类，可以将集线器分为 8 口、16 口、24 口集线器。

端口就是所连节点的接口。集线器通常都提供三种类型的端口，即 RJ-45 端口、BNC 端口和 AUI 端口，以适用于连接不同类型电缆所构建的网络，一些高档集线器还提供有光纤端口和其他类型的端口。RJ-45 接口可用于连接 RJ-45 接头，适用于由双绞线构建的网络，这种端口是最常见的，我们平常所讲的多少口集线器，就是指的具有多少个 RJ-45 端口。

①集线器的 RJ-45 端口既可直接连接计算机、网络打印机等终端设备，也可以与其他交换机、集线器或路由器等设备进行连接。需要注意的是，当连接至不同设备时，所使用的双绞线电缆的

跳线方法也有所不同。

② BNC 端口就是用于与细同轴电缆连接的接口，它一般是通过 BNC/T 型接头进行连接的。

③集线器堆叠端口是只有可堆栈集线器才具备的，它的作用如它的名字一样，是用来连接两个堆栈集线器的。一般来说，一个堆栈集线器中同时具有两个外观类似的端口：一个标注为 UP，另一个标注为 DOWN。

3. 集线器的选购

集线器属于基础网络设备产品，基本上不需要另外的软件来支持，真正达到了即插即用。随着技术的发展，在局域网尤其是大中型局域网中，集线器已逐渐被交换机代替。当前，集线器主要应用于一些中小型网络或大中型网络的边缘部分。在选购集线器时需要考虑实际网络的需求。

（1）带宽的选择。当前市场上，主流的集线器带宽主要有 10 Mbit/s、10/100 Mbit/s 自适应型和 100 Mbit/s 三种，这三种不同带宽的集线器在价格上也有较大区别，10/100 Mbit/s 自适应型集线器的价格一般要比 100 Mbit/s 的高。

（2）端口的选择。集线器作为一个特殊的中继器，它的最大特点就是能提供多个端口，实现集中管理。因此在端口选择上也需要充分考虑网络的实际需要及发展需求。集线器的端口数目，根据要连接的计算机的数目而定，例如，有 16 台 PC，最好购买 24 端口的集线器，以便扩充。

（3）网管功能选择。Hub 按其管理功能来分可分为非智能型集线器和智能型集线器两种。智能型集线器一般支持多协议，可堆叠，具有较强的网络管理和容错能力。而现在流行的 100 Mbit/s Hub 和 10/100 Mbit/s 自适应型 Hub 多为智能型的。

（4）以外形尺寸为参考。如果网络系统比较简单，没有楼宇之间的综合布线，而且网络内的用户比较少时，则没有必要考虑 Hub 的外形尺寸。但有时为了便于对多个 Hub 进行集中管理，在购买 Hub 之前已经购置了机柜，这时在选购 Hub 时就必须要考虑它的外形尺寸，否则 Hub 将无法被安装在机架上。

5.5.3 交换机

交换机是基于网络交换技术的产品，具有简单、低价、高性能和高端口密集的特点，体现了桥接技术中的复杂交换技术，它工作在 OSI 参考模型的第二层（数据链路层），如图 5-19 所示。它的任意两个端口之间都可以进行通信而不影响其他端口，每对端口都可以并发地进行通信而独占带宽，从而突破了共享式集线器同时只能有一对端口工作的限制，提高了整个网络的带宽。

图 5-19 交换机

1. 交换机的工作原理

网络中交换机的工作原理与电信局的电话交换机的工作原理相似。例如，在电话交换系统中，当一个电话用户需要与另一个电话用户通话时，拨打对方的电话号码，电信局的电话交换机在收到电话号码后就会自动建立两个用户之间的连接，使通话只在这两个用户之间进行，其他用户不能听到电话的内容，也无法加入这两个用户的谈话之中，这种通话可以同时在多对电话用户之间进行。与电话交换机建立两个通过电话号码连接用户相类似的是，局域网的交换机是通过计算机名或协议地址建立两台计算机之间的连接的。

2. 交换机与集线器的异同点

（1）不同点。交换机与集线器的最大区别是前者使用交换方式传送数据，而后者则使用共享方式传送数据。用集线器组成的网络是共享式网络，用交换机组成的网络则称为交换式网络。在共享式网络中，所有用户共享网络带宽，每个用户可用的带宽与网络用户数的增长成反比。在信息繁忙时，多个用户可能同时抢占一个信道，而一个信道在某一时刻只允许一个用户占用，因此，大量的用户会经常处于监测等待状态，致使信号传输时停滞或失真，从而影响网络的性能。在交换式网络中，交换机提供给每个用户专用的信息通道，只要不是两个源端口同时将信息发往同一端口，那么各个源端口与各自的目标端口之间可同时进行通信而不会发生冲突。由此可见，交换机可以让每个用户都能够获得足够的带宽，从而提高整个网络的性能。

（2）相同点。交换机除了在工作方式上与集线器不同，其他方面则基本相同，如连接方式和速度选择等。交换机在局域网中主要用于连接工作站、集线器、服务器或用于分散式主干网。

3. 交换机的分类

交换机的应用和发展速度远远高于集线器，各种类型的交换机的出现，主要是为了满足各种不同应用环境需求。

（1）从网络覆盖范围划分。

①广域网交换机。广域网交换机主要是应用于电信网、城域网互联、互联网接入等领域的广域网中，提供通信用的基础平台。

②局域网交换机。局域网交换机是我们常见的交换机，也是我们学习的重点。它应用在局域网网络中，用于连接终端设备，如服务器、工作站、集线器、路由器、网络打印机等网络设备，以提供高速独立通信通道。

（2）根据传输介质和传输速度划分。根据交换机使用的网络传输介质及传输速度的不同，一般可以将局域网交换机分为以太网交换机、快速以太网交换机、千兆（G 位）以太网交换机、ATM 交换机、FDDI 交换机等。

①以太网交换机。以太网交换机是当前最普遍和最便宜的，它的档次比较齐全，应用领域也非常广泛，在大大小小的局域网中都可以见到它们的踪影。以太网包括 RJ-45、BNC 和 AUI 三种网络接口，所用的传输介质分别为双绞线、细同轴电缆和粗同轴电缆。当前采用同轴电缆作为传输介质的网络现在已经很少见了，而一般是在 RJ-45 接口的基础上为了兼顾同轴电缆介质的网络连接，配上 BNC 或 AUI 接口。

②快速以太网交换机。这种交换机是用于 100 Mbit/s 快速以太网。当前快速以太网主要是以 10/100 Mbit/s 自适应型的为主。一般来说这种交换机通常所采用的介质也是双绞线。有的快速以太网交换机为了兼顾与其他光传输介质的网络互联，还会留有少数的光纤接口。

③千兆以太网交换机。千兆以太网交换机一般用于大型网络的一个主干网段，所采用的传输介质有光纤和双绞线，对应的接口为 SC 和 RJ-45 接口两种。

④ ATM 交换机。ATM 交换机是用于 ATM 网络的交换机产品。ATM 网络由于其独特的技术特性，现在还仅广泛用于电信、邮政网的主干网段，因此这种交换机产品在市场上很少看到。

⑤ FDDI 交换机。随着快速以太网技术的成功开发，FDDI 技术失去了市场。因此，FDDI 交换机也就比较少见了，FDDI 交换机是用于老式中、小型企业的快速数据交换网络中的，它的接口形式都为光纤接口。

（3）根据应用特征划分。根据交换机所应用的网络层次，网络交换机可分为企业级交换机、部门级交换机、工作组交换机和桌面型交换机。

①企业级交换机。企业级交换机属于高端交换机，一般采用模块化的结构，可作为企业网络主干构建高速局域网，所以它通常用于企业网络的最顶层。企业级交换机可以提供用户化定制、优先级队列服务和网络安全控制，并能很快适应数据增长和改变的需要，从而满足用户的需求。

②部门级交换机。部门级交换机是面向部门级网络使用的交换机，这类交换机可以是固定配置，也可以是模块配置，一般除了常用的 RJ-45 双绞线接口外，还带有光纤接口。部门级交换机一般具有较为突出的智能型特点，支持基于端口的 VLAN（虚拟局域网），可实现端口管理，也可任意采用全双工或半双工传输模式，并可对流量进行控制。这种交换机有网络管理的功能，可通过 PC 的串口或经过网络对交换机进行配置、监控和测试。如果作为主干交换机，部门级交换机则一般认为可作为支持 300 个信息点以下中型企业的交换机。

③工作组交换机。工作组交换机是传统集线器的理想替代产品，一般为固定配置，配有一定数目的 10BASE-T 或 100BASE-TX 以太网口。工作组交换机一般没有网络管理的功能，如果是作为骨干交换机则一般认为是支持 100 个信息点以下的交换机为工作组级交换机。

④桌面型交换机。桌面型交换机是最常见的一种最低端交换机，它区别于其他交换机的一个特点是支持的每端口 MAC 地址很少，只具备最基本的交换机特性，但与集线器相比它还是具有交换机的通用优越性，况且有许多应用环境也只需这些基本的性能，所以它的应用还是相当广泛的。

（4）根据交换机的端口结构划分。如果按交换机的端口结构来划分，交换机大致可分为固定端口交换机和模块化交换机两种不同的结构。

①固定端口交换机。固定端口就是它带有的端口是固定的，一般的端口标准是 8 端口、16 端口和 24 端口。固定端口交换机因其安装架构又可分为桌面式交换机和机架式交换机。

②模块化交换机。模块化交换机拥有更大的灵活性和可扩充性，用户可任意选择不同数量、不同速率和不同接口类型的模块，以适应千变万化的网络需求。

4. 交换机的选购

现在市场上的交换机产品很多，选购交换机时一般要考虑以下因素：

（1）是否完全支持存储转发、直通、ATM 三种交换方式。

（2）是否同时支持全双工和半双工传输模式。

（3）是否提供网管功能。

（4）是否提供虚拟局域网（VLAN）管理功能。

（5）是否提供多模块和多类型端口的支持。每个交换机模块相当于一个独立的小型交换机，提供的模块数越多，可管理的用户和设备数也越多。

（6）是否提供 LED 指示灯显示。通过 LED 指示灯，可以便于网络监测和故障排除。

5.5.4 路由器

路由器（Router）是一种典型的网络层设备，如图 5-20 所示。它在两个局域网之间转发数据包，在 OSI/RM 之中被称为中介系统，完成网络中继或第三层中继的任务。路由器负责在两个局域网的网络层之间按数据包传输数据，转发数据包时需要改变数据包中的地址。

图 5-20 路由器

1. 路由器的作用

路由就是指通过相互连接的网络把信息从源站点移到目标站点的活动。路由器是用于连接多个逻辑上分开的网络，当数据从一个子网传输到另一个子网时，可通过路由器来完成。因此，路由器具有判断网络地址和选择路径的功能，它能在多个网络互联环境中建立灵活的连接，可用完全不同的数据分组和介质访问方法连接各种子网，路由器只接收源站点或其他路由器的信息，属网络层的一种互联设备。它不关心各子网使用的硬件设备，但要求运行与网络层协议相一致的软件。路由器分为本地路由器和远程路由器。

一般说来，异构网络互联与多个子网互联都应采用路由器来完成。

2. 路由器的功能

路由器的有些功能与网桥类似，如学习、过滤和转发等。但与网桥不同，路由器具有内置的智能来指导数据包流向特定的网络，可以研究网络流量并快速适应在网络中检测到的变化。路由器在 OSI 模型的网络层连接 LAN，从而与网桥相比，可以从数据包流量中解释更多的信息。

3. 静态与动态路由

路由可以是静态的，也可以是动态的。静态路由需要有网络管理员创建的路由表，其中指定了任意两个路由器之间的固定的路径。当某一网络设备失效时，网络管理员还要介入更新路由表的工作。静态路由器可以确定一个网络链接是否崩溃，但是在没有网络管理员介入的情况下，它无法对信息流量重新选择路由。由于这是一种劳动密集型的工作，所以网络管理员通常不使用静态路由。

动态路由独立于网络管理员而工作。动态路由监视着网络的变化、更新其自身的路由表并在需要时随网络路径进行重新配置。当一个网络链接失效时，动态路由器可以自动地检测失效的路径并建立最有效的新路径。新路径是根据由网络负载、线路类型和带宽决定的最低成本来进行配置的。

4. 路由表与协议

路由器在数据库中维持着有关节点地址和网络状态等信息。路由表数据库中包含着其他路由器和每个端节点的地址。动态路由器通过规则地与其他路由器和网络节点交换地址信息来自动地更新路由表。

路由器还可以有规律地交换有关网络流量、网络拓扑结构和网络链接状态等信息，此信息位于每个路由器的网络状态数据库中。当到来一个数据包时，路由器检查协议目标地址。这决定了如何根据网络状态信息和跳数的计算来转发数据包，这两个因素是数据包到达目标所需要的信息。使用单独一种协议（如 TCP/IP 协议）的路由器只维护一个地址数据库。多协议的路由器中对识别的每个协议都有一个地址数据库（例如，TCP/IP 协议节点有数据库，IPX/SPX 协议节点也有数据库）。路由器通过使用一种或几种路由协议来交换信息。例如，只处理 TCP/IP 协议的路由器要在路由器之间实现通信，可以使用一种或多种路由协议。多协议的路由器（例如处理 TCP/IP 协议和 IPX/SPX 协议的路由器在路由器间）则需要专门的路由协议。

5.5.5 网关

网关（Gateway）是一种最复杂的互联设备。它主要用来连接两个协议差别很大的计算机网络。利用网关可以将具有不同体系结构的计算机网络连在一起，组成异构型互联网。它的作用就是对两个网络段中使用不同传输协议的数据进行互相的翻译转换。比如，要将一个 Novell 网与一个 Decnet 网互联，由于两者不仅使用的硬件不同，整个数据结构甚至使用的协议也截然不同。在这种场合下只能使用网关进行互联，也只有网关具有实现通信时所必需的翻译和变换功能，在 OSI/RM 中，网关是属于最高层（应用层）的设备。

网关就是一个网络连接到另一个网络的“关口”，它分为软件和硬件两种。一般来说，通过软件来实现网关功能的诸方式中，TCP/IP 协议里的网关是最常用的，在这里我们所讲的“网关”均指 TCP/IP 协议的网关。

网关实质上是一个网络通向其他网络的 IP 地址。例如，网络 A 和网络 B，网络 A 的 IP 地址范围为 192.168.2.1 ~ 192.168.2.254，子网掩码为 255.255.255.0；网络 B 的 IP 地址范围为 192.168.3.1 ~ 192.168.3.254，子网掩码为 255.255.255.0。在没有路由器的情况下，两个网络之间是不能进行 TCP/IP 通信的，即使是两个网络连接在同一台交换机（或集线器）上，TCP/IP 协议也会根据子网掩码（255.255.255.0）判定两个网络中的主机处在不同的网络。而要实现这两个网络之间的通信，则可以使用网关。如果网络 A 中的主机发现数据包的目的主机不在本地网络中，就把数据包转发给它自己的网关，再由该网关转发给网络 B 的网关，网络 B 的网关再转发给网络 B 的某个主机，网络 B 向网络 A 转发数据包的过程也是如此。

所以说，只有设置好网关的 IP 地址，TCP/IP 协议才能实现不同网络之间的相互通信。网关的 IP 地址是具有路由功能设备的 IP 地址，如路由器、启用了路由协议的服务器（实质上相当于一台路由器）、代理服务器（也相当于一台路由器）等。

一台主机可以有多个网关。默认网关的意思是一台主机如果找不到可用的网关，就把数据包发送给指定的网关（默认），由这个网关来处理数据包。现在主机使用的网关，一般指的都是默认网关。

5.5.6 网卡

网卡是计算机局域网中最重要的连接设备，它连接到计算机的扩展总线，并且与网络电缆相连接，它是计算机与物理传输介质之间的接口设备，如图 5-21 所示。网卡通常是一种独立产品，可以将它插在计算机上，也可以把它从计算机上拔下来，有些厂商也把网卡集成在主板上。

图 5-21　网卡

1. 网卡的功能及发送数据的过程

网卡与其驱动程序相结合，能够实现计算机上使用的数据链路层协议的各种功能。例如，可以实现以太网协议或令牌环网协议的功能，同时还可以作为物理层的组成部分。

网卡和它的驱动程序负责执行计算机接入网络时需要的基本功能。发送数据的过程如下：

（1）数据传输。它是使用直接内存访问、共享内存或程控输入或输出等技术中的一种，它将存放在计算机内存中的数据通过系统总线发送给网卡。

（2）数据缓存。计算机处理数据的速率与网络的数据传输速率是不同的。网卡配有用来存放数据的存储缓冲区，这样它每次就能够处理一个完整的帧。典型的以太网网卡配有 4 KB 的缓存，发送数据的缓存和接收数据的缓存各 2 KB，而令牌环网和高端以太网网卡可以配有 64 KB 或更多的缓存空间，它们使用若干种不同的配置对发送数据和接收数据的缓存进行相应的分割。

（3）帧的建立。网卡负责接收已经被网络层协议包装好的数据，然后再将这些数据封装成一个帧。根据数据包的大小和所用的数据链路层协议，网卡还必须将数据分割成适合网络传输大小合适的数据段。

（4）介质访问控制。网卡使用一种适当的介质访问控制（MAC）机制，以便协调系统对共享网络介质的访问。例如，以太网采用 CSMA/CD 控制对介质的访问。

（5）数据编码解码。计算机生成的二进制格式的数据，必须按照适合网络介质传输的格式进行编码，然后才能发送出去。同样，输入进来的信号在接收时必须进行解码，这些都是由网卡来实现的。编码方法是由使用的数据链路层协议来决定的。例如，以太网使用曼彻斯特编码、令牌环网使用差分曼彻斯特编码模式。

（6）数据的发送。网卡提取其已经进行编码的数据，将信号放大到相应的振幅，然后通过网络介质将数据发送出去。

数据的接收过程正好是数据发送的逆过程。

2.MAC 地址

网卡提供了一个 6 字节的 MAC 地址（数据链路层硬件地址）。MAC 地址分为两个部分，IEEE 保存了一个网卡制造商的登记记录，并且根据需要为制造商分配 3 字节的地址代码，称为独一无二的机构标识符（OUI），制造商将这些代码用作它们生产的每个网卡的 6 字节 MAC 地址中的前 3 字节。然后由制造商来确保它们生产的每个网卡地址的剩余 3 字节也是独一无二的，这就意味着当一家网卡生产商获得一个前 3 字节抵制的分配权后，它可以生产的网卡的数量为 2^{24}（16 777 216）块。

MAC 地址用于标识本地网络上的系统。大多数数据链路层协议，包括以太网和令牌环网协议，都使用制造商通过硬编码纳入网卡的地址。

IEEE 提供了一个 OUI 数据库。

3. 网卡的分类

（1）按网卡的总线接口类型分类。由于网卡通过总线与计算机沟通，因此可按总线接口来分类。

常分为以下几种：

① ISA 接口的网卡。它是一种 16 位的网卡，主要应用在第 1 代的 PC 上，由于现在许多新型主板上已经不再提供 ISA 接口的功能，而且又面临 PCI 网卡的威胁，现在几乎绝迹。

② EISA 接口的网卡。它是由 Compaq、HP、AST 等业界精英共同提出的总线标准，为了提高 ISA 接口的数据传输率而设计的，但由于成本高，一直未能普及。它的最大数据传输率可达 32 Mbit/s。

③ PCI 接口的网卡。它是由 Intel 主导的总线标准，可以支持 32 位及 64 位的数据传输。PCI 网卡在稳定程度与数据传输率方面都有很大的改进，当前 32 位的网卡居多，它的最大数据传输率可达 132 Mbit/s。由于它有数据传输率和稳定性较高等优点，已经成为目前市场上的主流网卡。

④ USB 接口的网卡。它是由 IBM、Intel、Microsoft 等厂商提出的新一代串行总线标准。由于它具有高扩展性、热插拔、即插即用功能等优点，所以它是一种为用户提供更易于使用的外设连接接口，它的最大传输速率可达 480 Mbit/s。

⑤ PCMCIA 接口的网卡。PCMCIA 网卡是用于笔记本电脑的一种网卡，大小与扑克牌差不多，只是厚度厚一些。PCMCIA 是笔记本电脑使用的总线，PCMCIA 插槽是笔记本电脑用于扩展功能使用的扩展槽。PCMCIA 总线分为两类，一类为 16 位的 PCMCIA，另一类为 32 位的 CardBus。CardBus 是一种用于笔记本电脑的新的高性能 PC 卡总线接口标准，不仅能提供更快的传输速率，而且可以独立于主 CPU，与计算机内存之间直接交换数据，减轻了 CPU 的负担。

（2）按网卡的传输带宽分类。数据传输带宽是决定网络中数据传输率的主要因素，传输带宽越大，数据的传输速率也就越快，相对来说，价格也就越高。如果按网卡的传输带宽对网卡进行分类，可分为如下几种：

① 10 Mbit/s 网卡。10 Mbit/s 是以前制定以太网标准时所采用的带宽，在以太网上使用的设备都是以这个带宽为设计标准。随着网络的发展，10 Mbit/s 的网卡已逐渐被 100 Mbit/s 或更大带宽的网卡所代替。

② 100 Mbit/s 网卡。这种网卡由于增加了带宽，因而大大提高了网络传输效率，已成为局域网市场的主流网卡。另外，目前市场上还有不少具有 10/100 Mbit/s 双重速率的网卡，它既可以工作在 10 Mbit/s 的系统中，又可以工作在 100 Mbit/s 的系统中。使用这种网卡在升级网络时，可以更新部分拥塞的网络，从而节省大量资金。

③ 1 000 Mbit/s 网卡。它以光纤为传输介质，带宽可以达到 1 000 Mbit/s。由于这种网卡的价格昂贵，当前还没有普及。

（3）按网卡接口分类

① BNC 接头网卡。主要用于连接细缆，传输率为 10 Mbit/s 左右。BNC 接头网卡具有价格低廉、容易安装等特点，曾很受用户的青睐，但现已基本被淘汰。

② AUI 接头网卡。主要用来连接粗缆，由于布线施工较烦，现已基本被淘汰。

③ RJ-45 接头网卡。主要用来连接 UTP（或 STP）双绞线。传输率有 10 Mbit/s 和 100 Mbit/s，由于这种接头的网卡有易于安装、扩展方便、调试方便等优点，因而得到了普遍应用。

④无线网卡。它是一种利用无线技术传输的网卡，这种网卡必须要连接一个收发天线。

4. 网卡的工作方式

网卡的工作方式主要有两种：半双工和全双工。

5. 网卡的选购与维护

在选购网卡之前，首先要考虑网络拓扑结构，决定用哪种网线建立网卡与网络的连接。选购网卡时必须考虑下面几个不同的因素：

（1）网络使用的数据链路层协议。

（2）网络的数据传输速度。

（3）将网卡与网络连接起来时使用的接口类型。

（4）安装的网卡要使用的系统总线的类型。

（5）使用网卡的计算机的应用领域即是作为服务器还是作为工作站。

5.6 无线网络技术

5.6.1 基本组成元素

视频

网络技术 2

无线网络包含了一系列无线通信协议，如 Wi-Fi（Wireless Fidelity）、WiMAX（Worldwide Interoperability for Microwave Access）、4G 协议和 5G 协议等。为了更准确地区别不同协议的待性，要先明确一些组成无线网络的基本元素。

1. 无线网络用户

无线网络用户（或者称无线网络节点）是指具备无线通信能力，并可将无线通信信号转化为有效信息的终端设备。例如，装有 Wi-Fi 无线模块的台式机、笔记本电脑或 PDA，装有 4G 通信模块的手机和装有无线通信模块的传感器。

2. 无线连接

无线连接是指无线网络用户与基站或者无线网络用户之间用以传输数据的通路。相对于有线网络中的电缆、光缆、同轴双股线等物理实体连接介质，无线连接主要将无线电波、光波作为传输载体。不同无线连接技术提供了不同的数据传输速率和传输距离。

3. 基站

基站事实上也是一个无线网络节点甚至用户，它的特殊性在它的职责是将一些无线网络用户连接到更大网络（一般称为公网，如校园网、因特网或者电话网），所以一般认为基站是能与公网以较高带宽直接交换数据的“超级”节点。无线网络用户通过基站接收和发送数据包，基站将用户的数据包转发给它所属的上层网络，并将上层网络的数据包转发给指定的无线网络用户。根据不同的无线连接协议，相应基站的名称和覆盖范围是不同的。例如，Wi-Fi 的基站被称为接入点（Access Point，AP），它的覆盖范围为几十米；蜂窝电话网的基站被称为蜂窝塔（Cell Tower）。在城市中它的覆盖范围为几千米，而在空旷的平地中其覆盖范围可达到几十千米。只有在基站的覆盖范围内，用户才可能通过它进行数据交互换。

这里需要注意的是，无线用户除了通过基站接入网络的中心结构模式（Infrastructure Mode）外，还可以通过无中心模式（Infrastructure-Less Mode）形成自组织网络。它的特点是无须基站和上层网络支持，用户自身具网络地址指派、路由选择及类似域名解析等功能。例如，无线传感器网络就是一种典型的自组网。在无线传感网络中，每个传感器都有一个独一无二的标识符（ID），且每个传感器既是数据的产生者，也是数据的转发者，可以认为是无线领域的对等网（Peer-to-Peer

Networks）。在今天这个物联网的初级阶段，由于技术进展方面的局限性，有中心结构在相当长的一段时间里仍将成为应用的主流，而随着技术进步，自组网模式必然成为不可或缺的重要形式。

5.6.2 无线网络的类别

根据无线网络的覆盖范围和带宽来区分，一般将无线网络分为4类，分别是无线个域网、局域网、城域网和广域网。不同类型的网络覆盖范围和带宽之间的关系如图 5-22 所示。

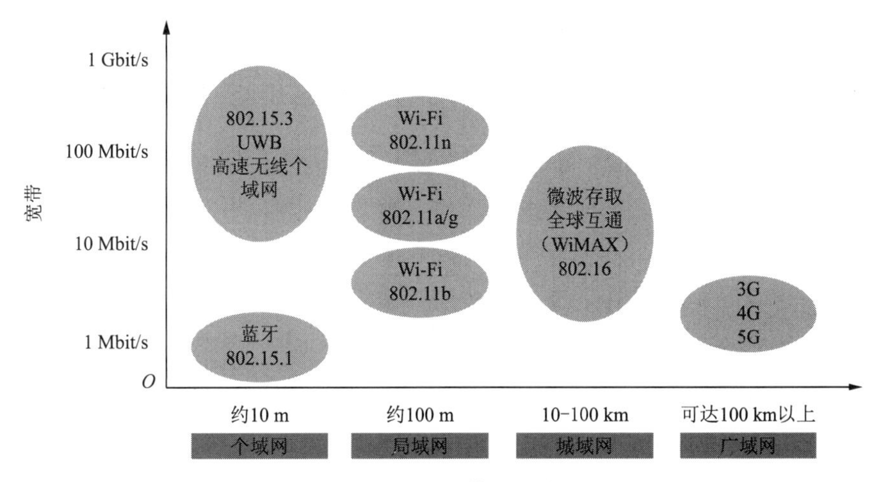

图 5-22　无线网络协议分类

1. 无线个域网

随着无线通信技术的进步，人们提出了在自身附近几米到几十米范围之内的通信需求，这样就出现了个人区域网（Personal Area Network，PAN）和无线个人区域网（Wireless Personal Area Network，WPAN）的概念。WPAN 网络为近距离范围内的设备建立无线连接，把几米范围内的多个设备通过无线方式连接在一起，使它们可以相互通信甚至接入 LAN 或 Internet。

无线个人区域网（Wireless Personal Area Networks，WPAN）是短距离无线网络，专门设计用于支持便携式和移动式计算设备，如 PC、PDA、无线打印机和存储设备、蜂窝电话、寻呼机、机顶盒及各种消费电子设备。WPAN 是以个人为中心来使用的无线个人区域网，它实际上就是一个低功率、小范围、低速率和低价格的电缆替代技术。WPAN 都工作在 2.4 GHz 的 ISM 频段。

蓝牙就是一个实例。许多蜂窝电话有两个无线电接口，一个用于蜂窝网络，一个用于 PAN 连接。WPAN（如蓝牙）提供带宽及实际用于移动设备（如掌上电脑）进行数据交换的便利，它克服了其他移动数据系统的许多复杂性，如蜂窝分组数据系统需要调制解调器和通过窄带蜂窝链路进行连接。由于 WPAN 设计考虑到低功耗，所以一系列设备可以利用该技术，包括数字手表、头戴送受话器、心脏监护仪和其他各种可佩带的设备。该技术最初设计用于取代使多台计算机同步其数据和交换文件的电缆。从那时起，蓝牙规范已扩展到支持智能无线设备的通信系统中。此外，IEEE 一直在制定通用 PAN 标准。已开发了服务发现协议来帮助设备定位和识别其他设备提供的服务（打印、投影、声音等）。WPAN 可以在几乎任何地点自发形成。例如，参加会议的人员或飞机上相遇的新朋友可以连接起来交换信息。广告服务允许用户将他们的存在通知其他用户，例如，在机场，某人可以进入蓝牙 PAN 和被通知他认识的某人（根据查找他的个人地址簿）就在附近。蓝牙网络支持因特网网关，因此，具有蓝牙设备的用户可以进入蓝牙 PAN 范围并连接到因特网上。在用户可以获得因特网连接的机场或其他公共场所，可以勾勒出“蓝牙区域”的图景。

IEEE 802.15 Working（Group for Wireless Personal Area Networks，IEEE802.15 无线个人区域网工作组）为 PAN 制定标准。该工作组目前正致力于使 IEEE WPAN 与类似的 PAN 标准（如蓝牙）和 WLAN（无线 LAN）标准（如 IEEE 802.11）之间的冲突最小化，他们都使用相同的无须许可证的 2.4 GHz 频率范围。目标之一是提供 WPAN 设备和 IEEE 802.11 设备之间的互操作性。IEEE WPAN 工作组正专注于开发低功耗、低复杂性无线标准，该标准支持在（或进入）称之为 POS（个人操作空间）内的设备。典型地，POS 指从设备（无论是静止的还是运动的）向各方向扩展到 10 m 之远。IEEE WLAN 和 WPAN 设计准则是不同的，因为前者是为较大的及较永久性的网络设计的，而后者是为可以自发形成网络的低功耗设备设计的。低功耗设计支持可佩带的计算设备。

实现无线个人区域网（WPAN）的主要技术有 IEEE 802.11、HiperLAN2、蓝牙、Home RF、IrDA 及超宽带（UWB）等 6 种。

2. 无线局域网

无线局域网（Wireless Local Area Network，WLAN）就是指采用无线传输介质的局域网，是极为便利的数据传输系统，它利用射频（Radio Frequency，RF）的技术，取代原有的有线线路构成的局域网络，使得无线局域网络能利用简单的存取架构让用户通过它达到随时随地上网，而不受有线线路的约束。

基于 IEEE 802.11 标准的无线局域网允许在局域网络环境中使用未授权的 2.4 GHz 或 5.3 GHz 射频波段进行无线连接。它们应用广泛，从家庭到企业再到 Internet 接入热点。

简单的家庭无线 LAN：在家庭无线局域网最通用和最便宜的例子，一台无线路由器作为防火墙、路由器、交换机和无线接入点。这些无线路由器可以提供广泛的功能，例如，保护家庭网络远离外界的入侵。允许共享一个 ISP（Internet 服务提供商）的单一 IP 地址。可为 4 台计算机提供有线以太网服务，但是也可以和另一个以太网交换机或集线器进行扩展。为多个无线计算机作一个无线接入点。通常基本模块提供 2.4 GHz 802.11b/g 操作的 Wi-Fi，而更高端模块将提供双波段 Wi-Fi 或高速 MIMO 性能。双波段接入点提供 2.4 GHz 802.11b/g 和 5.3 GHz 802.11a 性能，而 MIMO 接入点在 2.4 GHz 范围中可使用多个射频以提高性能。双波段接入点本质上是两个接入点为一体并可以同时提供两个非干扰频率，而更新的 MIMO 设备在 2.4 GHz 范围或更高的范围提高了速度。2.4 GHz 范围经常拥挤不堪而且由于成本问题，厂商避开了双波段 MIMO 设备。双波段设备不具有最高性能或范围，但是允许在相对不那么拥挤的 5.3 GHz 范围操作，并且如果两个设备在不同的波段，允许它们同时全速操作。家庭网络中的例子并不常见。该拓扑费用更高，但是提供了更强的灵活性。路由器和无线设备可能不提供高级用户希望的所有特性。在这个配置中，此类接入点的费用可能会超过一个相当的路由器和 AP 一体机的价格，归因于市场中这种产品较少，因为多数人喜欢组合功能。一些人需要更高的终端路由器和交换机，因为这些设备具有诸如带宽控制，千兆以太网这样的特性，以及具有允许他们拥有需要的灵活性的标准设计。

无线桥接：当有线连接太昂贵或需要为有线连接建立第二条冗余连接以作备份时，无线桥接允许在建筑物之间进行无线连接。IEEE 802.11 设备通常用来进行这项应用及无线光纤桥。IEEE 802.11 基本解决方案一般更便宜并且不需要在天线之间有直视性，但是比光纤解决方案要慢很多。IEEE 802.11 解决方案通常在 5 ~ 30 Mbit/s 操作，而光纤解决方案在 100 ~ 1 000 Mbit/s 范围内操作。这两种桥操作距离可以超过 10 英里（约 16 km），基于 802.11 的解决方案可达到这个距离，而且它不需要线缆连接。但基于 IEEE 802.11 的解决方案的缺点是速度慢和存在干扰，而光纤解决方案不会。光纤解决方案的缺点是价格高及两个地点间不具有直视性。

中型无线局域网：中等规模的企业传统上使用一个简单的设计，它们简单地向所有需要无线覆盖的设施提供多个接入点。这个特殊的方法可能是最通用的，因为它入口成本低，尽管一旦接入点的数量超过一定限度它就变得难以管理。大多数这类无线局域网允许在接入点之间漫游，因为它们配置在相同的以太子网和 SSID 中。从管理的角度看，每个接入点及连接到它的接口都被分开管理。在更高级的支持多个虚拟 SSID 的操作中，VLAN 通道被用来连接访问点到多个子网，但需要以太网连接具有可管理的交换端口。这种情况中的交换机需要进行配置，以在单一端口上支持多个 VLAN。尽管使用一个模板配置多个接入点是可能的，但是当固件和配置需要进行升级时，管理大量的接入点仍会变得困难。从安全的角度来看，每个接入点必须被配置为能够处理其自己的接入控制和认证。RADIUS 服务器将这项任务变得更轻松，因为接入点可以将访问控制和认证委派给中心化的 RADIUS 服务器，这些服务器可以轮流和诸如 Windows 活动目录这样的中央用户数据库进行连接。即使如此，仍需要在每个接入点和每个 RADIUS 服务器之间建立一个 RADIUS 关联，如果接入点的数量很多会变得很复杂。

大型可交换无线局域网：交换无线局域网是无线联网最新的进展，简化的接入点通过几个中心化的无线控制器进行控制。数据通过 Cisco、Aruba Networks、Symbol 和 Trapeze Networks 这样的制造商的中心化无线控制器进行传输和管理。这种情况下的接入点具有更简单的设计，用来简化复杂的操作系统，而且更复杂的逻辑被嵌入在无线控制器中。接入点通常没有物理连接到无线控制器，但是它们逻辑上通过无线控制器交换和路由。要支持多个 VLAN，数据以某种形式被封装在隧道中，所以即使设备处在不同的子网中，从接入点到无线控制器也有一个直接的逻辑连接。

从管理的角度来看，管理员只需要管理可以轮流控制数百接入点的无线局域网控制器。这些接入点可以使用某些自定义的 DHCP 属性以判断无线控制器在哪里，并且自动连接到它成为控制器的一个扩充。这极大地改善了交换无线局域网的可伸缩性，因为额外接入点本质上是即插即用的。要支持多个 VLAN，接入点不再在它连接的交换机上需要一个特殊的 VLAN 隧道端口，并且可以使用任何交换机甚至易于管理的集线器上的任何老式接入端口。VLAN 数据被封装并发送到中央无线控制器，它处理到核心网络交换机的单一高速多 VLAN 连接。安全管理也被加固了，因为所有访问控制和认证在中心化控制器进行处理，而不是在每个接入点。只有中心化无线控制器需要连接到 RADIUS 服务器。

交换无线局域网的另一个好处是低延迟漫游。这允许 VoIP 和 Citrix 这样的对延迟敏感的应用。切换时间会发生在通常不明显的大约 50 ms 内。传统的每个接入点被独立配置的无线局域网有 1 000 ms 范围内的切换时间，这会破坏电话呼叫并丢弃无线设备上的应用会话。交换无线局域网的主要缺点是由于无线控制器的附加费用而导致的额外成本。但是在大型无线局域网配置中，这些附加成本很容易被易管理性所抵消。

无线局域网络应用：①大楼之间，大楼之间建构网络的连接，取代专线，简单又便宜。②餐饮及零售，餐饮服务业可使用无线局域网络产品，直接从餐桌即可输入并传送客人点菜内容至厨房、柜台。零售商促销时，可使用无线局域网络产品设置临时收银柜台。③医疗，使用附无线局域网络产品的手提式计算机取得实时信息，医护人员可借此避免对伤患救治的迟延、不必要的纸上作业、单据循环的迟延及误诊等，而提升对伤患照顾的品质。④企业，当企业内的员工使用无线局域网络产品时，不管他们在办公室的任何一个角落，只要有无线局域网络产品，就能随意地发电子邮件、分享档案及上网络浏览。⑤仓储管理，一般仓储人员的盘点事宜，通过无线网络的应用，能立即将最新的资料输入计算机仓储系统。⑥货柜集散场，一般货柜集散场的桥式起重车，可于调动货柜时，将实时信息传回办公室，以便相关作业依次进行。⑦监视系统，一般位于远方且需受监控现场的场所，由于布线困难，可借由无线网络将远方影像传回主控站。⑧展示会场，如一般的电子展、计算机展，由于网络需求极高，而且布线又会让会场显得凌乱，因此若能使用无线网络，则是再好不过的选择

无线局域网的优点：①灵活性和移动性。在有线网络中，网络设备的安放位置受网络位置的限制，而无线局域网在无线信号覆盖区域内的任何一个位置都可以接入网络。无线局域网最大的优点在于其移动性，连接到无线局域网的用户可以移动且能同时与网络保持连接。②安装便捷。无线局域网可以免去或最大限度地减少网络布线的工作量，一般只要安装一个或多个接入点设备，就可建立覆盖整个区域的局域网络。③易于进行网络规划和调整。对于有线网络来说，办公地点或网络拓扑的改变通常意味着重新建网。重新布线是一个昂贵、费时、浪费和琐碎的过程，无线局域网可以避免或减少以上情况的发生。④故障定位容易。有线网络一旦出现物理故障，尤其是由于线路连接不良而造成的网络中断，往往很难查明，而且检修线路需要付出很大的代价。无线网络则很容易定位故障，只需更换故障设备即可恢复网络连接。⑤易于扩展。无线局域网有多种配置方式，可以很快从只有几个用户的小型局域网扩展到上千用户的大型网络，并且能够提供节点间“漫游”等有线网络无法实现的特性。由于无线局域网有以上诸多优点，因此其发展十分迅速。最近几年，无线局域网已经在企业、医院、商店、工厂和学校等场合得到了广泛的应用。

无线局域网的不足之处：无线局域网在能够给网络用户带来便捷和实用的同时，也存在着一些缺陷。无线局域网的不足之处体现在以下几个方面：①性能。无线局域网是依靠无线电波进行传输的。这些电波通过无线发射装置进行发射，而建筑物、车辆、树木和其他障碍物都可能阻碍电磁波的传输，所以会影响网络的性能。②速率。无线信道的传输速率与有线信道相比要低得多。当前，无线局域网的最大传输速率为 150 Mbit/s，只适合于个人终端和小规模网络应用。③安全性。本质上无线电波不要求建立物理的连接通道，无线信号是发散的。从理论上讲，很容易监听到无线电波广播范围内的任何信号，造成通信信息泄露。

3. 无线城域网

无线城域网（Wireless Middle Area Network，WMAN）是连接数个无线局域网的无线网络形式。WMAN 主要用于解决城域网的接入问题，覆盖范围为几千米到几十千米，除提供固定的无线接入外，还提供具有移动性的接入能力，包括多信道多点分配系统（Multichannel Multipoint Distribution System，MMDS）、本地多点分配系统（Local Multipoint Distribution System，LMDS）、IEEE 802.16 和 ETSI HiperMAN（High Performance MAN，高性能城域网）技术。

多年来，802.11x 技术一直与许多其他专有技术一起被用于 BWA，并获得很大成功，但是 WLAN 的总体设计及其提供的特点并不能很好地适用于室外的 BWA 应用。当其用于室外时，在带宽和用户数方面将受到限制，同时还存在着通信距离等其他一些问题。基于上述情况，IEEE 决定制定一种新的、更复杂的全球标准，这个标准应能同时解决物理层环境（室外射频传输）和 QoS 两方面的问题，以满足 BWA 和“最后一英里”接入市场的需要。

2001 年 12 月，IEEE 颁布了 802.16 标准，对 2 ～ 66 GHz 频段范围内的视距传输的固定宽带

无线接入系统的空中接口物理层和 MAC 层进行了规范。2002 年 4 月，IEEE 通过了 802.16c 标准，对 2001 年颁布的 802.16 标准进行了修订和补充。2003 年 4 月，IEEE 发布了 802.16a 标准，对 2 ~ 11 GHz 许可 / 免许可频段的非视距传输的固定宽带无线接入系统的空中接口物理层和 MAC 层进行了规范。2004 年 10 月，IEEE 颁布了 802.16d（IEEE 802.16—2004）标准，整合并修订了之前颁布的 802.16、802.16a 和 802.16c 标准。802.16d 规定了支持多媒体业务的固定宽带无线接入系统的空中接口规范，包括统一的结构化 MAC 层及支持多个物理层规范。2005 年 12 月，IEEE 通过了 802.16e 标准，该标准规定了可同时支持固定和移动宽带无线接入的系统，工作在低于 6 GHz 适宜于移动性的许可频段，可支持用户终端以车辆速度移动，同时 802.16d 规定的固定无线接入用户能力并不因此受到影响。另外，IEEE 还通过了 802.16f、802.16g、802.16k 等标准，以及一致性标准和共存问题标准，并成立了任务组研究 802.16j 和 802.16m 等标准。

当前，世界上诸多公司开始使用 CDMA（Code Division Multiple Access，码分多址接入）、OFDM 和 OFDMA 等技术来实现“最后一英里”的宽带无线接入。改进后的宽带固定无线接入网与 LMDS、MMDS 相比，主要有以下几个优点。

（1）便于携带和移动。传统的 MMDS 和 LMDS 需要保证运营商的基站和客户的收发器之间的距离必须在视距范围之内，引入 OFDM 和 CDMA 等新技术后取消了此类限制。

（2）即插即用。运营商的技术人员不再需要逐个访问用户的驻地进行安装调试，可以大大节省运营成本。

（3）实现 QoS 保证。对于运营商来说，尽管数据业务很重要，但是他们仍然从语音业务中获得了绝大多数的收入，因而设备提供商必须要保证 QoS 的性能，以赋予语音和数据业务更高的优先权。

HiperMAN 无论从物理层还是从 MAC 层，都是基于 IEEE 802.16a、IEEE 802.16d 到 IEEE 802.16e 的，只不过 HiperMAN 根据欧洲的情况减少了一些可选项，以便更加有利于系统的实现和互联互通。在载波带宽的选择上，要求是 3.5 MHz、7 MHz 或 14 MHz 的整数倍，最终期望的目标是既能和 IEEE 802.16 融合，提供全球统一的 OFDM 标准，又能照顾欧洲的利益。

4. 无线广域网

无线广域网（Wireless Wide Area Network，WWAN）是采用无线网络把物理距离极为分散的局域网连接起来的通信方式。WWAN 主要用于全球及大范围的覆盖和接入，连接地理范围较大，常常是一个国家或是一个洲。其目的是让分布较远的各局域网互联，它的结构分为末端系统（两端的用户集合）和通信系统（中间链路）两部分。

（1）WWAN 具有移动、漫游、切换等特征，业务能力主要以移动性为主，包括 IEEE 802.20 技术以及 3G、B3G（Beyond 3G，超 3G）、4G 和 5G。802.20 和 2G、3G、4G、5G 通信系统共同构成 WWAN 的无线接入，其中 2G、3G、4G、5G 通信系统当前使用最多。802.20 标准拥有更高的数据传输速率，达到 16 Mbit/s，传输距离约为 31 km。802.20 移动宽带无线接入标准也称 Mobile-Fi。

（2）WWAN 技术是使得笔记本电脑或者其他设备装置在蜂窝网络覆盖范围内可以在任何地方连接到互联网。当前，无线广域网多是移动电话及数据服务所使用的数字移动通信网络，由电信运营商所经营。无线广域网的连线能力可涵盖相当广泛的地理区域，但迄今资料传输率都偏低，只有 115 kbit/s，和其他较为区域性的无线技术相去甚远。当前全球的无线广域网主要采用两大技术，分别是GSM及CDMA技术，预计将来这两套技术仍将以平行的步调发展，逐步向3G、超3G技术过渡，可以达到384 kbit/s ~ 2 Mbit/s。欧洲对GSM的标准化相当早，当前包括GSM以及相关的无线数据技术：GPRS及新一代EDGE技术（Enhanced Data GSM Evolution），大约共掌握了全球2/3的市场，分布的范围包括北美、欧洲及亚洲。新一代的EDGE技术可提升GPRS的资料传输率达3 ~ 4倍。而其他GSM业者，尤其已经购买3G频谱的业者，则主打WCDMA规格（Wideband CDMA），WCDMA预计资料传输率可达2 Mbit/s。另外还有一套延伸技术称为HSDPA（High-Speed Downlink Packet Access），其资料传输率可高达3.6 Mbit/s以上。

（3）主导CDMA技术的发展在美国，CDMA 2000无线广域网络技术在北美、日本、韩国及中国的建设已有相当规模。CDMA 20001xRTT技术（Single-Carrier Radio Transmission Technology）已相当广泛地建置。而下一代的1xEV-DO技术（1xEvolution-Data Optimized）也正由美国的Verizon Wireless以及Sprint PCS公司紧锣密鼓建置之中，预计可支援2.4 Mbit/s的资料传输率。之后，电信业者将采用规格A版继续发展EV-DO，以支援更高的资料传输率，以及VoIP（Voice over Internet Protocol）通话功能。

（4）只要有蜂窝服务提供的服务信号，WWAN技术都可以让用户畅通无阻地使用网络，这为由于职业或者工作而需要不断移动的使用网络的人提供了巨大的方便。

上述几种类型的网络，各有千秋，应用场景不同，需要根据应用需求选择合适的部署模式。例如，无线广域网有相对较大的覆盖范围，支持高机动性无线设备，其大部分用户为手机、PDA和上网本，但较低的数据传输速率限制了传输数据的大小；无线局域网有相对较大的数据传输速率，但每个接入点的覆盖范围有限且不支持高速移动的设备。这两种当前应用广泛的模式可以算物联网体系架构中比较特殊的形式，技术比较成熟，对基础设施的依赖性较高。

为了对物联网中物体的泛联提供有力的支持，无线网络协议依然面临很多挑战：如何充分利用信道提高带宽，如何解决高速移动用户和漫游造成的寻址问题，如何将更多更广的物体作为无线用户接入网络中等。

5.7 Wi-Fi

5.7.1 Wi-Fi技术的概念

Wi-Fi全称Wireless Fidelity，又称802. 11b标准，是IEEE定义的一个无线网络通信的工业标准（IEEE 802.11）。802. 11b定义了使用直接序列扩频（Direct Sequence Spectrum，DSSS）调制技术在2.4GHz频带实现11 Mbit/s速率的无线传输，在信号较弱或有干扰的情况下，宽带可调整为5.5 Mbit/s、2 Mbit/s和1 Mbit/s。

Wi-Fi是由AP（Access Point，无线访问节点）和无线网卡组成的无线网络。AP是当作传统的有线局域网络与无线局域网络之间的桥梁，其工作原理相当于一个内置无线发射器的Hub或者是路由；无线网卡则是负责接收由AP所发射信号的Client端设备。因此，任何一台装有无线网卡的PC均可透过AP分享有线局域网络甚至广域网络的资源。

Wi-Fi第一个版本发表于1997年，其中定义了介质访问接入控制层（MAC层）和物理层。物理层定义了工作在2.4 Hz的ISM频段上的两种无线调频方式和一种红外传输的方式，总数据传输速率设计为 2 Mbit/s。两个设备之间的通信可以自由直接（ad hoc）的方式进行，也可以在基站 BS（Base Station）或访问点 AP（Access Point）的协调下进行。

1999年增加了两个补充版本：802.11a 定义了在 5 GHz ISM 频段上的数据传输速率可达 54 Mbit/s 的物理层；802.11b 定义了在 2.4GHz 的 ISM 频段上但数据传输速率高达 11 Mbit/s 的物理层。2.4 GHz 的 ISM 频段为世界上绝大多数国家通用，因此 802.11b 得到了最为广泛的应用。苹果公司把自己开发的 802. 11 标准起名为 AirPort。1999 年工业界成立了 Wi-Fi 联盟，致力解决符合 802.11 标准产品的生产和设备兼容性问题。

802.11 标准及补充标准的制定情况如下：802.11 为原始标准（2 Mbit/s 工作在 2.4 GHz）；802.11a 为物理层补充（54 Mbit/s 工作在 5 GHz）；802.11b 为物理层补充（11 Mbit/s 工作在 2.4 GHz）；802.11c 是符合 802.1d 的媒体接入控制层（MAC）桥接口（MAC Layer Bridging）；802. 11d 是根据各国无线电规定所做的调整；802.11e 是对服务等级 QoS（Quality of Service）的支持；802. 11f 为基站的互联性（Interoperability）；802.11g 是物理层补充（54 Mbit/s 工作在 2.4 GHz）；802.11h 是无线覆盖半径的调整，室内（in-door）和室外（outdoor）信道（5 GHz 频段）；802.11i 是安全和鉴权方面的补充；802.11n 是导入多重输入输出（MIMO）技术，基本上是 802.11a 的延伸版。

除了上面的 IEEE 标准，另外有一个被称为 IEEE 802.11b+ 的技术，通过 PBCC 技术（Packet Binary Convolutional Code）在 IEEE 802.11b（2.4 GHz 频段）基础上提供 22 Mbit/s 的数据传输速率。事实上这并不是 IEEE 的公开标准，而是一项产权私有的技术（产权属于美国德州仪器，Texas Instruments）。还有一个被称为 802.11g+ 的技术，在 IEEE 802.11g 的基础上提供 108 Mbit/s 的传输速率，与 802.11b+ 一样，同样是非标准技术，由无线网络芯片生产商 Atheros 所提倡的则为 SuperG。

Wi-Fi 技术突出的优势在于：

（1）较广的局域网覆盖范围：Wi-Fi 的覆盖半径可达 100 m 左右，相比于蓝牙技术覆盖范围较广，可以覆盖整栋办公大楼。

（2）传输速度快：Wi-Fi 技术传输速度非常快，可以达 11 Mbit/s（802.11b）或者 54 Mbit/s（802.11a），适合高速数据传输的业务。

（3）无须布线：Wi-Fi 最主要的优势在于不需要布线，可以不受布线条件的限制，因此非常适合移动办公用户的需要；在机场、车站、咖啡店、图书馆等人员较密集的地方设置“热点”，并通过高速线路将因特网接入上述场所，用户只要将支持无线 LAN 的笔记本电脑或 PDA 拿到该区域内，即可高速接入因特网。

（4）健康安全：IEEE 802.11 规定的发射功率不可超过 100 mW，实际发射功率约 60 ~70 mW，而手机的发射功率约 200 mW~1 W 间，手持式对讲机高达 5 W，与后者相比，Wi-Fi 产品的辐射更小。

5.7.2 Wi-Fi 网络结构和原理

IEEE 802. 11 标准定义了介质访问接入控制层（MAC 层）和物理层。物理层定义了工作在 2.4 GHz 的 ISM 频段上，总数据传输速率设计为 2 Mbit/s（802.11b）到 54 Mbit/s（802.11g）。图 5-23 所示为 802.11 的标准和分层。

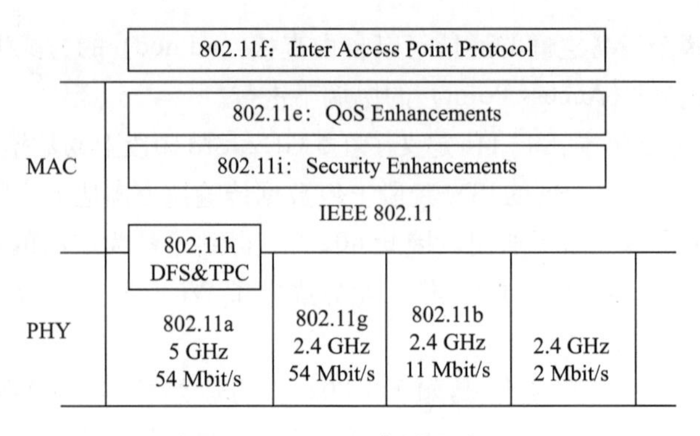

图 5-23　802.11 标准和分层

在 802.11 的物理层，IEEE 802.11 规范是在 1997 年 8 月提出的，规定工作在 ISM 2.4~2.4835 GHz 频段的无线电波，采用了 DSSS 和 FHSS 两种扩频技术。

一种是工作在 2.4 GHz 的跳频模式，使用 70 个工作频道，FSK 调制，0.5 MBPS 通信速率。工作原理如图 5-24 所示。

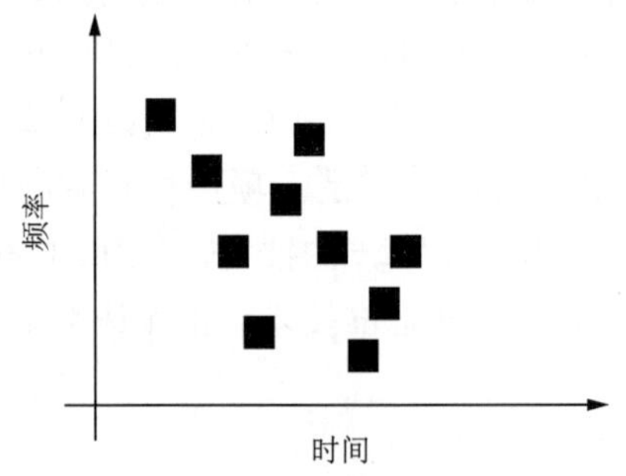

图 5-24　使用跳频工作原理

IEEE 802.11b 发布于 1999 年 9 月。与 IEEE 802.11 不同，它只采用 2.4 GHz 的 ISM 频段的无线电波，且采用加强版的 DSSS，它可以根据环境的变化在 11 Mbit/s、5 Mbit/s、2 Mbit/s 和 1 Mbit/s 之间动态切换。当前 802.11b 协议是当前最为广泛的 WLAN 标准。

IEEE 802.11b 工作在 2.4 GHz 的 DSSS 模式，CCK/DQPSK 调制，工作原理如图 5-25 所示。

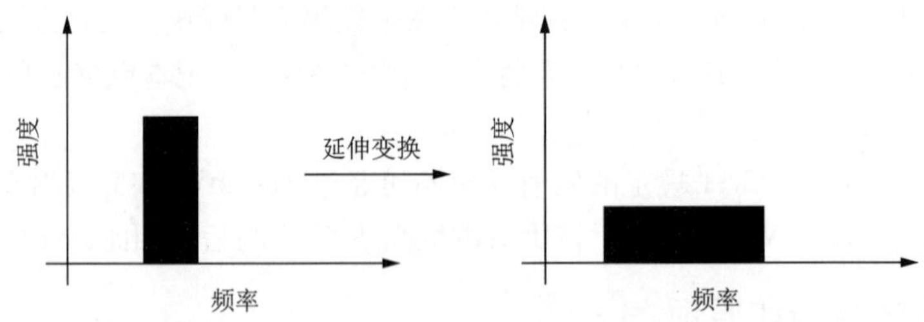

图 5-25　使用 DSSS 模式原理

还有一种是工作在 5 GHz 的 OFDM 模式，CCK/DQPSK 调制，54 Mbit/s 通信速率（802.11a）。工作原理如图 5-26 所示。

一个 Wi-Fi 连接点、网络成员和结构站点（Station）是网络最基本的组成部分。

基本服务单元（Basic Service Set，BSS）：网络最基本的服务单元，最简单的服务单元可以只由两个站点组成，站点可以动态连接（associate）到基本服务单元中。

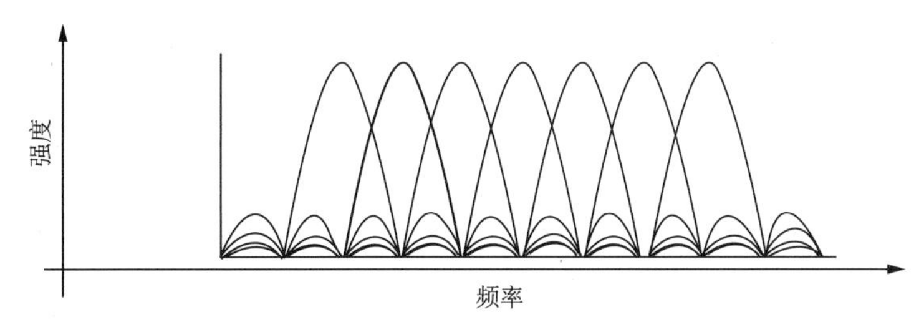

图 5-26　使用 OFDM 模式原理

分配系统（Distribution System，DS）：分配系统用于连接不同的基本服务单元，分配系统使用的媒介（Medium）逻辑上和基本服务单元使用的媒介是截然分开的，尽管它们物理上可能会是同一个媒介，例如同一个无线频段。

接入点（Access Point，AP）：接入点既有普通站点身份，又有接入到分配系统功能。

扩展服务单元（Extended Service Set，ESS）：由分配系统和基本服务单元组合而成，这种组合是逻辑上，并非物理上的，因为不同的基本服务单元有可能在地理位置相去甚远。分配系统也可以使用各种各样的技术。

关口（Portal），也是一个逻辑成分，用于将无线局域网和有线局域网或其他网络联系起来。

这里有三种媒介，站点使用的无线的媒介、分配系统使用的媒介以及和无线局域网集成在一起的其他局域网使用的媒介。物理上它们可能互相重叠。IEEE 802.11 只负责在站点使用的无线媒介上的寻址（Addressing），分配系统和其他局域网的寻址不属无线局域网的范围。

两个设备之间的通信可以自由直接的方式进行，也可以在基站或者访问点的协调下进行。

Wi-Fi 网络的结构如图 5-27 所示。

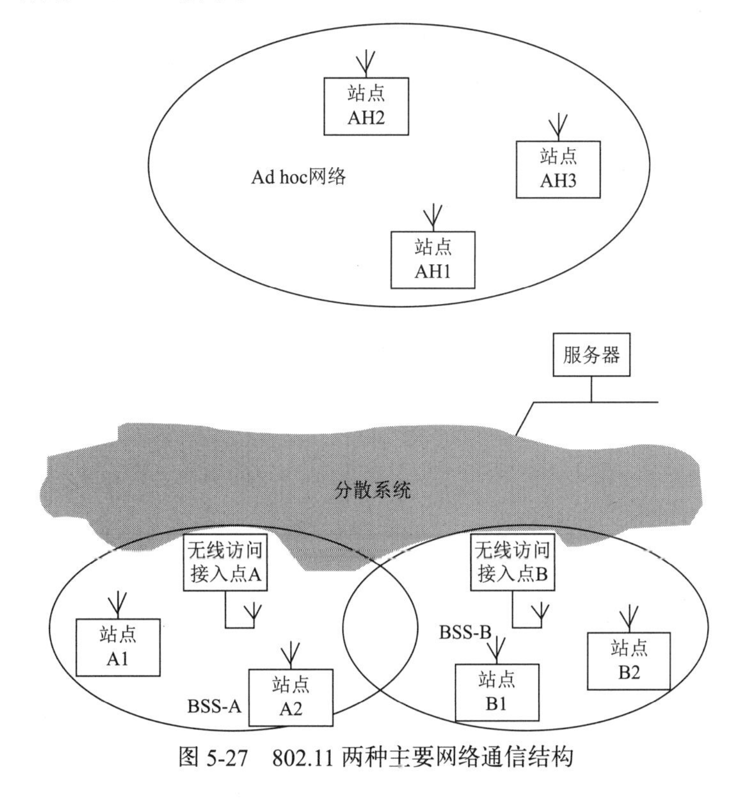

图 5-27　802.11 两种主要网络通信结构

802.11 网络底层和以太网 802.3 结构相同，相关数据包装，也使用 IP 通信标准和服务，完成互联网连接，具体 IP 数据结构和 IP 通信软件结构如图 5-28 所示。

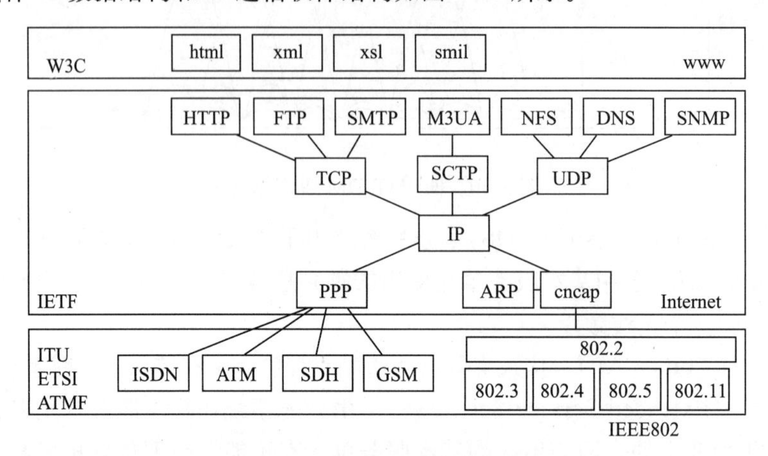

图 5-28　802.11 的 IP 网络结构

5.7.3　Wi-Fi 技术的应用

由于 Wi-Fi 的频段在世界范围内无须任何电信运营执照的免费频段，因此 WLAN 无线设备提供了一个世界范围内可以使用的，费用极其低廉且数据带宽极高的无线空中接口。用户可以在 Wi-Fi 覆盖区域内快速浏览网页，随时随地接听拨打电话，而其他一些基于 WLAN 的宽带数据应用，如流媒体、网络游戏等功能更是值得期待。有了 Wi-Fi 功能，我们打长途电话（包括国际长途）、浏览网页、收发电子邮件、音乐下载、数码照片传递等，再无须担心速度慢和花费高的问题。

Wi-Fi 在掌上设备上应用越来越广泛，而智能手机就是其中一分子。与早前应用于手机上的蓝牙技术不同，Wi-Fi 具有更大的覆盖范围和更高的传输速率，因此 Wi-Fi 手机成为了目前移动通信业界的时尚潮流。

现在 Wi-Fi 的覆盖范围在国内越来越广泛，宾馆、住宅区、飞机场及咖啡厅之类的区域都有 Wi-Fi 接口。随着 4G/5G 时代的到来，越来越多的电信运营商也将目光投向了 Wi-Fi 技术。Wi-Fi 覆盖小带宽高，4G/5G 覆盖大带宽低，两种技术有着相互对立的优缺点，取长补短，相得益彰。Wi-Fi 技术低成本、无线、高速的特征非常符合 4G/5G 时代的应用要求。在手机的 4G/5G 业务方面，当前支持 Wi-Fi 的智能手机可以轻松地通过 AP 实现对互联网的浏览。在网络高速发展的时代，人们已经尝到了 Wi-Fi 带来的便利。我们坚信 Wi-Fi 与 4G/5G 的融合必定为我们开启一个全新的通信时代。

5.8　蓝牙

蓝牙技术是一种无线数据与语音通信的开放性全球规范，它以低成本的近距离无线连接为基础，为固定与移动设备通信环境建立一个特别连接的短程无线电技术。其实质是要建立通用的无线电空中接口及其控制软件的公开标准，使通信和便携机进一步结合，使不同厂家生产的便携式设备在没有电线或电缆相互连接的情况下，能在近距离范围内具有互用、互操作的性能，代替固定与移动通信设备之间的电缆，实现相互之间的连接。例如，利用蓝牙技术，可以把任何一种原来需要通过信号传输线连接的数字设备，改为无线方式连接，并形成围绕个人的网络。无论在何处，无论是哪种数字设备，利用蓝牙技术都可以使其与周围的数字设备建立联系，共享这些设备中的数据库、电子邮件等。例如，可以用移动电话接收 PC 中的电子邮件，可以用电冰箱来告诉微波炉里面有什么原料，让微波炉提出菜单选项等。

5.8.1 蓝牙技术的工作原理

蓝牙的基本原理是蓝牙设备依靠专用的蓝牙芯片使设备在短距离范围内发送无线电信号来寻找另一个蓝牙设备，一旦找到，相互之间便开始通信、交换信息。蓝牙的无线通信技术采用每秒 1 600 次的快跳频和短分组技术，减少干扰和信号衰弱，保证传输的可靠性；以时分方式进行全双工通信，传输速率设计为 1 MHz；采用前向纠错（FEC）编码技术，减少远距离传输时的随机噪声影响。其工作频段为非授权的工业、医学、科学频段，保证能在全球范围内使用这种无线通用接口和通信技术，语音采用抗衰弱能力很强的连续可变斜率调制（CVSD）编码方式以提高话音质量，采用频率调制方式，降低设备的复杂性。

蓝牙核心系统包括射频收发器、基带及协议堆栈。该系统可以提供设备连接服务，并支持在这些设备之间变换各种类别的数据。蓝牙系统支持点对点以及点对多点通信的通信方式，系统的网络结构为拓扑结构，有微微网（Piconet）和分布式网络（Scatternet）两种形式。其中，微微网是通过蓝牙技术连接起来的一种微型网络，如图 5-29 所示。一个微微网可以只是两台相连的设备，比如一台便携式计算机和一部移动电话，也可以是 8 台连在一起的设备。在一个微微网中，所有设备的级别是相同的，具有相同的权限。在微微网初建时，定义其中一个蓝牙设备为主设备，其余设备则为从属设备。分布式网络是由多个独立的非同步的微微网组成的，它靠调频顺序识别每个微微网，同一微微网所有用户都与这个调频顺序同步。 一个分布网络中，在带有 10 个全负载的独立的微微网的情况下，全双工数据速率超过 6 Mbit/s。

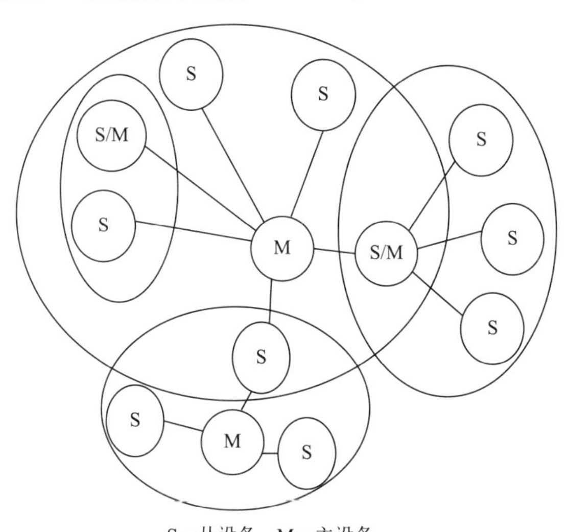

图 5-29　由 4 个微微网组成的网络

5.8.2 蓝牙网络基本结构

蓝牙系统由天线单元、链路控制单元、链路管理单元、软件功能 4 个单元组成，如图 5-30 所示。

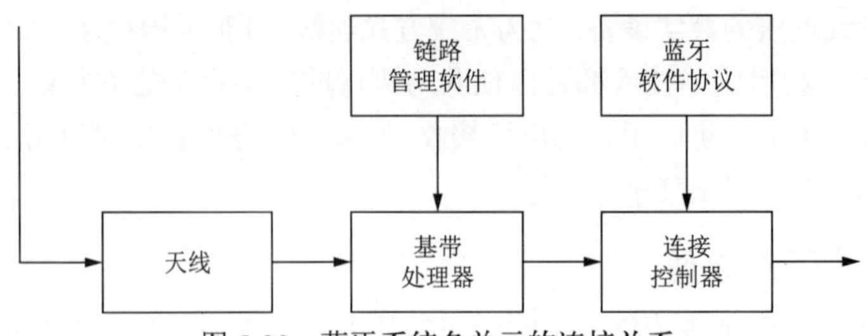

图 5-30 蓝牙系统各单元的连接关系

1. 天线单元

实现蓝牙技术的集成电路芯片要求其天线部分的体积要小、重量要轻，因此，蓝牙天线属于微带天线。蓝牙技术的空中接口是建立在天线电平为 0 dBm 的基础上的，空中接口遵循 FCC 有关电平为 0 dBm 的 ISM 频段的标准。

蓝牙系统的无线发射功率符合 FCC 关于 ISM 波段的要求，由于采用扩频技术，发射功率可增加到 100 MW。系统的最大跳频为 1 600 跳 /s。在 2.402 GHz 和 2.480 GHz 之间，采用 79 个 1 MHz 带宽的频点。系统的设计通信距离为 0.1~10 m。如果增加发射功率，距离可以达到 100 m。

2. 链路控制单元

蓝牙产品的链路控制硬件单元包括链路控制器、基带处理器及射频传输 / 接收器三个集成器件，此外还使用了 3~5 个单独调协元件，基带链路控制器负责处理基带协议和其他一些低层常规协议，蓝牙基带协议是电路交换与分组交换的结合。采用时分双工实现全双工传输。

3. 链路管理单元

链路管理软件模块携带了链路的数据设置、鉴权、链路硬件配置和其他一些协议，LM 能够发现其他远端 LM，并通过 LMP（链路管理协议）与之通信。

4. 软件功能单元

蓝牙设备应具有互操作性。对于某些设备，从无线电兼容模块和空中接口，直到应用协议和对象交换格式，都要实现互操作性；另外一些设备（如头戴式设备）的要求则宽松得多。蓝牙计划的目标就是要确保任何带有蓝牙标记的设备都能进行互操作，蓝牙技术系统中的软件功能是一个独立的操作系统，不与任何操作系统捆绑，它符合已制定的蓝牙规范。

5.8.3 蓝牙的协议栈

提出蓝牙技术协议标准的目的，是允许遵循标准的各种应用能够进行相互间的操作。为了实现互操作，在与之通信的仪器设备上的对应应用程序必须以同一协议运行。

蓝牙包含许多协议，层次结构与 OS、TCP/IP 协议、802 等已知协议模型都不能严格对应，只能松散地对应到已知模型的各个层次中。IEEE 修订了蓝牙标准，以便强行将它纳入 802 模型中，图 5-31 就是建立在互操作应用支持下的蓝牙应用模型之上的完整蓝牙协议栈。

1. 蓝牙应用层

最上层是应用软件层，它利用低层次的协议完成自身任务。每种应用都有专用协议子集。例如，蓝牙耳机只包含其应用所需的协议，而不会包含其他协议。

2. 蓝牙中间件层

下面一层是中间件层，由多种协议混合而成。为使其与 802 协议保持兼容，IEEE 将 LLC 安排在这里。射频通信模拟用于连接键盘、鼠标、调制解调器等设备的标准串口，旨在使传统设备更容易使用。电话是一种实时语音协议，包括链路管理等功能。服务发现协议是用来找寻微微网内存在的服务的。

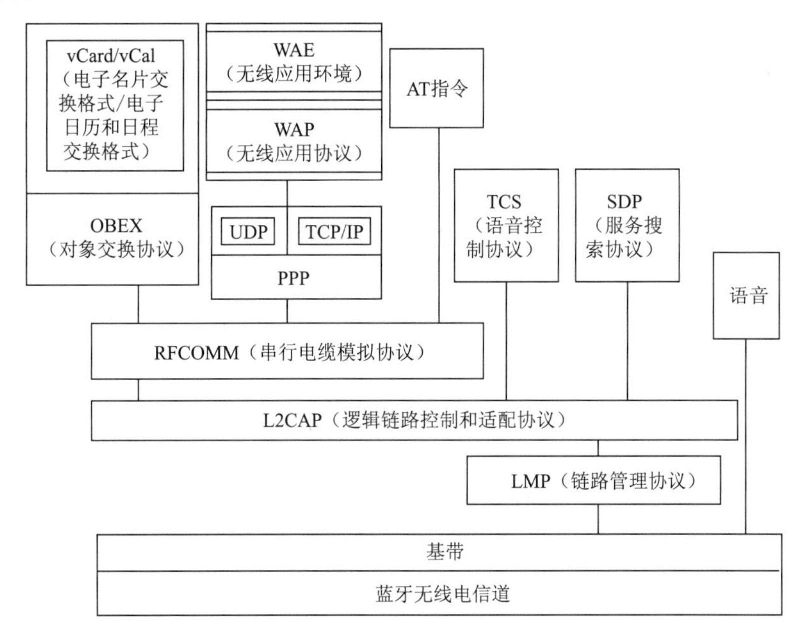

图 5-31　蓝牙协议栈

3. 数据链路层

数据链路层有 4 个基本协议。链路管理器负责在设备间建立逻辑信道，包括电源管理、认证和服务质量。逻辑链路控制适应协议（Logical Link Control Adaptation Protocol，L2CAP）为上面各层屏蔽了传输细节。L2CAP 类似于 802 标准的 LLC，但实现技术有所不同。对于音频和控制协议而言，它们分别处理音频和控制工作，应用层可直接使用这两个协议，可以跨越 L2CAP 层。

4. 蓝牙无线电层

无线电层将位信息从主节点移动到从节点，或从节点移动到主节点。它是一个低功率的系统，距离范围为 10 ~ 100 m，运行在 2.4 GHz ISM 频段上。该频段被分成 79 个信道，每个 1 MHz。采用频移调制方案，每赫兹 1 位，所以总数据率为 1 Mbit/s，但是这段频谱中有相当一部分被消耗在各种开销上。为了公平地分配信道，蓝牙使用了跳频扩频技术，每秒 1 600 跳，停延时间为 625 μs。在一个微微网中的所有节点同步跳频，主节点规定了跳频的序列。

因为 802.11 和蓝牙都运行在 2.4 GHz ISM 频段上，而且在同样的 79 个信道上，所以它们会相互干扰。由于蓝牙跳频的速度比 802.11 快，所以，蓝牙设备破坏 802.11 的传输过程的可能性更大一些。虽然两个系统都使用了 ISM 频段，但是，由于蓝牙的发射功率很低（最高 100 mW，最低 1 mW），两种系统相互干扰的情况并没有想象中那么严重。

5. 蓝牙基带层

基带层是蓝牙标准中最接近 MAC 子层的地方，它将原始的位流转变成帧，并且定义了一些关键的格式。在最简单的形式中，每个微微网的主节点定义一个时槽序列，每个时槽的间隔为 625 μs，主节点的传输过程从偶数时槽开始，从节点的传输过程从奇数时槽开始。这是传统的时分多路复用的做法，主节点拥有一半时槽，而所有的从节点共享另一半时槽。帧的长度可以为 1 个、3 个或 5 个时槽。

在跳频时分机制中，每一跳有 250~260 μs 的停顿时间，这样才能使无线电路变得稳定。停顿时间再短一些也是有可能的，但是需要更高的造价。对于一个单时槽的帧来说，在停顿之后，625 位中的 366 位被留下来了。在这 366 位之中，其中 126 位是一个访问码和头部，余下 240 位才是数据。当 5 个时槽被串到一起的时候，只需要一个停顿周期就够了，而且所用的停顿周期可以稍短一些，所以，在 5 个时槽中，共有 5×625=3 125 位，其中 2 781 位可用于基带层。因此相比单时槽的帧，越长的帧利用率越高。

每一帧都是在一个逻辑信道上进行传输的，该逻辑信道位于主节点与某一个从节点之间，称为链路（Link）。在蓝牙标准中共有两种链路，分别说明如下。

一种是异步五连接链路（Asynchronous Connection-Less，ACL），它用于那些无时间规律的分组交换数据。在发送方，这些数据来自于 L2CAP 层；在接收方，这些数据被递交给 L2CAP 层。ACL 流量的传输模型为尽力投递（best-effort）型，它的投递没有任何保证，帧可能会丢失，也可能被重传。对于一个从节点，它与主节点之间只可以有一条 ACL 链路。

另一种链路是面向连接的同步链路（Synchronous Connection Oriented，SCO），实现主单元和指定从单元之间点对点的对称链路，它和电路交换连接非常相似。它主要用于实时数据传输，当前多用于电话语音传输。这种信道是在每个方向上的固定时槽中分配的，由于 SCO 链路的实时性本质，在这种链路上发送的帧永远不会被重传。相反，通过前向纠错机制可以提供高的可靠性。一个从节点与它的主节点之间可以有多达 3 条的 SCO 链路。每条 SCO 链路可以传送一个 64 kbit/s 的 PCM 音频信道。

6. 蓝牙 L2CAP 层

L2CAP 层有三个主要的功能。

（1）它接收来自上面各层的分组，分组可以达到 64 KB，并且 L2CAP 层将这些分组分割成帧，以便于传输。在远端，这些被分割的帧又被重组到分组中。

（2）L2CAP 层处理多个分组源的多路复用。当一个分组已经被重组起来的时候，L2CAP 层决定由哪一个上层协议来处理它。

（3）L2CAP 处理与服务质量有关的需求，其中包括在建立链路时的需求，也包括在常规操作过程中的服务质量需求。而且，在建立链路时，还需要协商最大可允许的净荷长度，这样可以避免一个大分组的设备淹没一个小分组的设备。这个特性是必要的，因为并不是所有的设备都能够处理 64 KB 的最大分组。

5.8.4 蓝牙的特点

蓝牙技术是一种短距离无线通信的技术规范，它最初的目标是取代现有的掌上电脑、移动电话等各种数字设备上的有线电缆连接。蓝牙技术的特点可以归纳为如下几点：

（1）全球范围适用。蓝牙设备工作的工作频段选在全球通用的 2.4 GHz 的 ISM（即工业、科学、医学）频段，其组件主要是芯片与无线电收发器两部分，芯片底部附有 USB 转板，用来连接计算机、电话或其他电子产品。当芯片收到电子信号后，就将其转化成无线电信号，送到无线电收发器发送出去。它能够穿过固体和非金属物质传送，其一般连接范围是 1 ~10 m，但通过增加传送能量的方法，其范围可扩大到 100 m。

（2）TDMA 结构。蓝牙技术的传输速率设计为 1 Mbit/s, 以时分方式进行全双工通信，其基带协议是电路交换和分组交换的组合，一个跳频频率发送一个同步分组，每个分组占用一个时隙，也可以扩展到 5 个时隙。蓝牙技术支持一个异步数据通道，或 3 个并发的同步话音通道，或一个同时传送异步数据和同步话音的通道，每一个话音通道支持 64 kbit/s 的同步话音，异步通道支持最大速率 721 kbit/s, 反向应答速率为 57.6 kbit/s 的非对称连接，或者是 432. 6kbit/s 的对称连接。

（3）使用跳频技术。蓝牙技术采用跳频扩展频谱技术来解决干扰的问题。跳频技术是把频带分成若干个跳频信道，在一次连接中，无线电收发器按一定的码序列不断地从一个信道跳到另一个信道，只有收发双方是按这个规律进行通信的，其他干扰不可能按同样的规律进行干扰；跳频的瞬时带宽是很窄的，但通过扩展频谱技术使这个窄带宽成百倍地扩展成宽带宽，使干扰可能的影响变得很小。因此，这种无线电收发器是窄带、低功率的，成本低廉，但具有很高的抗干扰性。

（4）组网灵活性强。设备和设备之间是平等的，无严格意义上的主设备，这使得测试设备与被测设备之间、被测设备与被测设备之间以及测试设备与测试设备之间数据交换更加便利灵活。甚至被测设备也能发出测试请求，从而为测试系统的智能化提供了更可靠的保障依据，特别对于多传感数据融合测试系统具有更广泛的实用意义。

（5）成本低。为了能够替代一般电缆，它必须具备和一般电缆差不多的价格，才能被广大消费者所接受，也才能使这项技术普及开来，随着市场的不断扩大，各个供应商纷纷推出自己的蓝牙芯片和模块，蓝牙产品价格正飞速下降。

5.8.5 蓝牙技术的应用

跳频、TDD 和 TDMA 等技术的使用，使实现蓝牙技术的射频电路较为简单，通信协议的大部分内容可由专用集成电路和软件实现，保证了采用蓝牙技术的仪器设备的高性能和低成本。就当前的发展来看，蓝牙技术已经或将较快地与如下设备或系统融为一体。

1. 在手机上的应用

嵌入蓝牙芯片的移动电话已经出现，它可实现一机三用：在办公室可作为内部无线电话；回家后可当作无绳电话；在室外或乘车途中可作为移动电话与掌上电脑或个人数字助理结合起来，并通过嵌入蓝牙技术的局域网接入点访问因特网。同时，借助嵌入蓝牙芯片的头戴式话筒和耳机及语音拨号技术，不用动手就可以接听或拨打移动电话。

2. 在掌上电脑中的应用

掌上电脑已越来越普及，嵌入蓝牙芯片的掌上电脑可提供各种便利。通过嵌有蓝牙芯片的掌上电脑，不仅可编写电子邮件，而且还可立即通过周围的蓝牙仪器设备发送出去。

3. 在其他数字设备上的应用

数字照相机、数字摄像机等设备装上蓝牙芯片，既可免去使用电线的不便，又可不受存储器容量有限的束缚，将所摄图片或影像通过嵌有蓝牙芯片的手机或其他设备传送到指定的计算机中。

蓝牙芯片的微型化和低成本将为它在家庭和办公室自动化、家庭娱乐、电子商务、工业控制、智能化建筑物等领域开辟广阔的应用前景。

4. 蓝牙技术在测控领域的应用

随着测控技术的不断发展，对数据传输、处理和管理提出了越来越高的自动化和智能化要求。

蓝牙技术可以在短距离内用无线接口来代替有线电缆连接，因而可以取代现场仪器之间的复杂连线，这对于需要采集大量数据的测控场合非常有用。例如，数据采集设备可以集成单独的蓝牙技术芯片，或者采用具有蓝牙芯片的单片机提供蓝牙数据接口。在采集数据时，这种设备可以迅速地将所采集到的数据传送到附近的数据处理装置（例如PC、笔记本电脑、PDA）中，不仅避免了在现场铺设大量复杂连线和对这些接线是否正确的检测与核对，而且不会发生因接线可能存在的错误而造成测控的失误。与传统的以电缆和红外方式传输测控数据相比，在测控领域应用蓝牙技术的优点主要有：抗干扰能力强，采集测控现场数据经常遇到大量的电磁干扰，而蓝牙系统因采用了跳频扩频技术，故可以有效地提高数据传输的安全性和抗干扰能力；无须铺设缆线，降低了环境改造成本，方便了数据采集人员的工作；没有方向上的限制，可以从各个角度进行测控数据的传输；可以实现多个测控仪器设备间的联网，便于进行集中测量与控制。

蓝牙技术还可用于自动抄表领域。计量水、电、气、热量等的仪器仪表可通过嵌入的蓝牙芯片，将数据自动集中到附近的某个数据采集节点，再由该节点通过电力线以载波方式或电话线等传输到数据采集器以及供用水、电、气、热量等管理部门的数据处理中心。这种方式可有效地解决部分计量测试节点难以准确采集测控数据的问题。

5.9 5G技术

5.9.1 发展背景

近年来，第五代移动通信系统（5G）已经成为通信业和学术界探讨的热点。5G的发展主要有两个驱动力。一方面以长期演进技术为代表的4G已全面商用，对下一代技术的讨论提上日程；另一方面，移动数据的需求爆炸式增长，现有移动通信系统难以满足未来需求，急需研发新一代5G系统。

5G的发展也来自于对移动数据日益增长的需求。随着移动互联网的发展，越来越多的设备接入到移动网络中，新的服务和应用层出不穷，全球移动宽带用户在2018年达到90亿，到2020年，移动通信网络的容量大幅增长。移动数据流量的暴涨将给网络带来严峻的挑战。首先，如果按照当前移动通信网络发展，容量难以支持流量的增长，网络能耗和比特成本难以承受；其次，流量增长必然带来对频谱的进一步需求，而移动通信频谱稀缺，可用频谱呈大跨度、碎片化分布，难以实现频谱的高效使用；此外，要提升网络容量，必须智能高效利用网络资源，例如，针对业务和用户的个性进行智能优化，但这方面的能力不足；最后，未来网络必然是一个多网并存的异构移动网络，要提升网络容量，必须解决高效管理各个网络，简化互操作，增强用户体验的问题。为了解决上述挑战，满足日益增长的移动流量需求，亟需发展新一代5G移动通信网络。

5.9.2 5G相关概念

与早期的2G、3G和4G移动网络一样，5G网络是数字蜂窝网络，在这种网络中，供应商覆盖的服务区域被划分为许多被称为蜂窝的小地理区域。表示声音和图像的模拟信号在手机中被数字化，由模数转换器转换并作为比特流传输。蜂窝中的所有5G无线设备通过无线电波与蜂窝中的本地天线阵和低功率自动收发器（发射机和接收机）进行通信。收发器从公共频率池分配频道，这些频道在地理上分离的蜂窝中可以重复使用。本地天线通过高带宽光纤或无线回程连接与电话网络和互联网连接。与现有的手机一样，当用户从一个蜂窝穿越到另一个蜂窝时，他们的移动设备将自动“切换”到新蜂窝中的天线 。

5G 网络的主要优势在于，数据传输速率远远高于以前的蜂窝网络，最高可达 10 Gbit/s。另一个优点是较低的网络延迟（更快的响应时间），低于 1 ms，而 4G 为 30~70 ms。由于数据传输更快，5G 网络将不仅仅为手机提供服务，而且还将成为一般性的家庭和办公网络提供商，与有线网络提供商竞争。以前的蜂窝网络提供了适用于手机的低数据率互联网接入，但是一个手机发射塔不能经济地提供足够的带宽作为家用计算机的一般互联网供应商。

5.9.3 发展历程

2013 年 2 月，欧盟宣布，将拨款 5 000 万欧元。加快 5G 移动技术的发展，计划到 2020 年推出成熟的标准 。

2013 年 5 月 13 日，韩国三星电子有限公司宣布，已成功开发 5G 的核心技术，这一技术预计将于 2020 年开始推向商业化。该技术可在 28 GHz 超高频段以 1 Gbit/s 以上的速度传送数据，且最长传送距离可达 2 km。相比之下，当前的第四代长期演进（4GLTE）服务的传输速率仅为 75 Mbit/s。此前这一传输瓶颈被业界普遍认为是一个技术难题，三星电子则利用 64 个天线单元的自适应阵列传输技术破解了这一难题。与韩国 4G 技术的传送速度相比，5G 技术预计可提供比 4G 长期演进快 100 倍的速度。利用这一技术，下载一部高画质（HD）电影只需 10 s。

2014 年 5 月 8 日，日本电信营运商 NTT DoCoMo 式宣布将与 Ericsson、Nokia、Samsung 等 6 家厂商共同合作，开始测试高速 5G 网络，传输速度可望提升至 10 Gbit/s。预计在 2015 年展开户外测试，并期望于 2020 年开始运作。

2015 年 9 月 7 日，美国移动运营商 Verizon 无线公司宣布，将从 2016 年开始试用 5G 网络，2017 年在美国部分城市全面商用。中国 5G 技术研发试验将在 2016—2018 年进行，分为 5G 关键技术试验、5G 技术方案验证和 5G 系统验证三个阶段实施。

2017 年 2 月 9 日，国际通信标准组织 3GPP 宣布了 5G 的官方 Logo。

2017 年 11 月 15 日，工信部发布《关于第五代移动通信系统使用 3 300~3 600 MHz 和 4 800~5 000 MHz 频段相关事宜的通知》，确定 5G 中频频谱，能够兼顾系统覆盖和大容量的基本需求。

2017 年 11 月下旬中国工信部发布通知，正式启动 5G 技术研发试验第三阶段工作，并力争于 2018 年年底前实现第三阶段试验基本目标。

2017 年 12 月 21 日，在国际电信标准组织 3GPP RAN 第 78 次全体会议上，5G NR 首发版本正式冻结并发布。

2017 年 12 月，发改委发布《关于组织实施 2018 年新一代信息基础设施建设工程的通知》，要求 2018 年将在不少于 5 个城市开展 5G 规模组网试点，每个城市 5G 基站数量不少 50 个、全网 5G 终端不少于 500 个。

2018 年 2 月 23 日，在世界移动通信大会召开前夕，沃达丰和华为宣布，两公司在西班牙合作采用非独立的 3GPP 5G 新无线标准和 Sub 6 GHz 频段完成了全球首个 5G 通话测试。

2018 年 2 月 27 日，华为在 MWC2018 大展上发布了首款 3GPP 标准 5G 商用芯片巴龙 5G01 和 5G 商用终端，支持全球主流 5G 频段，包括 Sub 6 GHz(低频)、mmWave(高频)，理论上可实现最高 2.3 Gbit/s 的数据下载速率。

2018年6月13日，3GPP 5G NR标准SA（Standalone，独立组网）方案在3GPP第80次TSG RAN全会正式完成并发布，这标志着首个真正完整意义的国际5G标准正式出炉。

2018年6月14日，3GPP全会（TSG#80）批准了第五代移动通信技术标准（5G NR）独立组网功能冻结。加之2017年12月完成的非独立组网NR标准，5G已经完成第一阶段全功能标准化工作，进入了产业全面冲刺新阶段。

2018年6月28日，中国联通公布了5G部署：将以SA为目标架构，前期聚焦eMBB，5G网络计划2020年正式商用。

2018年8月2日，奥迪与爱立信宣布，计划率先将5G技术用于汽车生产。在奥迪总部德国因戈尔施塔特，两家公司就一系列活动达成一致，共同探讨5G作为一种面向未来的通信技术，能够满足汽车生产高要求的潜力。奥迪和爱立信签署了谅解备忘录，在未来几个月内，两家公司的专家将在位于德国盖梅尔斯海姆的“奥迪生产实验室”的技术中心进行现场测试。

2018年11月21日，重庆首个5G连续覆盖试验区建设完成，5G远程驾驶、5G无人机、虚拟现实等多项5G应用同时亮相。

2018年12月1日，韩国三大运营商SK、KT与LG U+同步在韩国部分地区推出5G服务，这也是新一代移动通信服务在全球首次实现商用。第一批应用5G服务的地区为首尔、首都圈和韩国六大城市的市中心，以后将陆续扩大范围。按照计划，韩国智能手机用户2019年3月左右可以使用5G服务，预计2020年下半年可以实现5G全覆盖。

2018年12月7日，工信部同意联通集团自通知日至2020年6月30日使用3 500~3 600 MHz频率，用于在全国开展第五代移动通信（5G）系统试验。12月10日，工信部正式对外公布，已向中国电信、中国移动、中国联通发放5G系统中低频段试验频率使用许可。这意味着各基础电信运营企业开展5G系统试验所必须使用的频率资源得到保障，向产业界发出了明确信号，进一步推动我国5G产业链的成熟与发展。

2018年12月18日，AT&T宣布，将于12月21日在全美12个城市率先开放5G网络服务。

2019年2月20日，韩国副总理兼企划财政部部长洪南基提到，2019年3月末，韩国将在全球首次实现5G的商用。

2019年6月6日，我国工信部正式向中国电信、中国移动、中国联通、中国广电发放5G商用牌照，中国正式进入5G商用元年。

2019年9月10日，中国华为公司在布达佩斯举行的国际电信联盟2019年世界电信展上发布《5G应用立场白皮书》，展望了5G在多个领域的应用场景，并呼吁全球行业组织和监管机构积极推进标准协同、频谱到位，为5G商用部署和应用提供良好的资源保障与商业环境。

2019年10月，5G基站入网正式获得了工信部的开闸批准。工信部颁发了国内首个5G无线电通信设备进网许可证，标志着5G基站设备将正式接入公用电信商用网络。而运营商预计将在10月31日分别公布其5G套餐价格，并于11月1日起正式执行5G套餐。随着5G即将商用，北京移动副总经理李威介绍，在金融方面，市民能体验到建行等银行推出的5G+无人银行；交通方面，5G自动驾驶方兴未艾；在民生领域，远程医疗等5G+医疗和5G+环保等应用已经闪亮登场。北京联通方面还特别表示，其将推出北京地区专属5G产品套餐，给予用户相关权益。2019年10月19日，北京移动助力301医院远程指导金华市中心医院完成颅骨缺损修补手术；在北京水源地密云水库，北京移动通过5G无人船实现了水质监测、污染通量自动计算、现场数据采集以及海量检测结果的分析和实时回传等。凡此种种，都是 5G 技术在各行各业落地的应用案例。

2019 年 10 月 31 日，三大运营商公布 5G 商用套餐，并于 11 月 1 日正式上线 5G 商用套餐。

本章小结

本章介绍了计算机网络的概念及功能、网络分类、数据通信基础、传输介质、网络设备和通信相关技术等内容。通过本章学习，可以对物联网有关内容有了进一步了解，为后续内容学习打下奠定了坚实基础。

习　　题

1. 网络拓扑结构可划分为那些类型？每种类型的优缺点是什么？
2. 简述常用的传输介质及其特点。
3. 局域网有哪些特点？
4. 无线局域网有哪些优点？

无线传感器网络技术

无线传感器网络是由部署在监测区域内部或附近的大量廉价的、具有通信、感测及计算能力的微型传感器节点通过自组织构成的“智能”测控网络。无线传感器网络在军事、农业、环境监测、医疗卫生、工业、智能交通、建筑物监测、空间探索等领域有着广阔的应用前景和巨大的应用价值，被认为是未来改变世界的十大技术之一、全球未来四大高技术产业之一。当前，国内外众多研究机构都已开展了无线传感器网络技术及其应用的相关研究。本章主要对无线传感器网络技术相关知识点进行介绍。

学习目标

- 了解无线传感器网络概念
- 理解无线传感器网络体系结构
- 掌握 ZigBee 技术芯片及相关知识点
- 熟悉 ZigBee 技术的应用

知识结构

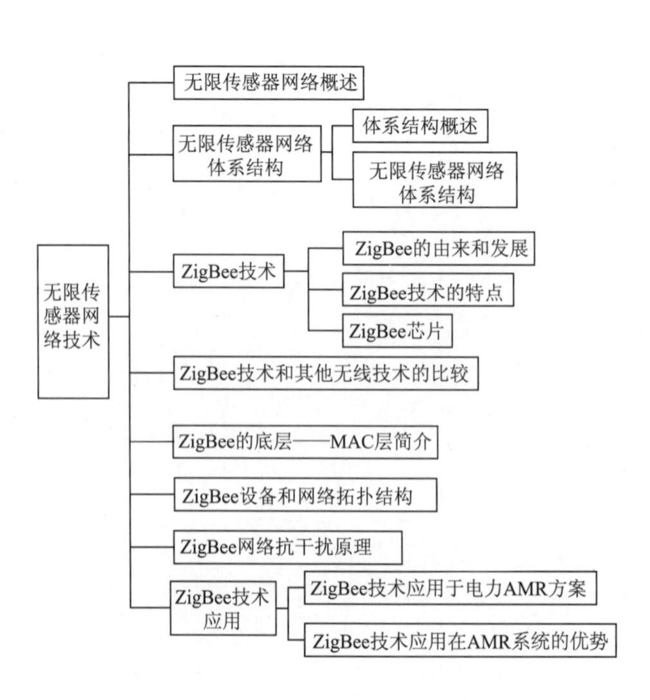

6.1 无线传感器网络概述

无线传感器网络（Wireless Sensor Networks，WSN）是一种分布式传感网络，它的末梢是可以感知和检查外部世界的传感器。WSN 中的传感器通过无线方式通信，因此，网络设置灵活，设备位置可以随时更改，还可以跟互联网进行有线或无线方式的连接。通过无线通信方式形成的是一个多跳自组织网络。

无线传感器网络是一项通过无线通信技术把数以万计的传感器节点以自由式进行组织与结合进而形成的网络形式。构成传感器节点的单元为数据采集单元、数据传输单元、数据处理单元及能量供应单元。其中，数据采集单元通常都是采集监测区域内的信息并加以转换，如光强度、大气压力与湿度等；数据传输单元主要以无线通信和交流信息及发送接收那些采集进来的数据信息为主；数据处理单元通常处理的是全部节点的路由协议和管理任务及定位装置等；能量供应单元为缩减传感器节点占据的面积，会选择微型电池的构成形式。无线传感器网络中的节点分为两种：一是汇聚节点；二是传感器节点。汇聚节点主要指的是网关能够在传感器节点中将错误的报告数据剔除，并与相关的报告相结合将数据加以融合，对发生的事件进行判断。汇聚节点与用户节点连接可借助广域网络或卫星直接通信，并对收集到的数据进行处理。

传感器网络实现了数据的采集、处理和传输三种功能。它与通信技术和计算机技术共同构成信息技术的三大支柱。无线传感器网络是由大量静止或移动的传感器以自组织和多跳的方式构成的无线网络，以协作地感知、采集、处理和传输网络覆盖地理区域内被感知对象的信息，并最终把这些信息发送给网络的所有者。

无线传感器网络所具有的众多类型的传感器，可探测包括地震、电磁、温度、湿度、噪声、光强度、压力、土壤成分、移动物体的大小、速度和方向等周边环境中多种多样的现象。潜在的应用领域包括军事、航空、防爆、救灾、环境、医疗、保健、家居、工业、商业等。

相较于传统式的网络和其他传感器，无线传感器网络有以下特点：

(1) 组建方式自由。无线网络传感器的组建不受任何外界条件的限制，无论在何时何地，都可以快速地组建起一个功能完善的无线传感器网络，组建成功之后的维护管理工作也完全在网络内部进行。

(2) 网络拓扑结构的不确定性。从网络层次的方向来看，无线传感器网络拓扑结构是变化不定的，例如，构成网络拓扑结构的传感器节点可以随时增加或者减少，网络拓扑结构图可以随时被分开或者合并。

(3) 控制方式不集中。虽然无线传感器网络把基站和传感器的节点集中控制了起来，但是各个传感器节点之间的控制方式还是分散式的，路由和主机的功能由网络的终端实现各个主机独立运行，互不干涉，因此，无线传感器网络的强度很高，很难被破坏。

(4) 安全性不高。无线传感器网络采用无线方式传递信息，因此，传感器节点在传递信息的过程中很容易被外界入侵，从而导致信息泄露和无线传感器网络损坏，大部分无线传感器网络的节点都是暴露在外的，这大大降低了无线传感器网络的安全性。

无线传感技术在当今的应用，不仅只有大型组织进行工作和科研。对于个人来说，由于技术的不断发展，无线传感技术的成本越来越低，越来越多的人可以将无线传感技术用于个体身上。对于个人来说，无线传感技术的主要使用目的是进行定位。定位技术对于传感技术来说是应用较广的方面，在车辆上安装无线传感装置，可以通过无线传感技术，将车辆所在位置信息进行传输，然后再由中转站将信息进行处理发送，这样在接收站能够明确了解汽车所处位置信息，对于汽车进行导航具有重要的意义。此外，还可以对一些随身携带的物品采用无线传感技术，对一些老年人或者儿童进行实时定位，避免出现意外事故。

此外，无线传感技术在进行监测工作中的应用非常广泛，在使用无线传感技术进行监测的过程中，不同类型的监测工作所用的监测设备也不尽相同。其中在工业生产过程中，较为常用的传感技术是温度传感技术，在使用传感技术对工业生产进行监测的过程中，主要针对锅炉方面进行监测，确保锅炉的安全性。在锅炉中，与锅炉温度息息相关的是锅炉的水冷管。当今常见的水冷管大多都是由钢管组成的，热量在排出的过程中，需要通过钢管排出。但是，由于在进行冷却的过程中，随着大量热量的排出，同时会排出一些杂物，如一些细小的烟尘颗粒等，久而久之水冷壁内部可能会出现一些污垢附着在钢管上，如果污垢堆积过厚，就会影响到钢管的散热情况，而水冷壁所能够承受的热量往往有一定的上限，水冷壁上的热量难以及时得到散失，便会在压力过大的情况下进行工作，长时间处于超负荷状态，会对水冷壁的结构造成较为严重的影响，使用一段时间之后，便可能出现较为严重的事故。在当今对锅炉工作进行管理大多采用计算机进行远程操控，这样可以避免高温环境对工作人员造成危害。但是，采用远程操控技术需要对锅炉进行监控，在高温的环境下，采用有线监控装置，线路会受到高温环境的影响，造成额外的损失，需要投入较大的成本。而采用无线传感技术进行监控，在进行数据的传输过程中，无须其他物品作为媒介，可以直接传输测量数据，这样在进行监控管理的过程中，受损部位的数量会减少，能够有效降低生产成本。而且采用无线传感网络，可以更加全面地对不同部位进行监控。

6.2 无线传感器网络体系结构

6.2.1 体系结构概述

无线传感器网络包括 4 类基本实体对象：目标、观测节点、传感节点和感知视场。另外，还需定义外部网络、远程任务管理单元和用户来完成对整个系统的应用刻画，如图 6-1 所示。大量传感节点随机部署，通过自组织方式构成网络，协同形成对目标的感知视场。传感节点检测的目标信号经本地简单处理后通过邻近传感节点多跳传输到观测节点。用户和远程任务管理单元通过外部网络，如卫星通信网络或 Internet，与观测节点进行交互。观测节点向网络发布查询请求和控制指令，接收传感节点返回的目标信息。

传感节点具有原始数据采集、本地信息处理、无线数据传输及与其他节点协同工作的能力，依据应用需求，还可能携带定位、能源补给或移动等模块。节点可采用飞行器撒播、火箭弹射或人工埋置等方式部署。

目标是网络感兴趣的对象及其属性，有时特指某类信号源。传感节点通过目标的热、红外、声呐、雷达或震动等信号，获取目标温度、光强度、噪声、压力、运动方向或速度等属性。传感节点对感兴趣目标的信息获取范围称为该节点的感知视场，网络中所有节点视场的集合称为该网络的感知视场。当传感节点检测到的目标信息超过设定阈值，需提交给观测节点时，称为有效节点。

观测节点具有双重身份。一方面，在网内作为接收者和控制者，被授权监听和处理网络的事件消息和数据，可向传感器网络发布查询请求或派发任务；另一方面，面向网外作为中继和网关完成传感器网络与外部网络间信令和数据的转换，是连接传感器网络与其他网络的桥梁。通常假设观测节点能力较强，资源充分或可补充。观测节点有被动触发和主动查询两种工作模式，前者被动地由传感节点发出的感兴趣事件或消息触发，后者则周期扫描网络和查询传感节点，较常用。

设计无线传感器网络体系结构要注重以下几个方面：

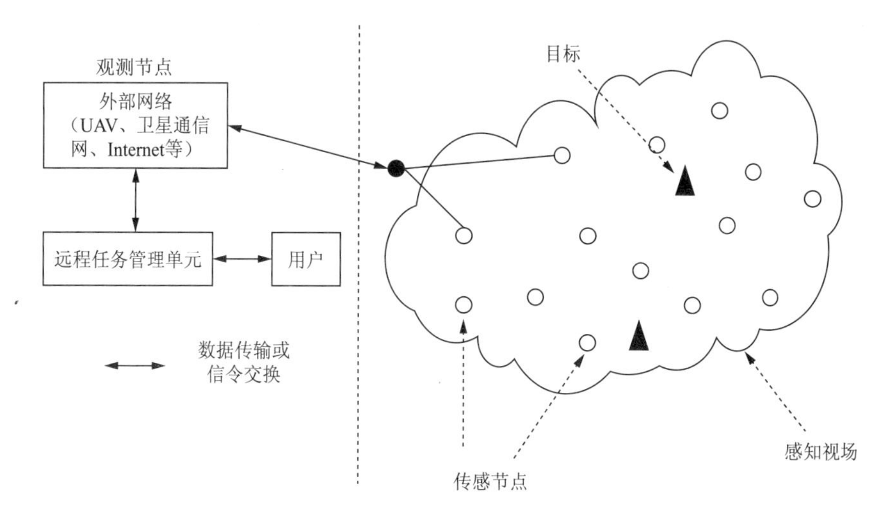

图 6-1　无线传感器网络

（1）节点资源的有效利用。由于大量低成本微型节点的资源有限，怎样有效地管理和使用这些资源，并最大限度地延长网络寿命是 WSN 研究面临的一个关键技术挑战，需要在体系结构的层面上给予系统性的考虑。可供着手的方面有：选择低功耗的硬件设备，设计低功耗的 MAC 协议和路由协议。各功能模块间保持必要的同步，即同步休眠与唤醒。从系统的角度设计能耗均衡的路由协议，而不是一味追求低功耗的路由协议，这就需要体系结构提供跨层设计的便利。由于节点上计算资源与存储资源有限，不适合进行复杂计算与大量数据的缓存，因此一些空间复杂度和时间复杂度高的协议与算法不适合于 WSN 的应用。随着无线通信技术的进步，带宽不断增加，例如，超宽带（UWB）技术支持近百兆的带宽。WSN 在不远的将来可以胜任视频音频传输，因此我们在体系结构上设计时需要考虑到这一趋势，不能仅仅停留在简单的数据应用上。

（2）支持网内数据处理。传感器网络与传统网络有着不同的技术要求，前者以数据为中心（遵循“端对端”的边缘论思想），后者以传输数据为目的。传统网络中间节点不实现任何与分组内容相关的功能，只是简单地用存储 / 转发模式为用户传送分组。而 WSN 仅仅实现分组传输功能是不够的，有时特别需要“网内数据处理”的支持（在中间节点上进行一定的聚合、过滤或压缩）。同时减少分组传输还能协助处理拥塞控制和流量控制。

（3）支持协议跨层设计。各个层次的研究人员为了同一性能优化目标（如节省能耗、提高传输效率、降低误码率等）而进行的协作非常普遍。这种优化工作使得网络体系中各个层次之间的耦合更加紧密，上层协议需要了解下层协议（不局限于相邻的下层）所提供的服务质量，而下层协议需得到上层协议（不局限于相邻的上层）的建议和指导。作为对比，传统网络只是相邻层才可以进行消息交互的约定。虽然这种协议的跨层设计会增加体系结构设计的复杂度，但实践证明它是提高系统整体性能的有效方法。

（4）增强安全性。由于 WSN 采用无线通信方式，信道缺少必要的屏蔽和保护，更容易受到攻击和窃听。因此，WSN 要将安全方面的考虑提升到一个重要的位置，设计一定的安全机制，确保所提供服务的安全性和可靠性。这些安全机制必须是自下而上地贯穿于体系结构的各个层次，除了类似于 IPsec 这种网络层的安全隧道之外，还需对节点身份标识、物理地址、控制信息（路由表等）提供必要的认证和审计体制来加强对使用网络资源的管理。

（5）支持多协议。互联网依赖于同一的 IP 协议实现端对端的通信，而 WSN 的形式与应用具有多样性,除了转发分组外,更重要的是负责“以任务为中心”的数据处理,这就需要多协议来支持。例如，在子网内部工作时，采用广播或者组播的方式，当接入外部的互联网时又需要屏蔽内部协议实现无缝信息交互技术手段。

（6）支持有效的资源发现机制。在设计 WSN 时需要考虑提供定位 WSN 监测信息的类型、覆盖地域的范围，并获得具体监测信息的访问接口。传感器资源发现包括网络自组织、网络编址和路由等。由于拓扑网络的自动生成性,如果依据单一符号（IP 地址或者 ID 节点）来编址效率不高。因此，可以考虑根据节点采集数据的多种属性来进行编址。

（7）支持可靠的低延时通信。各种类型的传感器网络节点工作于监测区域内，物理环境的各种参数动态变化是很快的，需要网络协议的实时性。

（8）支持容忍延时的非面向连接的通信。由于传感器应用需求不一样，有些任务对实时性要求不高（针对于第 7 点而言），例如，海洋勘测、生态环境监测等。有些应用随时可能出现拓扑动态变化，移动性使得节点保持长期稳定的连通性较为困难。因此，引入非面向连接的通信，及时在连通性无法保持的状态下也能进行通信。

（9）开放性。近年来 WSN 衍生出水声传感器网络和无线地下传感器网络，WSN 结构应该具备充分的开放性来包容这些已经出现或未来可能出现的新型同类网络。

6.2.2 无线传感器网络体系结构

1. 无线传感器网络物理体系结构

无线传感器网络系统架构如图 6-2 所示。无线传感器网络系统通常包括传感器节点、汇聚节点和管理节点。大量传感器节点随机部署在监测区域内部或附近，具有无线通信与计算能力的微

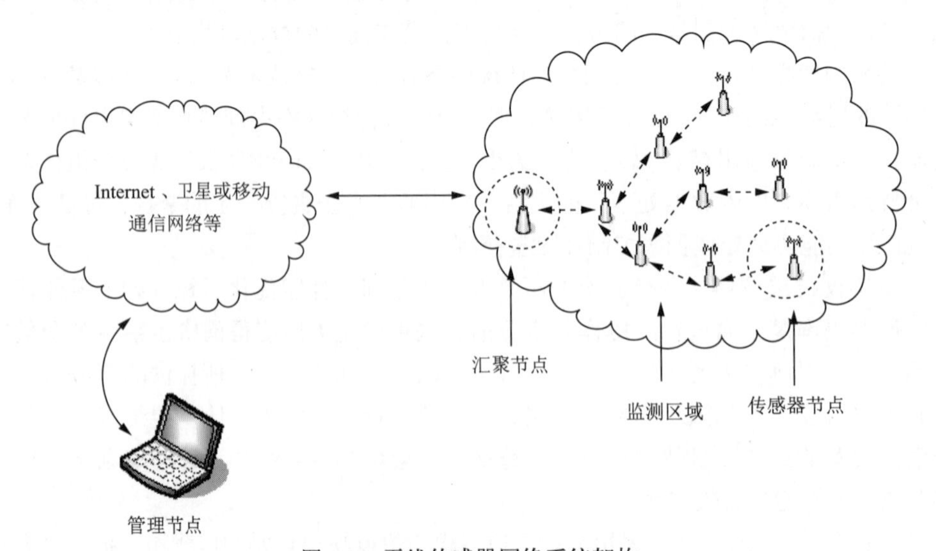

图 6-2 无线传感器网络系统架构

小传感器网络节点通过自组织的方式构成能够根据环境自主完成指定任务的分布式智能化网络系统，并以协作的方式实现感知、采集和处理网络覆盖区域中的信息，通过多跳后路由到汇聚节点，最后通过互联网或者卫星到达数据处理中心管理节点。用户通过管理节点沿着相反的方向对传感器网络进行配置和管理，发布监测任务及收集监测数据。

2. 无线传感器网络软件体系结构

无线传感器网络中间件和平台软件体系结构主要分为 4 个层次：网络适配层、基础软件层、应用开发层和应用业务适配层。其中，网络适配层和基础软件层组成无线传感器网络节点嵌入式软件（部署在无线传感器网络节点中）的体系结构，应用开发层和基础软件层组成无线传感器网络应用支撑结构（支持应用业务的开发与实现）。软件体系结构如图 6-3 所示。

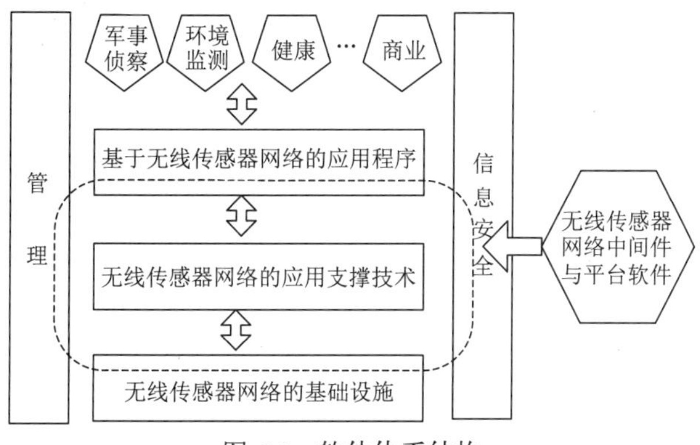

图 6-3　软件体系结构

3. 无线传感器网络的协议栈

无线传感器网络的协议栈包括物理层、数据链路层、网络层、传输层和应用层，还包括能量管理、移动管理和任务管理等平台。这些管理平台使得传感器节点能够按照能源高效的方式协同工作，在节点移动的传感器网络中转发数据，并支持多任务和资源共享。

图 6-4 所示为协议栈模型。定位和时间子层在协议栈中的位置比较特殊，它们既要依赖于数据传输通道进行协作定位和时间同步协商，同时又要为各层网络协议提供信息支持，如基于时分复用的 MAC 协议、基于地理位置的路由协议等都需要定位和同步信息。

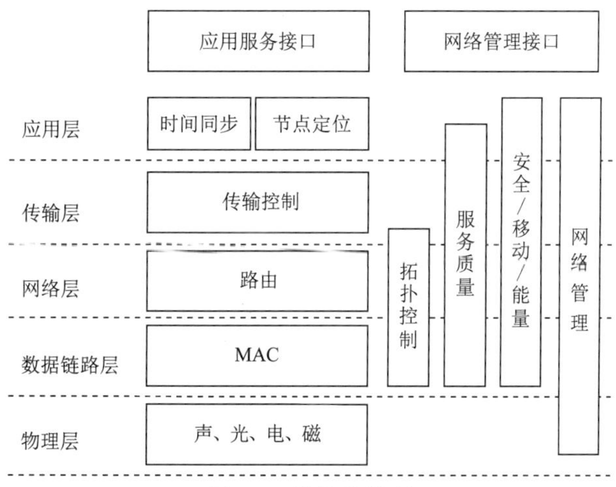

图 6-4　协议栈模型

4. 无线传感器网络通信体系结构

网络通信体系结构如图 6-5 所示。

(1) 物理层：负责信号的调制和数据的收发，所采用的传输介质主要有无线电、红外线、光波等。WSN 推荐使用免许可证频段（ISM）。物理层的设计既有不利因素，例如传播损耗因子较大；也有有利的方面，例如高密度部署的无线传感器网络具有分集特性，可以用来克服阴影效应和路径损耗。

(2) 数据链路层：负责数据成帧、帧监测、媒体接入和差错控制。其中，媒体接入协议保证可靠的点对点和点对多点通信；差错控制则保证源节点发出的信息可以完整无误地到达目标节点。

(3) 网络层：负责路由的发现和维护，由于大多数节点无法直接与网关通信，因此需要通过中间节点以多跳路由的方式将数据传送至汇聚节点。而这就需要在 WSN 节点与接收器节点之间多跳的无线路由协议。

(4) 传输层：负责数据流的传输控制，主要通过汇聚节点采集传感器网络内的数据，并使用卫星、移动通信网络、Internet 或者其他的链路与外部网络通信，是保证通信服务质量的重要部分。

(5) 应用层：由各种面向应用的软件系统构成。主要研究各种传感器网络应用的具体系统的开发，例如作战环境侦查与监控系统、情报获取系统、灾难预防系统等。

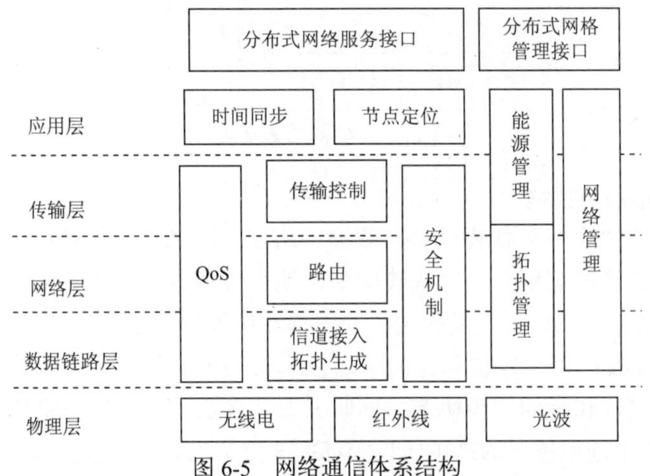

图 6-5 网络通信体系结构

传感器网络的体系结构受应用驱动。灵活性、容错性、高密度及快速部署等传感器网络的特征为其带来了许多新的应用。在未来，有许多广阔的应用领域可以使传感器网络成为人们生活中不可缺少的组成部分，实现这些和其他传感器网络的应用需要自组织网络技术。然而，传统 Ad hoc 网络的技术并不能够完全适应于传感器网络的应用。因此，充分认识和研究传感器网络自组织方式及传感器网络的体系结构，为网络协议和算法的标准化提供理论依据，为设备制造商的实现提供参考，成为当前无线传感器网络研究领域中一项十分紧迫的任务。只有从网络体系结构的研究入手，带动传感器组织方式及通信技术的研究，才能更有力地推动这一具有战略意义的新技术的研究和发展。

6.3 ZigBee 技术

ZigBee 是一种近距离、低复杂度、低功耗、低成本的双向无线通信技术。它主要用于距离短、功耗低且传输速率不高的各种电子设备之间的数据传输（包括典型的周期性数据、间歇性数据和低反应时间数据）。ZigBee 的基础是 IEEE 802.15.4，但是 IEEE 802.15.4 仅处理低级的 MAC（媒体接入控制协议）层和物理层协议，ZigBee 联盟对网络层协议和应用层协议进行了标准化。

6.3.1 ZigBee 的由来和发展

ZigBee 名字起源于蜜蜂之间传递信息的方式。蜜蜂通过一种特殊的肢体语言告知同伴新发现的事物源的位置信息，这种肢体语言是 Zigzag（之字形，Z 字形）舞蹈，借此意义以 ZigBee 作为新一代无线通信技术的命名。在此之前 ZigBee 也被称为 HomeRF Lite、RF-EasyLink 或 FireFly 无线电技术，现在统一称为 ZigBee 技术。

ZigBee 模块类似于移动网络的基站，通信距离从几十米到几百米，并支持无线扩展。ZigBee 理论上可以是一个由 65 536 个无线模块组成的无线网络平台，在整个网络覆盖范围内，每一个 ZigBee 模块之间可以互相通信。

2003 年 12 月，Chipcon 公司推出第一款符合 2.4 GHz IEEE 802.15.4 标准的射频收发器 CC2420，而后又有很多家公司推出与 CC2420 收发芯片相匹配的处理器，其中以 ATMEL 公司的 Atmega128 最为成功 (即常用方案是 Atmega128 + CC2420)。

2004 年 12 月，Chipcon 公司推出全球第一个 IEEE 802.15.4 ZigBee 片上系统解决方案——CC2430 无线单片机，该芯片内部集成了一款增强型的 8051 内核及当时业内性能卓越的射频收发器 CC2420。

2005 年 12 月，Chipcon 公司推出内嵌定位引擎的 ZigBee IEEE 802.15.4 解决方案 CC2431。2006 年 2 月，TI 公司收购 Chipcon 公司，又相继推出一系列的 ZigBee 芯片，比较有代表性的片上系统有 CC2530 等。

TI 公司在软件方面发展得比较快。2007 年 1 月，TI 公司宣布推出 Zstack 协议栈，已被全球众多 ZigBee 开发商所采用。Zstack 协议栈符合 ZigBee 2006 规范，支持多种平台，其中包括面向 IEEE 802.15.4/ZigBee 的 CC2430 片上系统解决方案、基于 CC2420 收发器的新平台及 TI 公司的 MSP430 超低功耗控制器（MCU）。除此之外，Zstack 还支持具备定位感知特性的 CC2431。

6.3.2 ZigBee 技术的特点

ZigBee 可工作在 2.4 GHz（全球流行）、868 MHz（欧洲流行）和 915 MHz（美国流行）三个频段上，分别具有最高 250 kbit/s、20 kbit/s 和 40 kbit/s 的传输速率，它的传输距离为 10 ～ 75 m。ZigBee 作为一种无线通信技术，具有以下几个特点。

1. 低功耗

低功耗是 ZigBee 重要的特点之一。一般的 ZigBee 芯片有多种电源管理模式，这些管理模式可以有效地对节点的工作和休眠进行配置，从而使得系统在不工作时可以关闭射频部分，极大地降低了系统功耗，节约了电池的能量。

2. 低成本

ZigBee 网络协议简单，可以在计算能力和存储能力都很有限的 MCU 上运行，非常适用于对成本要求苛刻的场合。现有的 ZigBee 芯片一般都是基于 8051 单片机内核，成本较低，这对于一些需要布置大量无线传感器网络节点的应用是很重要的。

3. 大容量

ZigBee 设备既可以使用 64 位 IEEE 网络地址，又可以使用指配的 16 位网络短地址。在一个单独的 ZigBee 网络内，理论上可以容纳最多 65 536 个设备。

4. 可靠

无线通信是共享信道的，因而面临着众多有线网络所没有的问题。ZigBee 在物理层和 MAC 层采用 IEEE 802.15.4 协议，使用带时隙或不带时隙的“载波检测多址访问 / 冲突避免”（CSMA/CA）的数据传输方法，并与“确认和数据检验”等措施相结合，可保证数据的可靠传输。同时，为了提高灵活性和支持在资源匮乏的 MCU 上运行，ZigBee 支持三种安全模式。最高级安全模式采用属于高级加密标准（AES）的对称密码和公开密钥，可以大大提高数据传输的安全性。

5. 时延短

针对时延敏感做了优化，通信时延和从休眠状态激活的时延都非常短。

6. 灵活的网络拓扑结构

ZigBee 支持星状、树状和网状拓扑结构，既可以单跳，又可以通过路由实现多跳的数据传输。

6.3.3 ZigBee 芯片

常见的 ZigBee 芯片为 CC243X 系列、MC1322X 系列和 CC253X 系列。下面分别介绍三种系列芯片的特点。

1. CC243X 系列

CC2430/CC2431 是 Chipcon 公司（已被 TI 收购）推出的用来实现嵌入式 ZigBee 应用的片上系统。它支持 2.4 GHz IEEE 802.15.4/ZigBee 协议，是世界上首个单芯片 ZigBee 解决方案。CC2430/CC2431 片上系统家族包括三个不同产品：CC2430-F32、CC2430-F64 和 CC2430-F128。它们的区别在于内置闪存的容量不同，以及针对不同 IEEE 802.15.4/ZigBee 应用做了不同的成本优化。

CC2430/CC2431 在单个芯片上整合了 ZigBee 射频前端、内存和微控制器。它使用一个 8 位 8051 内核，具有 32/64/128 KB 可编程闪存和 8 KB 的 RAM，还包含模拟数字转换器（ADC）、定时器、AES128 协同处理器、看门狗定时器、32 kHz 晶振、休眠模式定时器、上电复位电路和掉电检测电路以及 21 个可编程 I/O 引脚。CC2430/CC2431 芯片有以下特点：

（1）高性能、低功耗 8051 微控制器内核。

（2）极高的灵敏度及抗干扰能力。

（3）强大的 DMA 功能。

（4）外围电路只需极少的外接元件。

（5）电流消耗小（当微控制器内核运行在 32MHz 时，RX 为 27 mA，TX 为 25 mA）。

（6）硬件支持 CSMA/CA。

（7）电源电压范围宽（2.0 ~ 3.6 V）。

（8）支持数字化接收信号强度指示器 / 链路质量指示（RSSI/LQI）。

2. MC1322X 系列

MC13224 是 MC1322X 系列的典型代表，是飞思卡尔公司研发的第三代 ZigBee 解决方案。MC13224 集成了完整的低功耗 2.4 GHz 无线电收发器，内嵌了 32 位 ARM7 核的 MCU，是高密度、低元件数的 IEEE 802.15.4 综合解决方案，能实现点对点连接和完整的 ZigBee 网状网络。

MC13224 支持国际 802.15.4 标准以及 ZigBee、ZigBee PRO 和 ZigBee RF4CE 标准，提供了优秀的接收器灵敏度和较强的抗干扰性、多种供电模式以及一套广泛的外设集（包括两个高速 UART、12 位 ADC 和 64 个通用 GPIO、4 个定时器、I2C 等）。除了更强的 MCU 外，还改进了射频输出功率、灵敏度和选择性，提供了超越第一代 CC2430 的重要性能改进，而且支持一般低功耗无线通信，还可以配备一个标准网络协议栈（ZigBee，ZigBee RF4CE）来简化开发，因此可被广泛应用在住宅区和商业自动化、工业控制、卫生保健和消费类电子等产品中。其主要特性如下：

（1）2.4 GHz IEEE 802.15.4 标准射频收发器。

（2）优秀的接收器灵敏度和抗干扰能力。

（3）外围电路只需极少量的外部元件。

（4）支持运行网状网系统。

（5）128 KB 系统可编程闪存。

（6）32 位 ARM7TDMI-S 微控制器内核。

（7）96 KB 的 SRAM 及 80 KB 的 ROM。

（8）支持硬件调试。

（9）4 个 16 位定时器及 PWM。

（10）红外发生电路。

（11）32 kHz 的睡眠计时器和定时捕获。

（12）CSMA/CA 硬件支持。

（13）精确的数字接收信号强度指示 /LQI 支持。

（14）温度传感器。

（15）两个 8 通道 12 位 ADC。

（16）AES 加密安全协处理器。

（17）两个高速同步串口。

（18）64 个通用 I / O 引脚。

（19）看门狗定时器。

3. CC253X 系列

CC253X 系列的 ZigBee 芯片主要是 CC2530/CC2531，它们是 CC2430/CC2431 的升级，在性能上要比 CC243X 系列稳定。CC253X 系列芯片是广泛使用于 2.4 GHz 片上系统的解决方案，建立在 IEEE 802.15.4 标准协议之上。其中 CC2530 支持 IEEE 802.15.4 以及 ZigBee、ZigBee PRO 和 ZigBee RF4CE 标准，且提供了 101 dB 的链路质量指示，具有优秀的接收器灵敏度和强抗干扰性。CC2531 除了具有 CC2530 强大的性能和功能外，还提供了全速的 USB 兼容操作，支持 5 个终端。

CC2530/CC2531 片上系统家族包括 4 个不同产品：CC2530-F32、CC2530-F64、CC2530- F128 和 CC2530-F256。它们的区别在于内置闪存的容量不同，以及针对不同 IEEE 802.15.4/ZigBee 应

用做了不同的成本优化。

CC253X 系列芯片大致由三部分组成:CPU 和内存相关模块，外设、时钟和电源管理相关模块，无线电相关模块。

（1）CPU 和内存。

CC253X 系列使用的 8051CPU 内核是一个单周期的 8051 兼容内核。它有三个不同的存储器访问总线（SFR、DATA 和 CODE/XDATA），以单周期访问 SFR、DATA 和 SRAM。它还包括一个调试接口和一个中断控制器。

内存仲裁器位于系统中心，它通过 SFR 总线，把 CPU 和 DMA 的控制器和物理存储器与所有外设连接在一起。内存仲裁器有 4 个存取访问点，每次访问每一个可以映射到这三个物理存储器之一：8 KB 的 SRAM、闪存存储器和 XREG/SFR 寄存器。它负责执行仲裁，并确定同时到同一个物理存储器的内存访问的顺序。

8 KB SRAM 映射到 DATA 存储空间和 XDATA 存储空间的某一部分。8 KB 的 SRAM 是一个超低功耗的 SRAM，当数字部分掉电时能够保留自己的内容，这对于低功耗应用是一个很重要的功能。

32/64/128/256 KB 闪存块为设备提供了可编程的非易失性程序存储器，映射到 CODE 和 XDATA 存储空间。除了保存代码和常量，非易失性程序存储器允许应用程序保存必须保留的数据，这样在设备重新启动之后可以使用这些数据。

中断控制器提供了 18 个中断源，分为 6 个中断组，每组与 4 个中断优先级相关。当设备从空闲模式回到活动模式，也会发出一个中断服务请求。一些中断还可以从睡眠模式唤醒设备。

（2）时钟和电源管理。

CC253X 芯片内置一个 16 MHz 的 RC 振荡器，外部可连接 32 MHz 外部晶振。数字内核和外设由一个 1.8 V 低差稳压器供电。另外，CC253X 包括一个电源管理功能，可以实现使用不同的供电模式，用于延长电池的寿命，有利于低功耗运行。

（3）外设。

CC253X 系列芯片有许多不同的外设，允许应用程序设计者开发先进的应用。这些外设包括调试接口、I/O 控制器、两个 8 位定时器、一个 16 位定时器和一个 MAC 定时器、ADC 和 AES 协处理器、看门狗电路、两个串口和 USB（仅限于 CC2531）。

（4）无线设备。

CC253X 设备系列提供了一个与 IEEE 802.15.4 兼容的无线收发器，在 CC253X 内部主要由 RF 内核组成。RF 内核提供了 MCU 和无线设备之间的一个接口，可以发出命令、读取状态、自动操作和确定无线设备的顺序。无线设备还包括一个数据包过滤和地址识别模块。

6.4 ZigBee 技术和其他无线技术的比较

6.4.1 ZigBee 和蓝牙

诞生于 1998 年的 BlueTooth（蓝牙）无线技术，由于复杂、高成本、低传输距离等原因而不能应用在 WSN 上。但是 ZigBee 技术完全能适应 WSN 的苛刻要求，因而 ZigBee 技术是当前最适合 WSN 的无线通信技术。

6.4.2 ZigBee 和 GPRS/CDMA-1X

1. 无网络使用费

使用移动网需要长期支付网络使用费，而且是按节点终端的数量计算的，而 ZigBee 没有这笔费用。

2. 设备投入低

使用移动网需要购买移动终端设备，使用 ZigBee 网络，ZigBee 网络节点模块、网络子节点的价格非常低。

3. 通信更可靠

由于现有移动网主要是为手机通信而设计的，尽管 CDMA-1X 和 GPRS 可以进行数据通信，但实践发现，不仅通信速率比设计速率低很多，而且数据通信的可靠性也存在一定的问题。而 ZigBee 网络则是专门为控制数据的传输而设计的，控制数据的传输具有相当的保证。

4. 高度的灵活性和低成本

首先，通过使用覆盖距离不同，功能不同的 ZigBee 网络节点，以及其他非 ZigBee 系统的低成本的无线收发模块，建立起一个 ZigBee 局部自动化控制网（这个网络可以是星状、树状、网状及其共同组成的复合网结构），再通过互联网或移动网与远端的计算机相连，从而实现低成本，高效率的工业自动化遥测遥控。

6.4.3 ZigBee 与数传电台

1. 可靠性高

由于 ZigBee 模块的集成度远比一般数传电台高，分离元器件少，因而可靠性更高。

2. 使用方便安全

因为集成度高，比起一般数传电台来，ZigBee 收发模块体积可以做得很小，而且功耗低，最大发射电流比一个 CDMA 手机还要小，因而很容易集成或直接安放在到设备之中，不仅使用方便，而且在户外使用时不容易受到破坏。

3. 抗干扰力强，保密性好，误码率低

ZigBee 收发模块使用的是 2.4 GHz 直序扩频技术，比起一般 FSK, ASK 和跳频的数传电台来，具有更好的抗干扰能力和更远的传输距离。

4. 免费频段

ZigBee 使用的是免费频段，而许多数传电台所使用的频段不仅需要申请，而且每年交纳频率使用费。

6.5 ZigBee 的底层——MAC 层简介

ZigBee 技术的底层——物理层(也称 MAC 层和 PHY 层)是基于 IEEE 802.15.4 标准的,如图 6-6 所示。IEEE 802.15.4 定义了两个物理层标准，分别是 2.4 GHz 物理层和 868/915 MHz 物理层。它们都基于 DSSS（Direct Sequence Spread Spectrum，直接序列扩频），使用相同的物理层数据包格式，区别在于工作频率、调制技术、扩频码片长度和传输速率。2.4 GHz 波段为全球统一的无须申

请的ISM频段，有助于ZigBee设备的推广和生产成本的降低。2.4 GHz的物理层通过采用高阶调制技术能够提供250 kbit/s的传输速率，有助于获得更高的吞吐量、更小的通信时延和更短的工作周期，从而更加省电。868 MHz是欧洲的ISM频段，915 MHz是美国的ISM频段，这两个频段的引入避免了2.4 GHz附近各种无线通信设备的相互干扰。868 MHz的传输速率为20 kbit/s，916 MHz是40 kbit/s。这两个频段上无线信号传播损耗较小，因此可以降低对接收机灵敏度的要求，获得较远的有效通信距离，从而可以用较少的设备覆盖给定的区域。

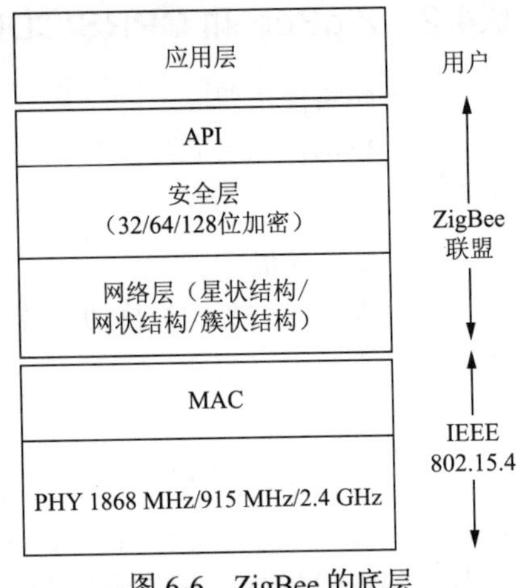

图 6-6　ZigBee 的底层

在标准林立的短距离无线通信领域，可以说，ZigBee的发展是令人始料不及的。随着ZigBee协议标准的逐步完善和物联网大环境的带动，整个ZigBee产业可以说是朝着越来越繁盛的趋势发展，在五大上游芯片厂商和ZigBee联盟的不断努力推动下，基于ZigBee的应用层出不穷，并和实际生活接轨，让人们的生活更加智能美好。

6.6 ZigBee 设备和网络拓扑结构

ZigBee规范定义了三种类型的设备，每种都有自己的功能要求。

1.ZigBee 网络协调器（集中器）

包含所有的网络消息，是三种设备类型中最复杂的一种，存储容量最大、计算能力最强。网络协调器是启动和配置网络的一种设备，用于发送网络信标、建立一个网络、管理网络节点、存储网络节点信息、寻找一对节点间的路由消息、不断地接收信息。协调器可以保持间接寻址用的绑定表格，支持关联，同时还能设计信任中心和执行其他活动。

2.ZigBee 全功能设备 (FFD)

可以担任网络协调者，形成网络，让其他的FFD或是精简功能装置（RFD）连接，FFD具备控制器的功能，可提供信息双向传输。附带由标准指定的全部802.15.4功能和所有特征，具有更多的存储器、计算能力，可使其在空闲时起网络路由器作用，也能用作终端设备。

3.ZigBee 精简功能设备 (RFD)

RFD只能传送信息给FFD或从FFD接收信息。附带有限的功能来控制成本和复杂性；在网络中通常用作终端设备；ZigBee相对简单地实现节省了费用。RFD由于省掉了内存和其他电路，降低了ZigBee部件的成本，而简单的8位处理器和小协议栈也有助于降低成本。

需要特别注意的是，ZigBee网络的特定架构会影响设备所需的资源。ZigBee支持的网络拓扑有星状、树状和网状。在这几种网络拓扑中，星状网络对资源的要求最低。

ZigBee的网络拓扑图如图6-7所示。

在上述三种拓扑结构中，星状网络是最容易实现的，只要简单地实现IEEE 802.15.4协议就可以了，因此，好多厂家宣称他们的产品实现了ZigBee，其实只是能够实现简单的星状网络而已，在星状网络中，是不能够实现ZigBee的高级特色功能即路由功能的，每个ZigBee设备只能和网络协调器直接通信。Mesh 网络是最复杂的，允许路由，而且路由的路径是自动计算出来的最佳路径，网络建立后，任何一个设备失效，网络中的设备会重新计算路由，使得不影响网络其他设备正常通信。

一个复杂的网络拓扑示意图如图 6-8 所示。

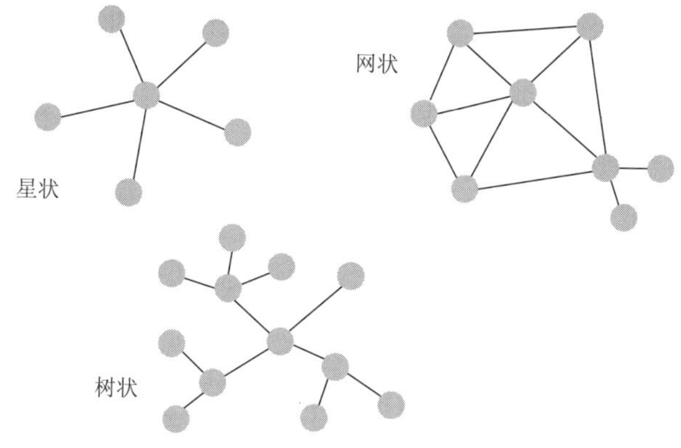

图 6-7 网络拓扑图

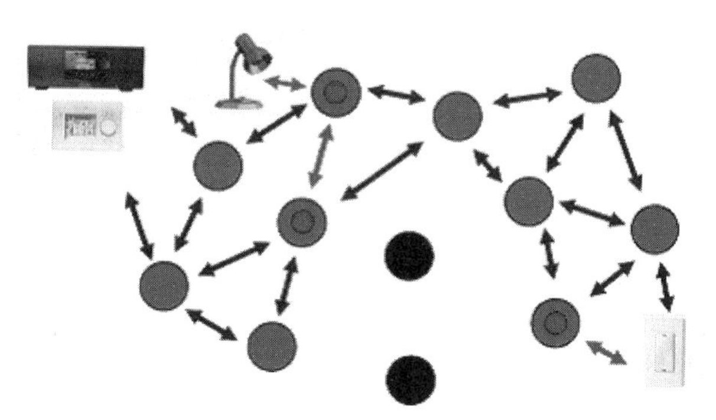

图 6-8 一个复杂的网络拓扑示意图

这是一个 ZigBee 无线开关设备控制 ZigBee 无线台灯和其他设备的 Mesh 结构网络拓扑图，从图中可以看出，开关设备有多条路径可以到达被控设备，如果一个设备失效，网络会立即启用另一个路径，而且可以跨越障碍。在我们产品的实际测试中发现，即便不使用额外的射频放大器，射频信号穿越家庭一两堵墙也是不成问题的。

6.7 ZigBee 网络抗干扰原理

尽管 IEEE 802.15.4 支持多种 ISM 频带，但只有 2.4 GHz 的频带能在全球通行，且无须申请许可证。这是一个优势，然而，这种优势背后事实上还存在 2.4 GHz ISM 频带本身的问题，由于各种标准化专利 RF 系统均在相对较窄的 2.4 GHz 频带中工作，因此不同系统间的共存是一个大问题。

IEEE 802.15.4 及 ZigBee 标准将通过几种方法来解决这个问题。

最底层 PHY 的空中接口采用直接序列扩频技术（DSSS）与正交相移键控（QPSK）调制技术。QPSK 与 DSSS 是两种广为人知的、具有健壮特性的调制技术，它们的抗干扰性强，数据包丢失率非常低。这些技术的应用范围非常广泛，包括 Wi-Fi/IEEE 802.11b、GPS 和数字电视广播等卫星系统。

在 MAC 层采用载波侦听多址访问 / 冲突避免技术，以确保需要传输的节点首先通过 IEEE 802.15.4 硬件提供的接收信号强度指示器（RSSI）信号，检查通道是否被另一传输节点占用。如果该通道处于空闲状态，节点就会启动传输。否则，节点会在较短的随机时间间隔内暂停使用通道，然后再次尝试启动传输。一定范围内的所有节点均通过这种方法来避免干扰正在进行传输的节点，这样就可以减少干扰问题。除了 RSSI 之外，还可以采用链路质量指示器（LQI）。LQI 可用来逐个数据包地检测通道损坏情况，并在数据包成功传输时提供更高协议层的通道情况信息。也就是说，LQI 可以指示数据包接收离发生故障有多远。

IEEE 802.15.4 MAC 上面就是 ZigBee 网络层，它也采用几种抗干扰策略。当能够充当 PAN 协调器的 ZigBee 节点启动时，它扫描所有通道，以确保自身在通道上能被检测到的活动最少。此外，ZigBee 还采用数据包确认、再传输及自适应路由等技术。自适应路由可在路由节点发生临时或永久故障的情况下，为数据包提供通过网络的其他可选路径。ZigBee 节点采用被称为“按需距离矢量路由协议”（AODV）的路由发现算法来建立通过该网络的其他可选路径。在节点发生故障或部分网络传输条件暂时恶劣的情况下，AODV 的恢复能力极强。如果存在几条到目的节点的可选路径，那么 ZigBee 路由器会采用包括 LQI 记录在内的多种指示器来选择适当的路由路径，以尽可能避免数据包丢失。

ZigBee 的路由功能还实现了另一重要功能。IEEE 802.15.4 收发器（如已经验证的 CC2420）的典型室内工作距离在 10~75 m 之间，具体根据环境而定。设备所能实现的工作距离很大程度上取决于其自身的输出功率、周围环境中的墙壁等障碍物（很大程度上与建筑材料相关），以及其他设备的干扰。在不同节点的不同功率限制条件下，发送器的输出功率会有所不同，而且移动节点与干扰设备也各不相同，因此就整个网络而言，上述所有因素的具体情况会存在很大差异。自适应路由技术能够根据节点离开网络、在网络其他部分上重新关联及新节点首次关联等情况调整网络，从而在物理相邻节点间建立更优化的路径，以改善传输条件，进而减少数据包再传输，并降低功耗。与只允许通过统一的中央集线器路由数据包的简单主 / 从星状网络拓扑相比，多样化的网状拓扑有助于大幅扩大网络覆盖范围及工作距离。

6.8 ZigBee 技术应用

6.8.1 ZigBee 技术应用于电力 AMR 方案

ZigBee 技术应用于电力 AMR 系统共有 4 种设备：

（1）ZigBee 表。

（2）ZigBee/PLC 转换器。

（3）ZigBee/485 转换器。

（4）ZigBee/Wireless 转换器。

ZigBee 表主要用于需要实时监控或者要实现网络预付费的方案；ZigBee/PLC 转换器用于弥补 PLC 方案中的难点及技术死角；ZigBee/485 转换器用于实现对带 485 口表计的数据的集中抄收和控制；ZigBee/Wireless 转换器主要用于实现对机械表的数据的集中抄收。总体方案如图 6-9 所示。

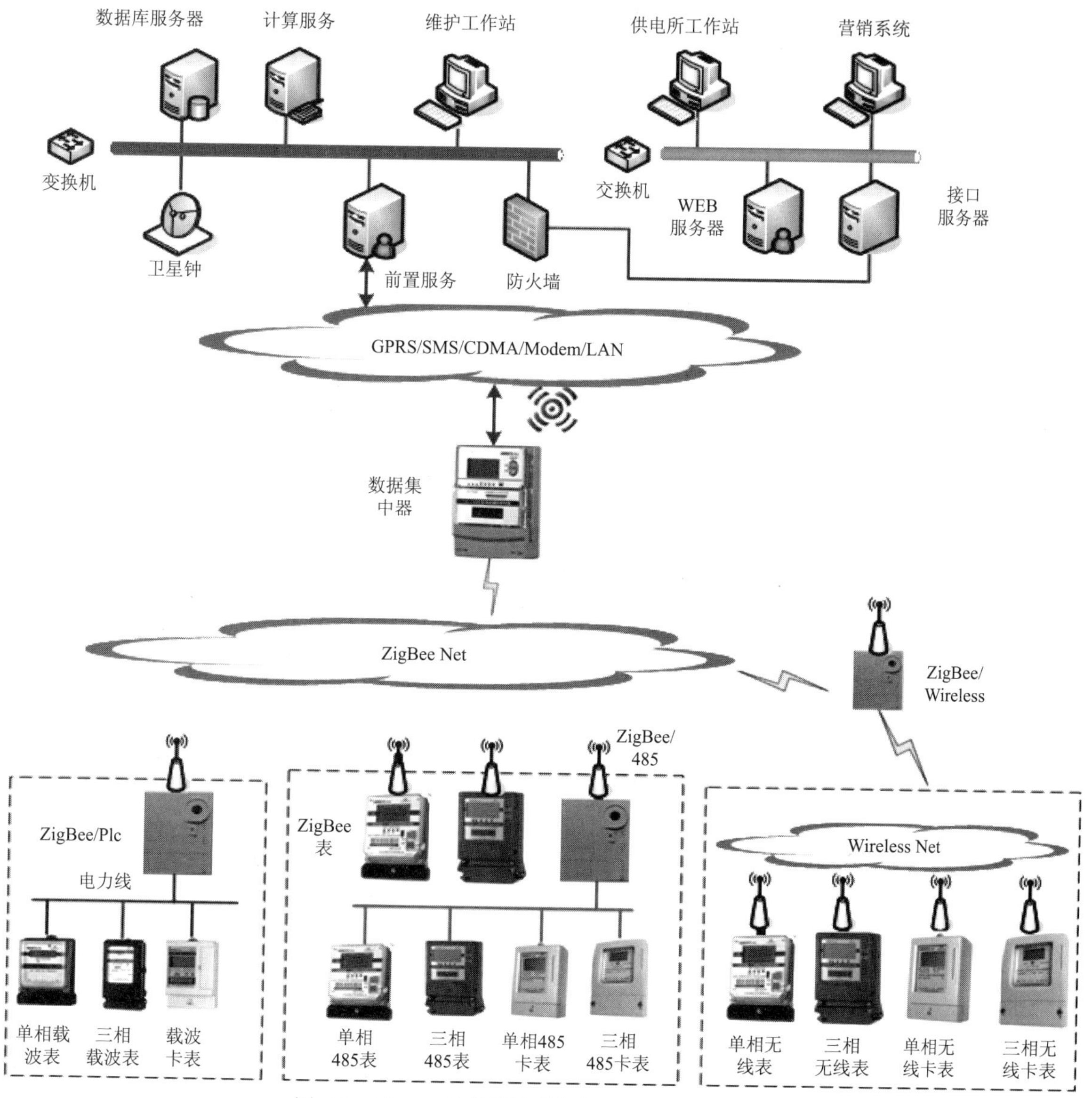

图 6-9　ZigBee 技术应用于电力 AMR 系统总体方案

6.8.2　ZigBee 技术应用于 AMR 系统的优势

1. 安装方便和维护费用低廉

不受现场环境的限制，在通信半径内的任何位置都可以安装通信设备，从而为通信设备的安装带来了足够的自由度，这是无线通信技术最显著的优点。而有线通信形式，例如当前在 AMR 中使用最广泛的 485 通信方式，不仅在通信设备安装之前需要进行实地考察，选择适当的布线方案进行施工，而且在安装时也受到通信线路的限制，设备必须安装在通信线路预留的接口处，十分不方便。在某些特殊环境，还需要将线路架高或者深埋，一旦线路出现故障，维修周期长而且费用很高。因此，与 ZigBee 无线通信设备相比，尽管有线通信设备本身有一定的价格优势，但是在设备的安装和后期维护过程中所需要的费用同样相当可观。

2. 通信能力强

为了解决485等有线通信方式所存在的布线问题，电力线载波（PLC）集抄技术在一定范围内得到了应用。该技术利用电力线进行通信，不需要额外铺设通信线路，而且在某些电网质量好的地区，一次抄收成功率可达97%以上。但是，其所存在的诸多缺陷也严重制约了该技术的普及和推广。首先，PLC技术受到电网质量影响比较严重，在电网质量较差的地区或时间段，几乎难以正常通信；其次，电力载波信号在通过变压器之后会发生衰减和反射，不仅造成了跨变压器设备之间的通信困难，而且两个邻近的变压器低压端的载波信号，也会经过高压端反射到对方的低压端互相干扰，严重影响通信效果；与PLC技术相比，ZigBee具有强大的通信能力。其物理层采用CSMA-CA通信机制，具备高吞吐率和低延迟的优点，并使用直序扩频（DSSS）通信技术，不仅能够避免多路由和特殊数据碎片所造成的干扰，而且能够自动改变通信频率以避免与其他信号源发生干涉；在MAC层采用接收应答和数据缓冲/转发通信机制，保证了数据的可靠传输。利用如此优异的通信可靠性，完全可以在电表计量功能之外增加其他控制功能，如远程拉/合闸等。

除了可靠性之外，ZigBee强大的通信能力还体现在通信速度方面。高达250 kbit/ps的通信速度，不仅是485或PLC等通信方式（485方式波特率一般不超过9 600，PLC方式波特率一般不超过1 200）所望尘莫及的，并且在数据帧长度为75字节以下时，ZigBee通信效率甚至高于蓝牙。因此，ZigBee技术可以在短时间内完成庞大网络中的数据集中，这一特点非常适合实现大规模网络化集抄，也是当前其他形式的集抄手段所不具备的能力。

3. 开放的网络化通信标准

ZigBee采用了统一的国际标准IEEE 802.15.4作为物理层和MAC层，通信频率不需要申请使用执照，并且其网络管理协议、路由算法和应用层接口标准都是完全开放的，保证了任何国家、任何公司的ZigBee产品都具备互操作能力，这不仅为ZigBee产品的维护带来了极大的方便，而且也为进入国际市场铺平了道路。ZigBee采用64位地址空间，可管理庞大的网络，并支持包括Mesh-Networks在内的多种网络TOP结构和复杂的路由算法，能够实现网络自动修补，因此具有非常可靠的通信能力和很强的网络扩展能力，可以覆盖广阔的地理范围，满足大规模网络化集抄的需要。

4. 强大的技术支持和广泛的市场影响力

ZigBee技术具备强大的技术支持，其倡导者包括Honeywell、MOTOROLA、PHILIPS和三星电子等世界著名企业，并有包括ABB、Atmel和Microchip等在内的80多家成员厂商。这些公司不仅具有雄厚的科研能力，而且在各个领域都有长期的开发经验，所制订的协议、标准和算法有广泛的理论基础和充分的实验作为保障。此外，这些公司良好的信誉和完善的信息反馈平台，能够对ZigBee实际应用中出现的问题迅速做出响应，提供解决方案或做出修改，确保协议的稳定性。

在ZigBee联盟中有不少公司，在各自的领域中有着举足轻重的市场影响力。随着ZigBee技术逐步成熟和被相关行业所接受，这些公司必然会在这些领域普遍推广ZigBee技术产品，甚至会左右这些行业的标准和发展趋势，使这些行业进入更新换代的过程，极大地拉动市场需求，为ZigBee开辟广阔的发展空间。

本章小结

本章介绍了无线传感器网络的概念、无线传感器网络体系结构、ZigBee 技术发展、ZigBee 技术芯片、ZigBee 技术和其他无线技术的比较、ZigBee 技术的应用等内容。通过本章的学习，可以对无线传感器网络及 ZigBee 技术工作原理有一定的了解，为物联网方向无线网络传输的学习打下坚实的基础。

习　　题

1. 什么是无线传感器网络？
2. 简述无线传感器网络的体系结构。
3. 无线传感器网络的特点包括哪些？
4. 列举无线传感器网络发展面临的挑战和未来的发展机遇。
5. 简述 ZigBee 协议的基本概念。
6. ZigBee 技术的特点有哪些？

物联网应用

随着物联网技术的飞速发展，物联网的应用领域也在不断拓展，物联网技术在工业、农业、医疗、交通、服务业等领域都将拥有广泛的应用前景。本章将介绍物联网在智能家居、智能物流、智能电网、智慧农业、智慧交通、智慧医疗、智慧环保、感知城市等方面的应用。

学习目标

- 了解物联网应用的基本情况
- 理解物联网应用的发展趋势

知识结构

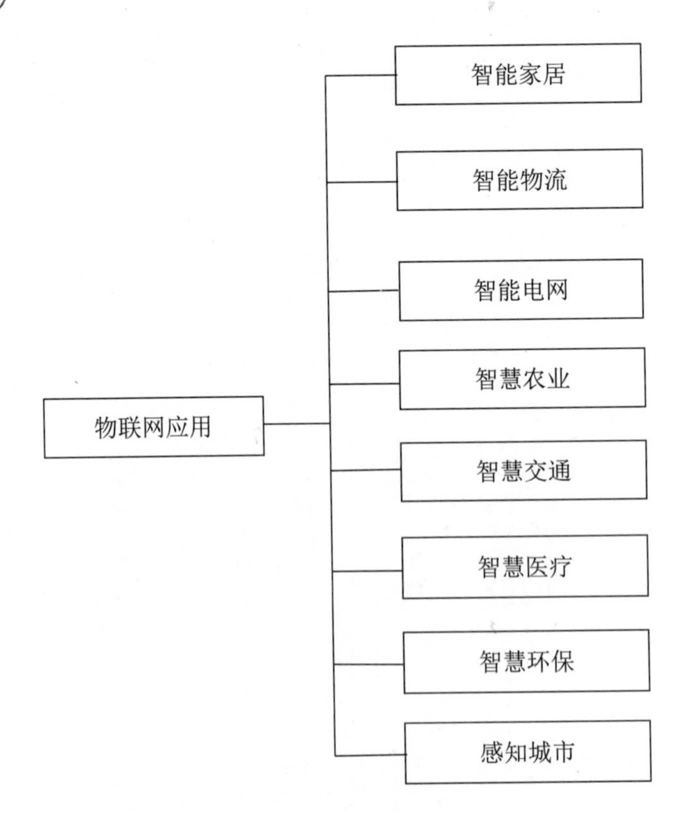

7.1 智能家居

7.1.1 智能家居概述

智能家居是利用先进的综合布线技术、计算机技术、智能云端控制、网络通信技术、医疗电子技术，依照人体工程学原理，融合用户需求，将和居家生活有关安防安保、灯光控制、窗帘控制、信息家电、地板采暖、燃气阀控制、场景联动、健康保健、卫生防疫等子系统有机地结合在一起，通过网络化综合智能控制和管理，实现“以人为本”的全新家居生活体验。

随着智能家居热潮在世界范围内逐步兴起，我国电子技术的快速发展、人们生活水平的不断提高，以及智能电子技术在生活中的广泛应用，智能家居已经成为未来家居装饰潮流发展的最新方向。从当前的发展趋势来看，在未来的至少 20 年时间里，智能家居系统将成为中国的主流行业之一，其市场的发展前景是非常广阔的。物联网大潮下的智能家居在中国乃至全世界，都属于新型的朝阳行业。按照当前的发展趋势，今后几年全世界将有上亿家庭构建智能、舒适、高效的家居生活。然而，在未来 60% 以上的新房都将具有一定的“智能型家居”功能，这将有助于智能家居系统形成一个庞大的产业，其蕴含的市场潜力不可低估。

智能家居系统包含控制管理系统、家居布线系统、家居网络系统、照明遮阳系统、安防监控系统、影音娱乐系统、家居环境系统等七大智能家居控制系统，如图 7-1 所示。

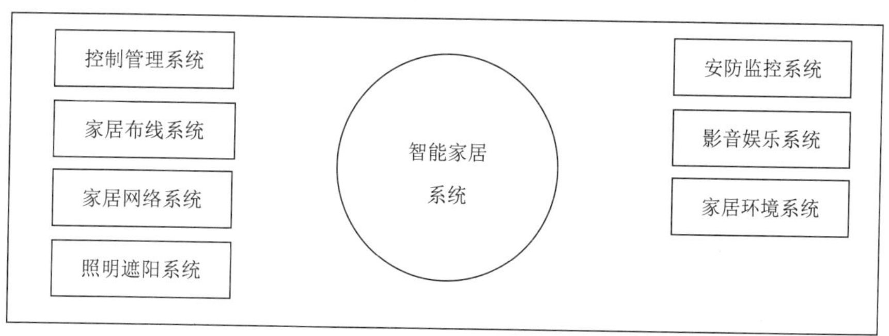

图 7-1 智能家居系统

1. 控制管理系统

控制管理系统是智能家居系统的核心，它能控制所有智能家居。将家中的各种设备连接到一起，提供家电控制、照明控制、窗帘控制、电话远程控制、室内外遥控、防盗报警等多种功能。

2. 家居布线系统

家居布线系统是智能家居系统的基础。它将有线电视线、宽带等弱电的各种线规划在有序的状态下，统一管理，以控制室内的电视、计算机等家电设备，使之使用更方便。

3. 家居网络系统

即使身处外地，用户也能通过互联网登录家庭智能家居控制界面来控制家里的电器，可以在下班途中提前打开空调或热水器。

4. 照明遮阳系统

照明遮阳系统能对家里的灯光实现智能管理，用遥控、远程、语音、手势等多种控制方式控制家里灯光的开灭、明亮，而且还能根据客户的需求对灯光的功能做出改变。通过灯光控制随时控制家里灯光的场景，可以调节亮暗度、颜色、开关，通过智能窗帘和室外光线联动，达到最佳的灯光效果。

5. 安防监控系统

安防监控系统需要多个探测器，如烟雾检测报警器、燃气泄漏报警器、红外微波探测报警器等，另外还有视频监控系统。安防监控系统可以对火灾、陌生人入侵等进行及时监控，并且留下证据，保证生命财产安全。安防监控系统主要包含智能门锁、智能门铃、智能摄像头、智能传感器（人体传感器、门窗传感器、气体泄漏传感器、水浸传感器等）。

6. 影音娱乐系统

影音娱乐系统主要实现视听效果。随着智能音响的流行，以后语音可能会成为控制智能家居的媒介。可以把家里的所有视频影音设备巧妙完整地控制起来。家里的影音设备可以共享影音库，从而节省重复购买设备和布线的钱。

影音娱乐系统可以在房间内任何一个角落布置，并且能把想要的东西投放到智能设备上，主要包含智能电视、智能音响、智能魔镜、智能手机等产品。

7. 家居环境系统

家居环境系统可以根据室内的环境，启动空气净化器、新风系统等设备，让环境更加舒适健康。

所谓智能家居，简单来说就是家居自动化，让家里的所有电器设备按照我们的意愿来为我们服务，让家居设备变得和人类一样充满“智慧”，如图 7-2 所示。

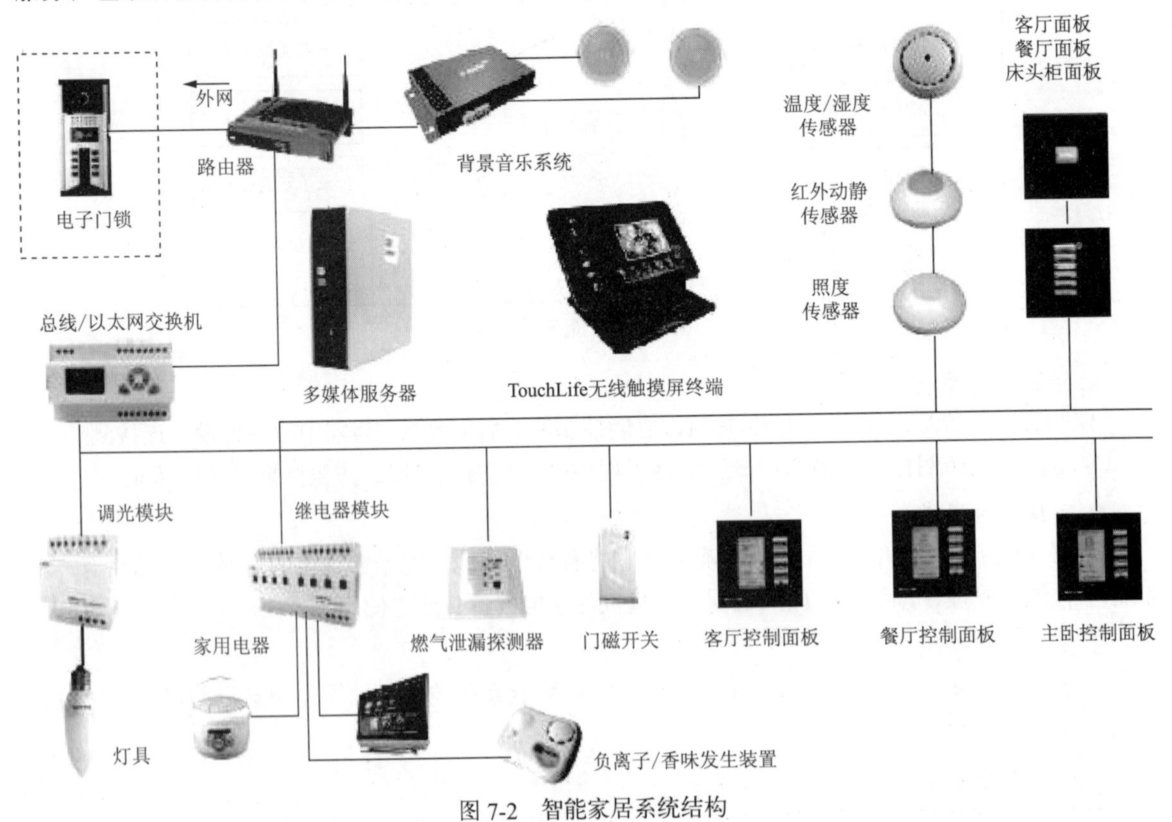

图 7-2　智能家居系统结构

7.1.2 智能家居的应用

越来越多的人开始接触、认识、使用智能家居，智能家居产品已经深入到了家庭的各个领域。那么，智能家居到底能给我们的现代生活带来什么改变呢？下面让我们一起感受智能家居的奇妙之旅吧。

清晨你睁开惺忪的睡眼，伸个懒腰从床上坐起。灯自动亮起，穿好衣服后，你说了一句“拉窗帘”，窗帘自己徐徐打开。智能系统开始提醒今日的天气，分享晨间新闻资讯……

穿戴整齐后，准备出门。手机一键开启离家模式。灯光延时关闭，电视、空调等家电设备开始休息；安防系统进入戒备状态。

下班回家途中开启回家模式，空调自动运行调节室内温度，热水器自动加热，窗帘拉开通风。到家后智能门锁一秒即可顺利进屋，门厅感应灯自动打开。

看电视时，客厅智能照明轻轻松松营造出电影院的观影氛围。放下手机，和家人一起窝在沙发上看场电影。

那么，智能家居的设计方案是如何实现的呢？

1. 庭院门及边界设计

（1）庭院入口处。庭院门口设置可视对讲机，带夜间红外感应，方便业主识别来访者音容，如图 7-3 所示。

图 7-3　庭院入口处

（2）周界防范。设置红外电子栅栏用于庭院安防，如图 7-4 所示，布防状态下形成一道无形的红外电子围墙，物体通过电子围墙时自动向移动终端发送报警信号，让用户第一时间采取措施；联动摄像头、声光报警器，自动进行抓拍和现场告警。

高清室外枪式摄像头实时监控，有访客时，主人可以通过手机远程调节镜头，可以清晰看到来访者，同时录像机记录每个访客资料并实现自动抓拍，为生活提供可靠的保障。

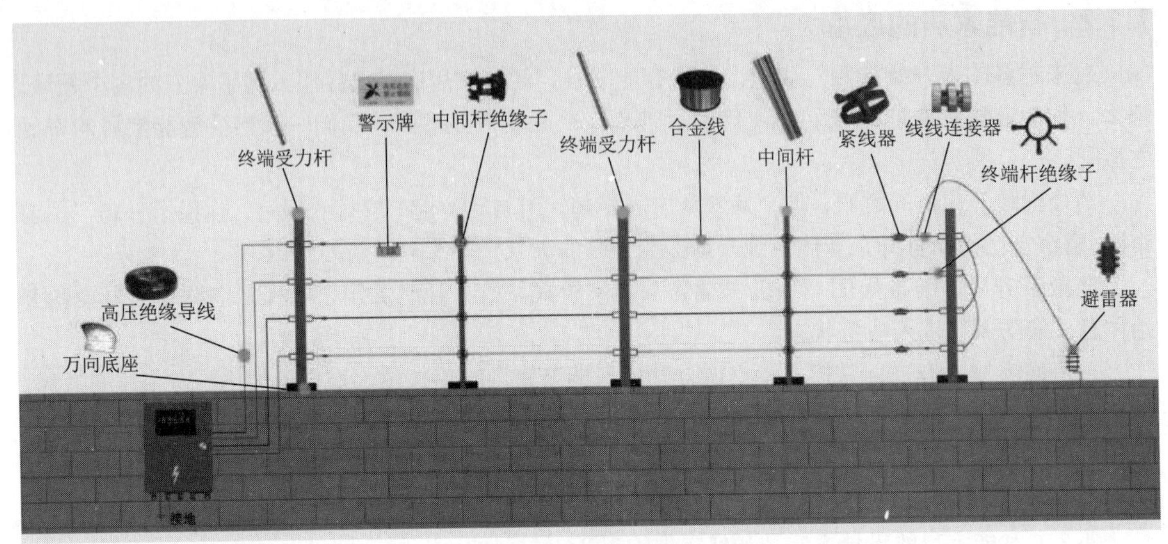

图 7-4　红外电子栅栏

2. 庭院活动区域设计

（1）智能照明系统：可实现灯光开启、调光、一键场景、一对一遥控及分区灯光全开全关等管理，并可用遥控、定时、集中、远程等多种控制方式进行智能控制，如图 7-5 所示。

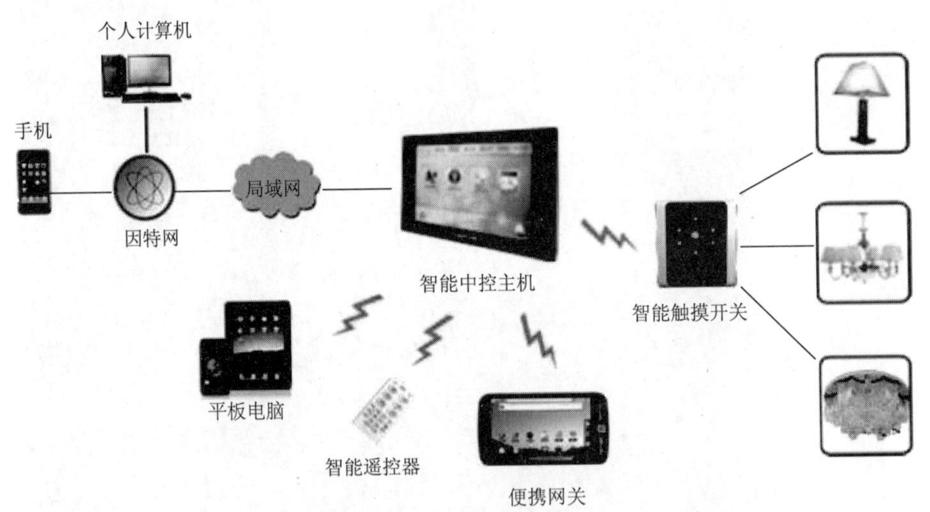

图 7-5　远程灯光控制系统

（2）背景音乐：喝茶喝咖啡的时候更有情调，更加放松。

3. 入门玄关设计

入门玄关设计方案如图 7-6 所示。

（1）入门。

红外人体探测器：主人回家或客人来访时，灯光自动打开，方便客人按门铃，之后自动延时关闭；设防状态如有非法人员进入，会及时推送报警信息给主人。

智能门锁：它是家庭安防的第一道防线，功能多且强大，多种开锁方式、防盗警报、亲情提醒、家居联动。它适用于家庭每一个成员，是一个高性价比、体验感强的智能产品。

玄关外功能设计：
（1）GPS定位；
（2）闭路电视，布防抓拍。
玄关内功能设计：
（1）自动照明；
（2）智能门锁；
（3）情景控制

图 7-6　入门玄关设计方案

（2）玄关。

智能触控面板：集多种开关于一身，可设置“回家模式”按键：完成撤防，开启大厅灯，开启指定区域背景音乐，开启指定区域空调、窗帘、电器、新风系统等。

可设置“离家模式”按键：完成安防设防，关闭全宅灯光、空调、电器、地暖、背景音乐等。

可设置全宅灯光全开或全关，也可设置迎客模式，大厅和起居室的灯全部打开，迎接客人。

4. 客厅设计

客厅设计方案如图 7-7 所示。

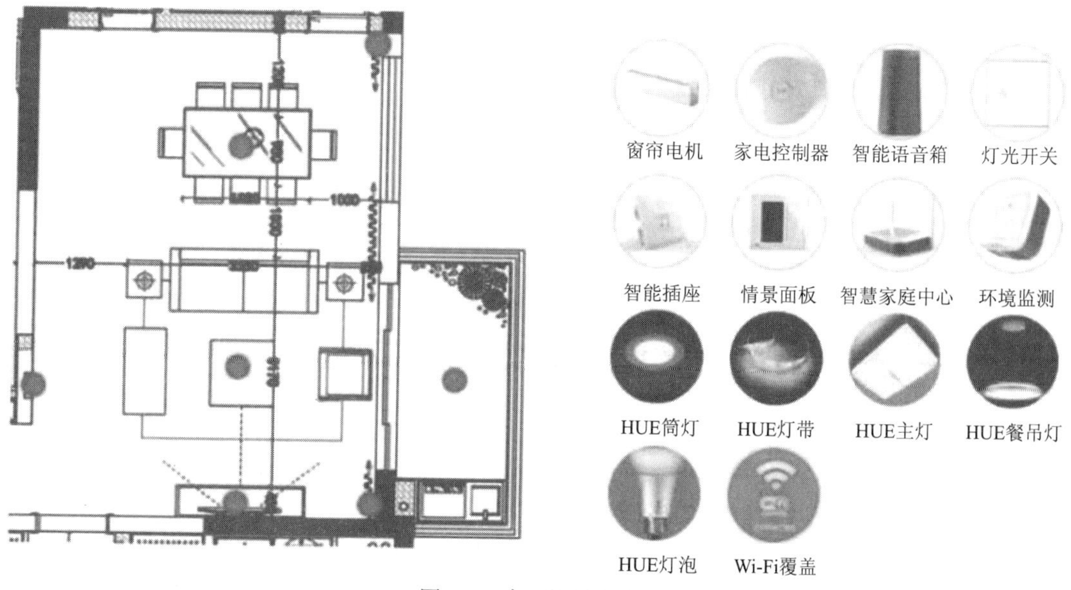

图 7-7　客厅设计方案

（1）灯光调节、电动窗帘（双层）、中央空调/地暖控制。

（2）安装智能场景面板，控制客厅内所有灯光、窗帘及电器设备。

（3）灯光设置多个场景：看电视、会客、休闲、调亮、调暗、自动。

（4）设置灯光场景效果，可根据主人的喜好而设定。在不同场合，只需要按下其中的一个场景，完美的灯光氛围瞬间转化。

（5）安装环境监测系统，可根据室内环境联动新风系统，自动调节。

（6）空调/地暖，通过温湿度传感器，自动调节ON/OFF、温度、风速、模式等，本地面板集中控制，也可用手机远程掌控。

（7）电动窗帘既可本地控制，也可和光照传感器设备联动，当检测到光照强度强则自动关闭，光线亮着则自动打开。

（8）智能语音音箱：语音助手，一句话控制家中电器设备，还能查询天气、路况，听音乐、新闻……提供强大的内容服务和生活服务功能。

5. 厨房设计

厨房设计方案如图7-8所示。

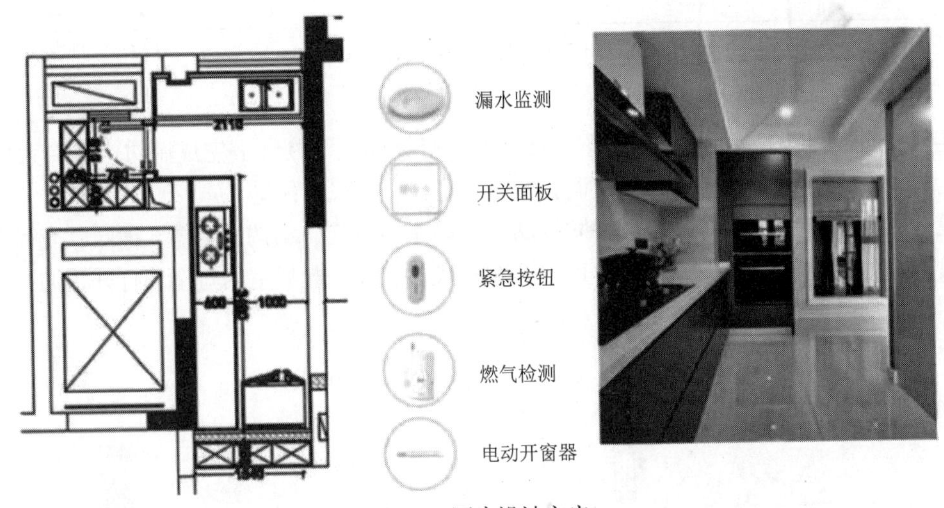

图7-8　厨房设计方案

（1）灯光调节与空调、排风扇的自动控制。

（2）安装烟雾探测器，火险发生时，远程APP/微信及时收到报警信息，本地联动声光报警器，推送信息到物业等。

（3）安装燃气泄漏探测器，机械手控制器、智能插座等，燃气泄漏时，远程APP/微信及时报警，并且同时自动关闭燃气阀门，打开窗户通风换气。

6. 卫生间设计

卫生间设计方案如图7-9所示。

（1）卫生间安装有人体移动传感器，人走过来后，灯光自动亮起，排气扇自动换气，人离开后，灯光和排风扇自动关闭，无须动手操作。

（2）寒冷的冬季，主人可通过触摸屏来设置时间，定时开启卫生间的空调或地暖。比如，清晨主人还在睡眠中的时候，就自动对卫生间加热，方便主人起床后使用。

（3）晚上，当主人起夜时，卫生间的主灯光自动调整为 30% 的亮度，避免刺眼。

（4）安装漏水传感器，实时监测卫生间，漏水自动关闭阀门。

（5）智能魔镜：想象一下，当你清晨在卫生间洗漱的时候，可以完全丢掉手机和平板，仅通过语音交互的方式即可播放音乐、查看天气、浏览新闻、查看美妆教学视频，这些看似科幻的场景都可以被智能魔镜实现。

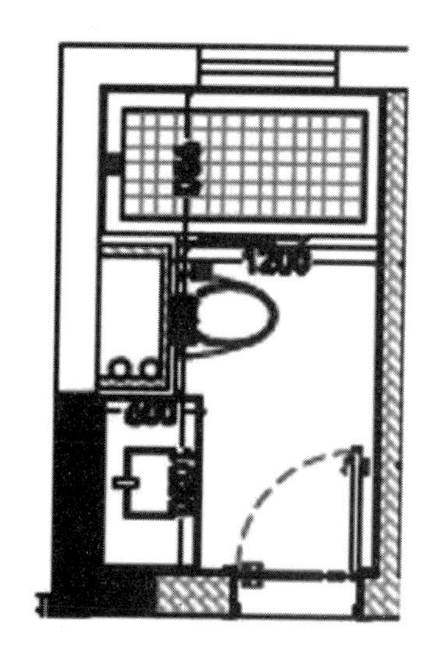

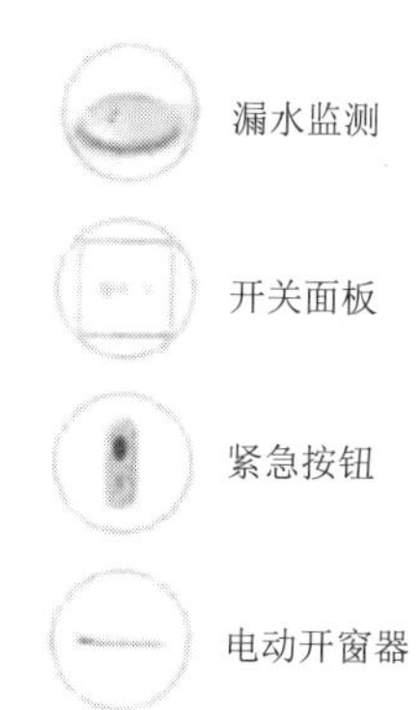

图 7-9　卫生间设计方案

7. 楼梯、公共区域设计

（1）左右两侧楼梯设置补发感应灯光，人来灯亮，人走灯灭，方便且节能。

（2）电梯井设置感应灯光，人来灯亮，人走灯灭，方便且节能。

（3）公共区域设置背景音乐，增添音乐美感。

8. 卧室设计

卧室设计方案如图 7-10 所示。

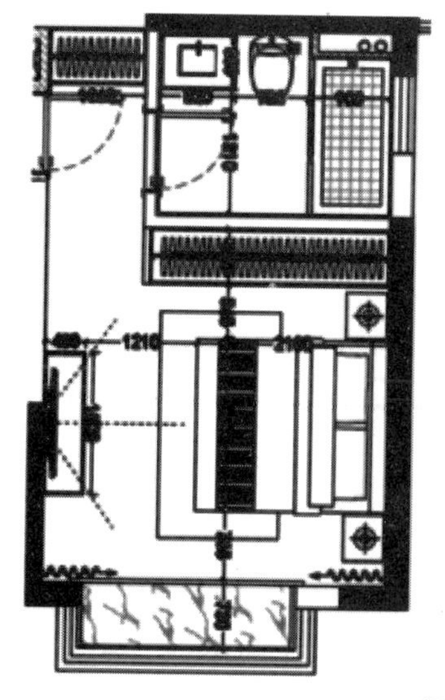

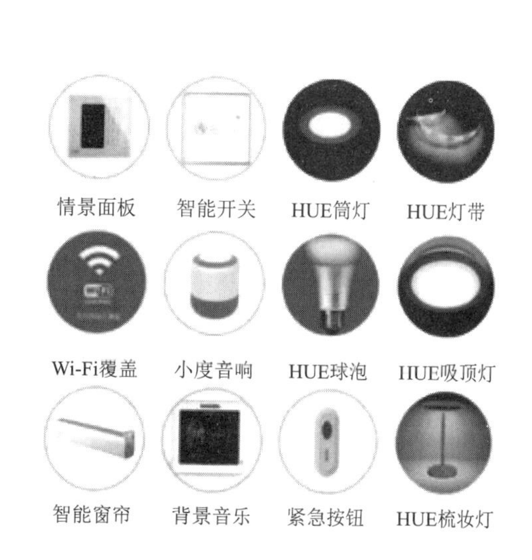

图 7-10　卧室设计方案

（1）灯光调节、电动窗帘、环境监测、空调系统。

（2）卧室入口和床头安装触控场景面板，一键管理控制，方便快捷。

（3）灯光设置多个场景：明亮、起夜、起床、看电视等多个场景自定义编辑。起夜场景：地脚灯打开，卫生间的灯也同时打开；按下“起床”场景，窗帘缓缓打开，背景音乐响起，热水器自动开启，电视播报最新新闻等。

（4）每个卧室设有紧急按钮报警，以便紧急事件或胁迫时使用。

（5）智慧睡眠系统：多维度采集睡眠信息，实时监测心率、呼吸率、翻身 / 离床等数据，当监测到异常数据时发出报警通知。智能形成睡眠分析报告，帮助改善睡眠质量。监测到主人入睡后，自动关闭电视，照明调整到睡眠模式，空调进入智能化运行状态，营造健康舒适的睡眠环境。

（6）场景联动：与智能家居联动，实现睡着自动关灯、关窗帘、调节室内温度、创造舒适睡眠环境，提供睡眠建议，帮助用户改善睡眠质量。

9. 影音室设计

（1）家庭影院：智能娱乐产品，让家庭聚会、休闲时光变得更加浪漫，在家时，一秒穿梭至电影院，周末，一起和家人享受幸福时光，是一个快乐值很高的智能产品。

（2）控制对象：灯光开关及调光、电动窗帘、空调、电视等。

10. 储物间、酒窖、车库设计

储物室和酒窖内照明采用红外感应器的方式进行控制，平时屋内灯光关闭，当有人进入屋内时，屋内的灯自动打开，当人离开时自动恢复原状。

出于安全考虑，可以把整个别墅的控制系统和设备放置在储物间红外入侵探测器兼顾安防报警功能，夜间设防后，有人闯入立刻启动报警系统。车库设置智能监控摄像头，有人非法闯入时留下影像资料，方便相关部门进行破案。

7.2 智能物流

7.2.1 智能物流概述

智能物流是指将物联网技术、大数据挖掘及分析技术、感知识别技术、远程监控技术及人工智能技术等有效地集成，应用于物流活动的各个环节和主体，它是具有思维、感知、学习、推理判断和自行解决问题能力的高效物流系统 。通过先进的物联网技术，整合物流业运输、仓储、配送、货运代理等各个环节的社会资源，实现物流业的智能化、自动化、信息化的运作和管理 。

智能物流利用 AI、大数据、云、Robotics 机器人实现操作无人化、运营数字化、决策智能化，最终形成从大规模自动化应用到智能无人化发展。人工智能等技术在智能物流的应用可以分为硬件和软件两部分。硬件部分包括无人仓、无人机、配送机器人等各种自动化的物流设施设备，也就是物流系统的执行层面。软件部分包括利用人工智能等技术实现更准确的库存计划、线路规划、销售预测。同时，这些技术贯穿于物流活动的各个环节，促进物流效率的提高。

智能物流最显著的特点是可以减员增效，准确高效，可以使得产品质量和产量同步提升。另外，智能物流可以帮助企业转型升级，从大规模的制造转向小规模的批量化定制，这都与智能物流的发展密切相关。智能物流在制造企业的外供应链和内部生产中均处于核心地位。

智能物流的三大核心系统包括思维系统、执行系统和信息传导系统，如图 7-11 所示。其中，思维系统是智能物流最核心的部分，是通过云计算和数学手段对大数据进行分析和优化形成决策，进而促进数据流程化。执行系统是通过物流无人机、机器人等自动化工具与设备对思维系统产生的决策采取实际操作。信息传导系统也称智能物流的网络通信系统，是通过物联网技术和互联网技术把思维系统和执行系统连接在一起。智能物流的三大系统融合形成了智能物流系统。

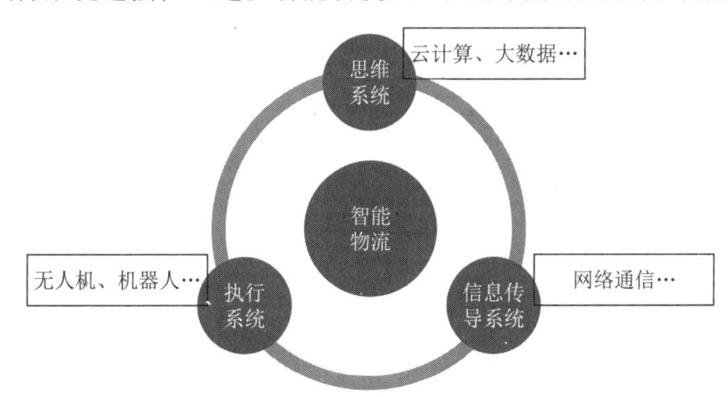

图 7-11　智能物流三大核心系统

智能物流进化阶段如图 7-12 所示。

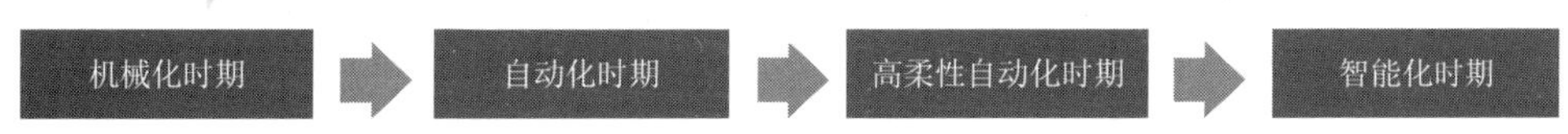

图 7-12　智能物流进化阶段

（1）机械化时期：叉车是这一时期的典型代表，它实现了作业的机械化，大大提高了搬运和装卸效率，减轻了工人的工作强度。

（2）自动化时期：这一时期出现了早期的 AGV 搬运系统，导引技术是靠感应埋在地下的导线产生的电磁频率，从而指引 AGV 沿着预定路径行驶。路径相对固定，AGV 小车不具备自动避障能力，控制系统单一。

（3）高柔性自动化时期：这一时期的 AGV 在新的导航方式（激光导航、惯性导航、GPS 导航等）引领下路径变得多样化，控制系统也可以做到简单路径优化和规避。智能穿梭车的出行，使 AGV 小车开始从二维平面运动拓展到三维空间，使立库存储成为现实，大大提高了仓库的空间利用率。同时车辆控制系统可以与仓储管理系统无缝衔接，实现出入库的自动化，降低了人工成本，提升物流运作效率。

（4）智能化时期：这个时期物流发展不再局限于存储、搬运、分拣等单一作业环节的自动化，而是大量应用 RFID、机器人、AGV，以及 MES、WMS 等智能化设备与软件，实现整个物流流程的整体自动化与智能化。这个时期的物流系统融入了大量人工智能技术、自动化技术、信息技术，例如，大数据、数字化等相关技术，不仅将企业物流过程中装卸、存储、包装、运输等诸环节集合成一体化系统，还将生产工艺与智能物流高度衔接，实现了整个智能工厂的物流与生产高度融合。

7.2.2　智能物流的应用

案例一：京东智能物流

在新科技的推动下，物流将进入新一代物流时代。未来物流不仅要提供更高效、精准、满足个性化需求的服务，还要实现整个物流体系运行的无人化、运营和决策的智能化。对于未来智能物流，京东给出的答案是：短链、智能和共生，如图 7-13 所示。

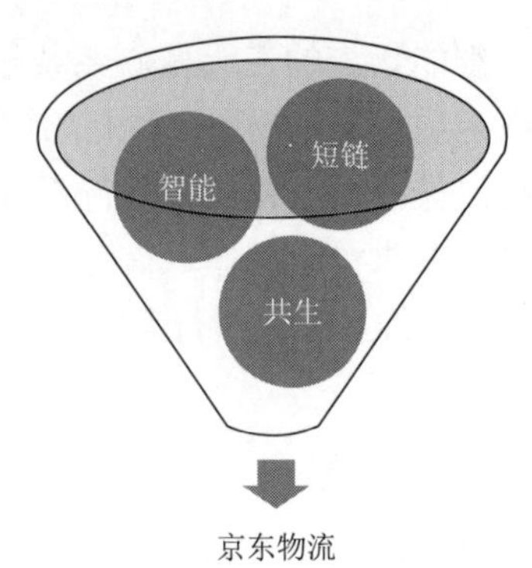

图 7-13 京东的未来智能物流

(1) 短链即减少商品的搬运环节。过去，一个商品从生产出来到消费者手中，需要经过诸多环节，平均被搬运 5 次以上。现在品牌业者最多的诉求就是改变多级通路体系，通过物流直达消费者，了解消费者的真实需求。

京东物流设计的核心就是减少商品的搬运次数，通过庞大的覆盖网络与仓配一体模式等，已将商品搬运次数从 5 次降至 2 次，实现了 90% 以上的订单 24 小时内交货。

(2) 智能即投入自动化设备来提升运营效率。继无人仓、无人机、配送机器人等的常态化运营后，京东物流的无人轻型货车、无人配送网站也将开始运营。

2017 年京东物流最小存货单位（SKU）数量扩大到 530 万个，日均订单上涨了 8 倍，运营 500 多个大型仓库，这样的复杂网络、庞大库存和海量订单均是靠软件系统和资料来对采购、存货布局及补货等做分析和决策的。

(3) 共生即京东跟客户共生、跟行业合作伙伴共生，以及跟环境共生。联手各大品牌业者解决仓储、物流的难点。当前京东的 B2B 业务占其收入比重约达 5 成，自建自主研发的物流体系与管理乃其核心优势，成为许多国内品牌的合作伙伴。

案例二：天猫超市智能物流

我国物流业正努力从劳动密集型向技术密集型转变，由传统模式向现代化、智能化升级，伴随而来的是各种先进技术和装备的应用和普及。当下，具备搬运、码垛、分拣等功能的智能机器人，已成为物流行业当中的一大热点。

随着工业 4.0 的发展，尤其是国内电子商务的发达，在物流环节中引入机器人是必然的趋势。值得一提的是国内已有部分领先企业开始在仓储领域开展机器人作业。

天猫超市的智能物流机器人“曹操”是一部可承重 50 kg，速度达到 2 m/s 的智能机器人，造价高达上百万元，所用的系统都是由阿里自主研发的，如图 7-14 所示。“曹操”接到订单后，可以

图 7-14 机器人“曹操”

迅速定位出商品在仓库分布的位置，并且规划最优拣货路径，拣完货后会自动把货物送到打包台，能一定程度上解放出一线工人的劳动力。在“曹操”和小伙伴们的共同努力下，天猫超市在全国地区已经可以实现当日达。

7.3 智能电网

7.3.1 智能电网概述

智能电网，就是电网的智能化，它是建立在集成的、高速双向通信网络的基础上，通过先进的传感和测量技术、设备技术、控制方法及先进的决策支持系统技术的应用，实现电网的可靠、安全、经济、高效、环境友好和使用安全的目标。其主要特征有坚强、自愈、兼容、经济、集成、优化。智能电网的核心内涵是实现电网的信息化、数字化、自动化和互动化，即“坚强智能电网（Strong Smart Grid）”，如图 7-15 所示。

图 7-15　坚强智能电网

坚强智能电网以坚强网架为基础，以通信信息平台为支撑，以智能控制为手段，包含电力系统的发电、输电、变电、配电、用电和调度各个环节，覆盖所有电压等级，实现“电力流、信息流、业务流”的高度一体化融合，是坚强可靠、经济高效、清洁环保、透明开放、友好互动的现代电网。因此,“坚强”和“智能”是坚强智能电网的基本内涵。只有形成坚强网架结构,构建“坚强”的基础，实现信息化、数字化、自动化、互动化的“智能”技术特征，才能充分发挥坚强智能电网的功能和作用。

坚强智能电网的核心技术就是传感技术，利用传感器对关键设备（温度在线监测装置、断路器在线监测装置、避雷器在线监测、容性设备在线监测）的运行状况进行实时监控，如图 7-16 所示；然后把获得的数据通过网络系统进行收集、整合；最后通过对数据的分析、挖掘，达到对整个电力系统的优化管理。

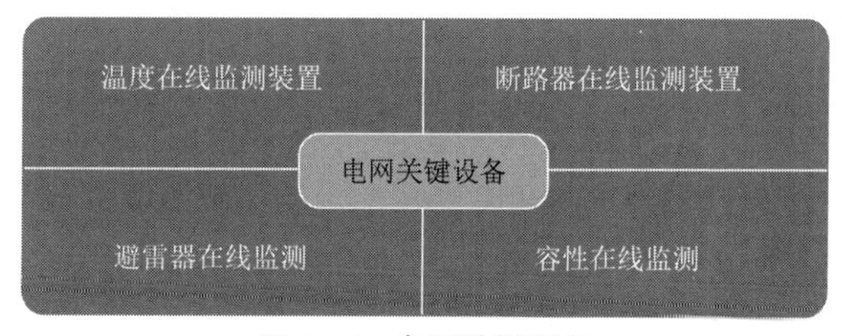

图 7-16　电网关键设备

建设坚强智能电网是适应我国电网发展新形势的战略选择，是继特高压取得重大突破后，电网发展方式的又一次重大变革和创新，体现在如下几个方面。

一是坚强智能电网是以整体性、系统性的方法来客观描述现代电网发展的基本特征。坚强智能电网是一个系统的概念，涵盖“发电、输电、变电、配电、用电、调度、通信信息”各个领域的完整智能化系统。“坚强”与“智能”是现代电网的两个基本发展要求，“坚强”与“智能”本身相互交融，相互依存。“坚强”是基础，电网需要有坚强的网架结构、强大和安全可靠的电力输送和供应能力，满足大范围资源优化配置的需要。“智能”是关键，将各种新技术高度融合，信息化、自动化、互动化特征明显，是满足电力服务多样化的必然趋势。

二是“坚强”与“智能”并重，是立足我国电网发展实际的战略选择。为用户提供充足电力的基本要求和更加智能化的电力服务是电网建设必须并重的两个方面，两者应当同步建设、同时推进，缺一不可。与电网规模已经基本稳定的欧美发达国家不同，中国电网发展要同时解决量的扩张和质的跨越。这就决定了我国智能电网的发展要坚持电网智能化与坚强网架建设协同推进，即建设坚强网架和智能系统有机统一，两者相互支撑、相辅相成。同时，在智能电网作为国际共同发展趋势的背景下，这也是我国电力工业自主创新发展和产业升级的必由路径。

三是在已有发展成果基础上的继承发展，系统提升电网的智能化水平，培育新型业务及服务模式。建设坚强智能电网是在已有电网发展、技术积累等基础之上，充分发挥技术、体制和管理优势，按照整体性原则，系统提升电网的智能化水平，促进电网基础设施整体效益的充分发挥，如图 7-17 所示。包括信息、智能控制等技术在电网中融合应用，将带来信息通信服务、能效及需求侧管理等新型增值业务。同时，电网智能化整体水平的提升，用户种类增多，业务内容更加丰富，市场竞争性增强，也将促进电网进一步丰富和完善服务渠道、服务内容和服务方式。

图 7-17　高压电网

7.3.2　智能电网的应用

案例一：智能电网让生活更美好

随着社会的发展，智能电网已经逐步成为现代社会的一个重要基础设施。就像互联网给我们的生活带来的变化一样，智能电网将给人们的生产生活带来更多变化，有些变化也许现在能够看到，有些现在可能还看不到，然而智能电网能够更好地为城乡发展服务却是肯定的。智能电网可以进一步丰富我们的城市服务内涵。在智能电网信息平台下，可以让智能小区、智能家居轻松实现。

智能电网促进更安全、更可靠的供电。现代生产生活都离不开电，我们未来对电的安全可靠供应的要求会越来越高。坚强可靠的电网需要监测、调度控制、运行检修等环节的共同支撑。应用智能电网的关键技术，可以实现电网的全面监控、灵活控制、便捷运维，提升电网的自愈能力，有效避免电力供应的中断，提高供电可靠性和用户供电质量，如图 7-18 所示。

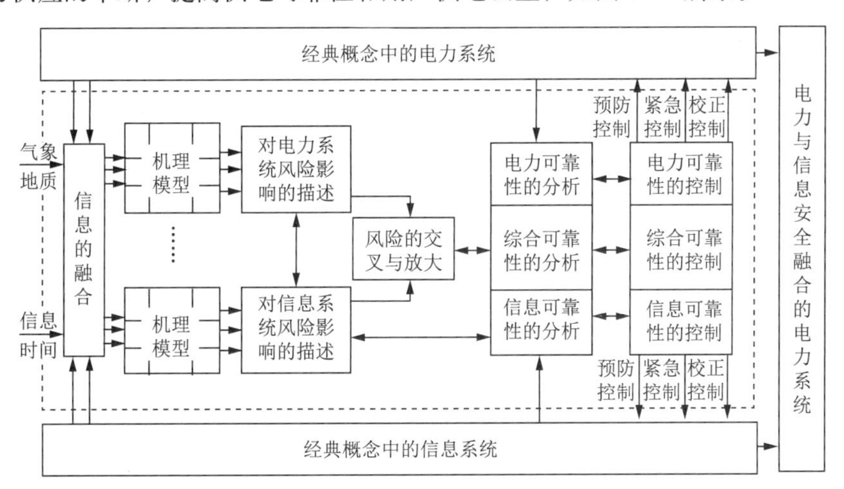

图 7-18 电力与信息安全融合的电力系统

智能电网包含的双向交互服务系统，能很好地实现双方的信息交互，在为用户提供用电、用能服务的基础上，提供增值服务，实现智能用电管理，更好地参与公共市政管理。用户可以通过智能小区 / 楼宇实现对智能设备的监测与控制，实现居民能效智能管理和服务双向互动，为用户提供更安全、更可靠、更优质、更科学的用电服务。居民还可以通过双向互动服务平台，反馈自身的需求和建议，来完善社区的管理。

智能电网推动产业结构转型，助力经济低碳、可持续发展。通过延伸到各类用户的信息系统平台，实现智能用电管理，用户实时掌握用电数据，大幅提升能效管理水平。智能电网建设过程中，电网企业、相关设备和服务供应商、科研机构等利益相关方都将参与智能电网的研究和建设。在此过程中，通过智能电网带来的新需求引导相关产业实现转型升级，同时也将创造一些新的商业机会和利益增长点，通过能源链的可靠性保障电网的可靠性，如图 7-19 所示。

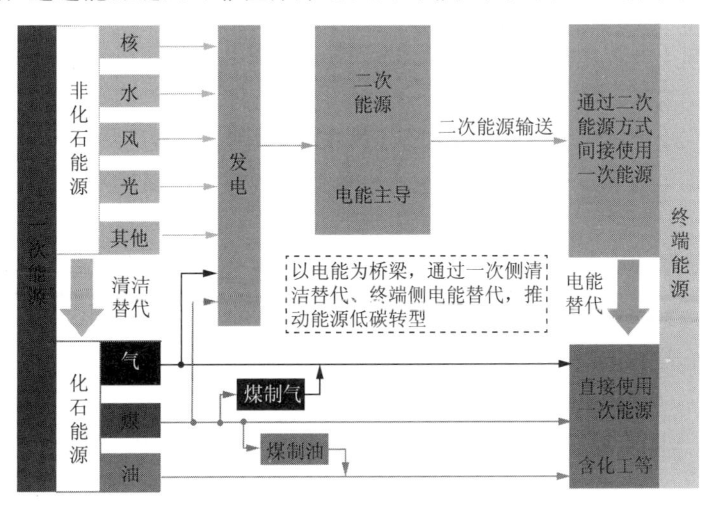

图 7-19 通过能源链的可靠性保障电网的可靠性

案例二：教你如何省电省开支

所有的超市管理者可能都会头疼一件事情：一天当中，总有那么几个小时，超市中的顾客零零散散，你却不得不为这些顾客，哪怕是一个人，打开所有的灯，开上足量的冷气或者暖气，否则你精心打造的优良口碑就可能会毁于一旦。

实际上，在这几个小时里面，“偷偷地”关掉几个灯，少开几个角落里的空调，顾客的消费体验并没有什么不同。

这时你可能需要一个超市用电的整体解决方案，这里的方案并不是在早上8点你要亲自去打开所有的灯，而到了下午3点去关掉隔排的灯，以此优化用电——计算机终端可以为你解决好所有的事情。

当然，你也不用自己去统计每天开几个灯最合适，后台的计算机会统计出每个设备的用电量，然后帮你打点好这一切。

你需要的是对着电力公司开给你的电费单，去算一下这个月的纯利润又增加了多少。

这样是不是很棒？更棒的是，现在你的身边就有这样的服务出现了。

国家电网电力科学研究院武汉南瑞有限责任公司（下称武汉南瑞）就是一家研究如何帮助用户智能用电的公司。在武汉的外环以东方向，有一座未来科技城。在这里，智能电网不仅是示范项目，也是这座卫星城中的供电、用电方式。

“我们通过用电终端反馈的用户信息，统计出用户端用电，甚至用气、用水的数据，哪些时段是用电高峰，哪些区域更喜欢在什么时候用电，哪些电器在哪些时段更容易被使用……然后做出对比分析，这样我们就可以为用户定制出一套用电方案。”武汉南瑞高级工程师刘飞介绍，“这套用电方案是在后台执行的。如果你需要，在你踏进家门之前，电灯、电视、空调都已经打开。如果你有先洗澡的习惯，那就让系统设置成先烧热水吧！”

不止个人用户可以通过智能用电方案节电，企业也可以通过智能用电方案保证用电的稳定。

华为技术有限公司是最早一批落户武汉未来科技城的企业，对于华为这样的高科技企业来说，供电电流的可靠与稳定会直接影响到产品的合格情况率，一个电压或频率的细小波动，就有可能会让整个生产线上的作业全部报废。

通过监测厂区内的供电情况，后台会对厂区供电系统的运行状态进行实时监测，针对供电故障及时自动处理电源不断地做出调整，保证生产线上的用电稳定。这也会为制造型企业节省一大笔开支。

不仅仅是用户，政府供电部门同样可以从这些数据中获益。智能终端收集到的用户用电信息，能够为供电部门提供电力调度借鉴，同时也可以监测到高耗能区域的用电情况，为需求议价提供良好的基础。

在生活、生产场景下，智能电网的应用更加侧重向现代服务业发展——探索后端并提供高效节能的用电规划。

7.4 智慧农业

7.4.1 智慧农业概述

智慧农业是利用现代计算机技术和互联网手段与平台，通过专家经验和专家系统的指导，定量数字化模拟、加工与决策，使得农作物生长与产供销全过程智能化、数字化和信息化，实现农业信息采集、加工、处理和评价分析现代化、科学化和智能化。

智慧农业是主要依靠 5S 技术、“物联网 + ”、云计算技术、大数据技术及其他电子和信息技术，并与农业生产全过程结合的新发展体系和发展模式，如图 7-20 所示。智慧农业体系是运用 5S 技术快速进行土壤分析、作物长势监测，结合当时的气候、土壤情况进行分析，进而系统做出正确的决策，例如，何时灌溉、灌溉多少，何时灭虫、施肥，何时收获，将农业生产活动、生产管理相结合，创造新型农业生产方式和经营出售新模式。

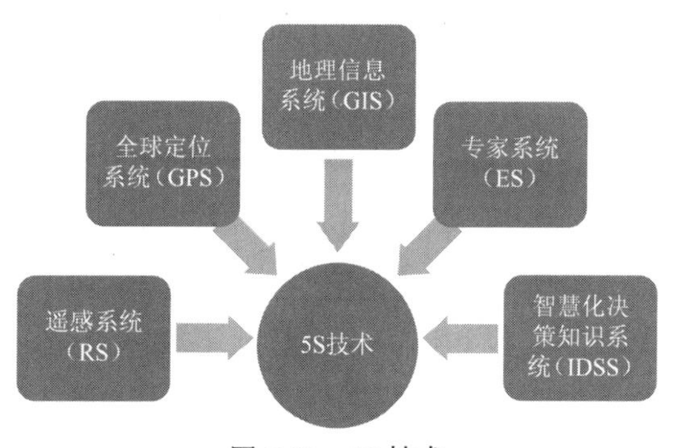

图 7-20　5S 技术

5S 技术体系中，RS 技术模块（遥感数据模块）通过解译遥感数据源获取田地面积及其类型分布，进行实时监测，并以遥感反演参数作为数据输入源；GIS 模块在地理信息系统中整合遥感和气象数据，集成数据存储分析功能，利用地理信息系统建立农田、田地生态系统碳储量数据库，实现数据源的空间转换，并整合各类参数构建反演模型；GPS 模块将系统与 GPS 导航仪结合，得到农田、田地作物分布和生长情况绘制成图，根据这些信息制定相关的措施与决策；ES 模块智慧农业专家系统能够根据农田、田地作物分布特征，划分农作物产量贫瘠区与丰富区，得到农作物产量的等量图，为政府决策提供依据和支持；IDSS 模块智能化决策知识系统支持决策人员解决处于管理系统不同状态的某一领域中的决策问题。5S 技术体系具有良好的人机接口，以便科学地使 IDSS 与决策管理人员对话，充分发挥决策者的知识、经验和判断能力的作用。

物联网智慧农业平台系统由前端数据采集系统、无线传输系统、远程监控系统、数据处理系统和专家系统等组成。前端数据采集系统主要负责农业环境中光照、温度、湿度和土壤含水量以及视频等数据的采集和控制。无线传输系统主要将前端传感器采集到的数据，通过无线传感器网络传送到后台服务器上。远程监控系统通过在现场布置摄像头等监控设备实时采集视频信号，通过计算机或手机即可随时随地观察现场情况、查看现场温湿度等参数，进行远程控制调节与决策，指导农作物施肥和淡水等。数据处理系统负责对采集的数据进行存储和处理，为农业生产提供分析和决策依据。其农业专家系统根据智慧农业领域一个或多个专家提供的知识和经验进行推理和判断，帮助进行决策，以解决农业生产活动中遇到的各类复杂问题，如图 7-21 所示。

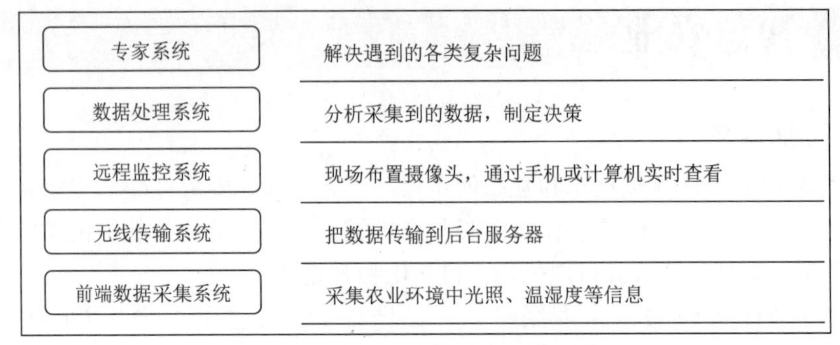

图 7-21　物联网智慧农业平台系统

智慧农业的主要目标是建成融数据采集、数字传输网络、数据分析处理、数控农业机械为一体的数字驱动的农业生产管理体系，在农业生产过程中对作物、土壤实施从宏观到微观的实时监测，以实现对农作物生长、发育状况、病虫害、水肥状况及相应环境的定期信息获取，生成动态空间信息系统，对农业生产中的现象、过程进行模拟，达到合理利用资源、降低生产成本、改善生态环境、提高农作物产量和质量的目的。从技术层面上讲，智慧农业是一门综合性的学科，涉及土壤学、作物学、气象学和信息技术等科学领域，可通过遥感技术、地理信息系统、全球定位系统、专家系统和农业模拟优化决策系统来实现其目标。

7.4.2　智慧农业的应用

案例一：阿里 ET 农业大脑

2018 年 2 月，阿里云正式宣布四川特驱集团、德康集团合作，通过 ET 大脑实现人工智能养猪，提高猪的存活率和产崽率，项目投入高达数亿元。

那么，所谓的 AI 养猪到底是怎么实现的？

这里不得不先介绍对于养猪场来说最重要的两个指标——PSY 和 MSY，简单来说就是每头母猪每年能产多少崽，以及有多少猪崽最终能长大成肥猪。当前我国养猪场的平均 PSY 约为 15，而美国则有 25，也就说中国每头猪比美国每年少生 10 头。

阿里采用叫做 ET 农业大脑的系统，当中涉及视频图像分析视频图像分析、人脸识别、语音识别、物流算法等人工智能技术。

阿里云研发出一套“怀孕诊断算法”来判断母猪是否怀孕。养猪场内的多个自动巡逻摄像头会搜集母猪的睡姿、站姿、进食等数据，再由 AI 分析母猪是否配种成功，如果发现有母猪没怀上，系统将提醒工作人员进行人工授精，从而提高母猪产仔量，如图 7-22 所示。

猪崽出生之后，为了让它们健康成长，ET 农业大脑通过语音识别技术和红外线测温技术来监测每只猪的健康状况。猪在吃奶、睡觉和生病等不同状态下发出的声音都不一样，通过分析猪的咳嗽、叫声、体温等数据，一旦出现异常能够第一时间发出预警。

比如，当猪崽被母猪压到时，这套系统能通过小猪的叫声及时判断出来，并呼叫饲养员及时处理，提高猪崽的存活率，如图 7-23 所示。

此外，每头猪都有一个专用的身份标识耳环，记录它们的体重、进食和运动强度、频率和轨迹，如果有哪头猪没达到标准，但是没有生病和怀孕，饲养员就会将这些猪赶到户外进行运动，ET 农业大脑会像微信运动一样记录下每头猪一生走了多少步，如图 7-24 所示。

图 7-22 “猪脸”识别

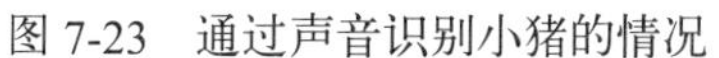

图 7-23 通过声音识别小猪的情况

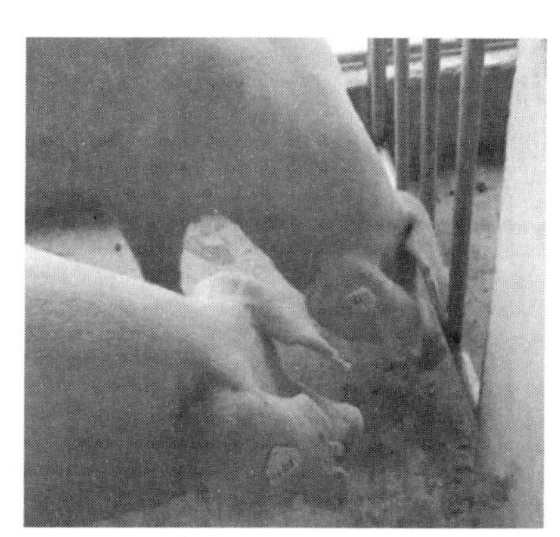

图 7-24 猪耳标

2018 年的 ET 农业大脑已经在四川的一家拥有 3000 头猪的养殖场进行试验，成功让母猪产仔量平均多产了 3 头，猪仔的死淘率降低 3%。

案例二：京东植物工厂

京东植物工厂确立了信任树立、标准建立、技术输出、品牌赋能和销售驱动“五位一体”的运营模式，如图 7-25 所示。还将直接利用京东物流、冷链仓储等缩短流通环节，实现直接从田间到餐桌的“京造”模式。

图 7-25 京东植物工厂

京东植物工厂将种菜业由以前的靠天吃饭变成了随时想吃就能生产出来，一年四季都可吃上反季节的蔬菜，而且可量产、科技化水平高，晴天雨天均可生产。关键是不用土，瓜果蔬菜们只靠营养液与人造太阳灯就能听着音乐茁壮成长。京东植物工厂是如何种菜的呢？

1. 蔬菜不用施肥，喝着“净水”长大

京东植物工厂采用的是水耕培方式。通过类似集装箱的装置培育秧苗，然后将秧苗移植到塑料大棚内，再通过人造太阳光和营业液进行水耕栽培，如图 7-26 所示。

图 7-26　水耕培的种菜方式

2. 绿色无残余农药，可直接吃

京东植物工厂的高科技，还体现在该工厂采用了一套人工干预技术，通过控制温度、湿度、光照、二氧化碳浓度等因素，常年把环境保持在最适宜蔬菜生长的状态。配合营养液，蔬菜即可茁壮成长，营养远高于普通蔬菜和有机蔬菜。更为重要的是，在这种环境生长的蔬菜没有任何病虫侵害，也就不需要打农药和施各种肥料，长大后可以“干净”到不用清洗就能直接吃。

3. 种植无菌化

菜农去京东植物工厂前要经过消毒。为保证蔬菜能够在无菌环境下生长，京东植物工厂的工作人员每次进去前都要穿特制防菌服、戴口罩和工作帽并进行“消毒”，如图 7-27 所示。

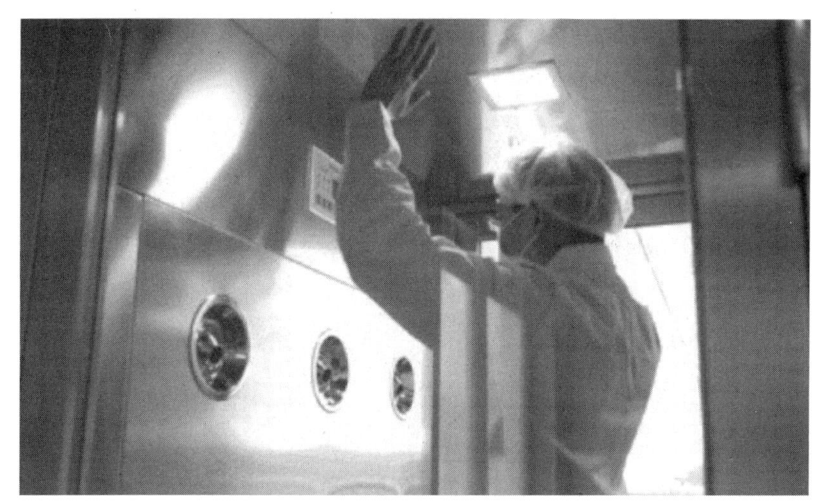

图 7-27 “消毒”后才能进京东植物工厂

4. 控制成本，量产高，价格低

植物工厂面积小，对泥土的依赖小，依靠高科技实现精准管理，蔬菜可以全年无休地生长和收获，量产极高，1 顷地年产 300 吨左右，能有效控制成本，使人们能以低于市场价的价格吃上绿色无公害食品。

京东植物工厂通过深入农业生产种植和加工仓储环节的全程可视化溯源体系，把所有种植关键环节完全呈现给消费者；通过制定农场生产和管理标准，从农场环境、种子育苗、化肥农药使用，加工仓储包装等全流程进行规范和标准，以保证农产品的安全和品质；依靠物联网、区块链、人工智能等技术和设备，实现精准施肥施药及科学种植管理，降低农场生产成本，提升农场工作效率；通过京东在营销、金融、大数据及京东植物工厂自身品牌等方面的能力，扶持农场进行品牌包装、推广和营销提升。

7.5 智慧交通

7.5.1 智慧交通概述

智慧交通在整个交通运输领域充分利用物联网、空间感知、云计算、移动互联网等新一代信息技术，综合运用交通科学、系统方法、人工智能、知识挖掘等理论与工具，以全面感知、深度融合、主动服务、科学决策为目标，通过建设实时的动态信息服务体系，深度挖掘交通运输相关数据，形成问题分析模型，实现行业资源配置优化能力、公共决策能力、行业管理能力、公众服务能力的提升，推动交通运输更安全、更高效、更便捷、更经济、更环保、更舒适的运行和发展，带动交通运输相关产业转型、升级，如图 7-28 所示。

智慧交通系统以国家智慧交通系统体系框架为指导，建成"高效、安全、环保、舒适、文明"的智慧交通与运输体系；大幅度提高城市交通运输系统的管理水平和运行效率，为出行者提供全方位的交通信息服务和便利、高效、快捷、经济、安全、人性、智能的交通运输服务；为交通管理部门和相关企业提供及时、准确、全面和充分的信息支持和信息化决策支持，如图 7-29 所示。

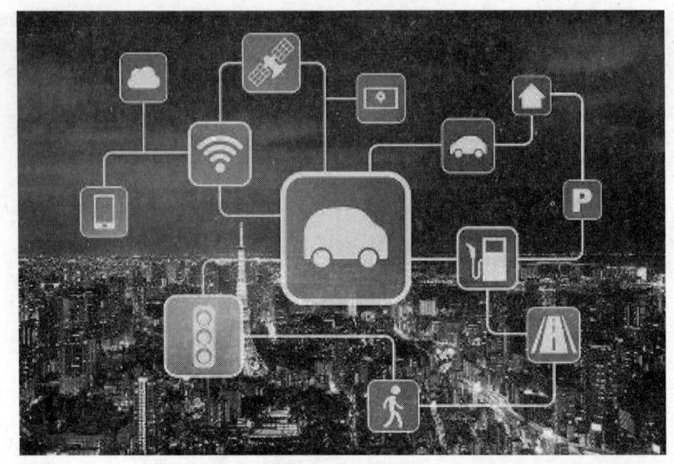

图 7-28　智慧交通

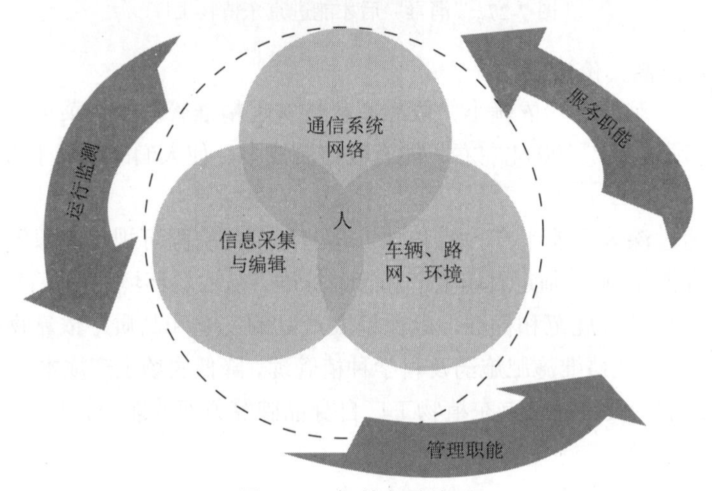

图 7-29　智慧交通关系

我国城市智慧交通系统建设的内容如下所述。

1. 建设智慧交通路网

围绕基础设施感应设备配置，从新的公路、桥梁及场站等建设方案设计入手，配置交通智能感应设备，安装交通流量自动观测设备、视频监控及诱导系统等智慧交通装置，形成更加完善的交通路网感知体系，如图 7-30 所示。继续推进高速公路电子不停车收费系统建设，引导我国城市本地车辆安装使用高速公路电子不停车收费系统智能卡。在高速公路进出口、繁忙路段等交通现场安装交通流量引导显示屏，提供实时路况信息，提高道路利用率和通行能力。建立社会化信息共享联动机制，通过电视、电台、网站及移动终端等媒介准确及时地发布交通信息。提高基础设施、运输工具和运行信息等要素资源的在线化水平，推进交通运输资源在线集成。利用物联网、移动互联网等技术，进一步加强对公路、铁路和民航等交通运输网络关键设施运行状态与通行信息的采集。

2. 发展智慧交通装备

将地理信息系统、卫星定位系统及射频自动识别系统等智能安全管理装置逐步推广到所有车辆。积极推广应用二维码、无线射频识别等物联网感知技术和大数据技术，搬运机器人系统、自动导引车系统及高速分拣（合流）系统等智能化装置在仓储管理中的应用范围，建设深度感知智能仓储系统，实现仓储设施与货物的实时跟踪、网络化管理以及库存信息的高度共享。

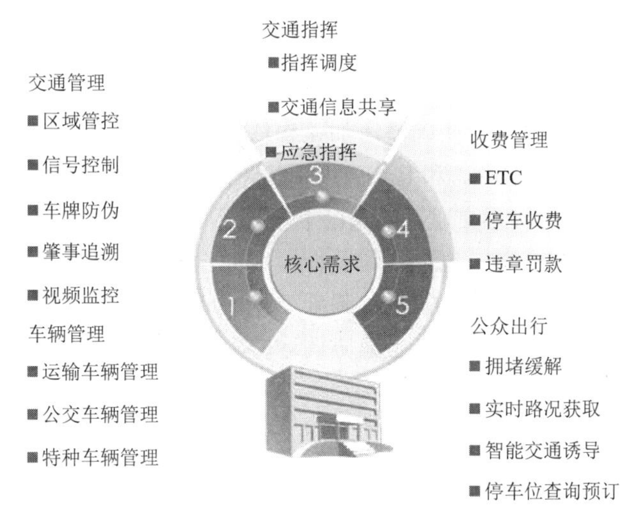

图 7-30 建设智慧交通网解决方案

3. 实现智慧交通出行

完善客运联网售票平台，实现全程道路客运联网售票，发展公路、铁路及航空等运输方式之间的“一站式联网售票”。依托支付宝、网银等支付中介，推广网上售票支付结算，如图 7-31 所示。推进区域道路客运综合信息服务平台建设，实现市区市县之间的联网。

图 7-31 多种购票及支付方式

充分利用互联网，将交通门户网站出行信息、交通联网售票系统、智慧交通流量引导系统、电子地图、出租车电招等信息资源进行整合，构建基于互联网平台的立体化公众出行服务平台，实现多种出行方式信息服务对接和一站式服务。

4. 加强智慧交通管理

立足行业之间、各交通行政部门之间的信息共享，建设综合交通运输信息网络平台，建立信息管理和指挥控制系统。围绕汽车后市场、驾驶员培训市场等需求建设运管服务平台，完善运政业务审批、营运车辆、从业人员和企业档案管理、服务质量信息管理、运政监督检查管理及运政综合指挥等功能。应用公路综合信息移动采集技术，逐步提高路网数据采集设备、公路及附属设施（桥、隧）的检测评价设备和移动监控设备的配备水平。

7.5.2 智慧交通的应用

案例一：北京市

北京市在“十一五”期间就已经明确提出加强智慧交通体系建设，并在“十一五”期间构建了以一个共享信息平台、两个数据中心和七大应用领域为框架的智慧交通体系。

“十二五”期间，北京市在智慧交通系统建设上规划了一个中心、三项工程、十八个任务。一个中心是指交通运行协调指挥中心，包含路网运行、运输监管和公交安保三个分中心；三项工程是指公众服务工程、信息化应用工程和信息化基础工程，最终形成一体化、智能化综合交通指挥支撑体系，成为数据共享交换中枢、综合运输协调运转中枢、信息发布中心，紧急情况下为交通安全应急指挥中心。

“十三五”期间，北京智能交通处于从分散到集约、从自成系统向协同共享、从以政府推动为主向政府社会合作推进的重要转型期，智能交通由信息化、智能化向更高阶段的智慧化方向发展，进入全面互联、数据驱动、业务协同、智慧应用的新阶段。

案例二：深圳市

2020年，深圳交警联手深圳电信打出5G创新“组合拳”，携手推出全国首条“5G智慧交通示范路”——新洲路，构建了5G智慧交管新试点。整条新洲路实现5G信号覆盖，市民发生轻微交通事故时，可通过5G网络在深圳交警微信公众号使用“轻微事故远程视频处理”。

深圳交警介绍，深圳是电信在全国的首个5G SA（独立组网）城市，深圳交警与深圳电信创新运用5G SA网络和5G虚拟专网技术，构建5G交通专网，在确保信息安全的前提下，大幅度提升道路视频回传的效率。相较于传统的视频传输方式，5G无线传输具有更易部署、更便利、更稳定的优势。不仅如此，在新洲路，电子警察、车牌识别、“鹰眼”等四大交通视频及图片数据，已成功通过电信5G实时将高清视频和图片回传至专网。一旦发生拥堵、交通事故等状况，交警能够更快更高效地调度处置，及时地疏堵保畅，保障城市“血脉”顺畅。

下一步，双方还将共同探索将“5G+AI”技术应用于深圳交警铁骑2.0，联手打造全国首支5G铁骑车队。通过“5G+AI”的应用，铁骑在行驶中就能自动识别沿途车辆，让布控车辆无所遁形，将高清视频通过5G专网实时上传云端，实现移动卡口、移动查缉、移动视频等“云—边—端”一体化精准管控新勤务。

7.6 智慧医疗

7.6.1 智慧医疗概述

智慧医疗是通过打造健康档案区域医疗信息平台，利用最先进的物联网技术，实现患者与医务人员、医疗机构、医疗设备之间的互动，逐步达到信息化，如图7-32所示。在不久的将来，医疗行业将融入更多人工智慧、传感技术等高科技，使医疗服务走向真正意义的智能化，推动医疗事业的繁荣发展。在中国新医改的大背景下，智慧医疗正在走进寻常百姓的生活。

随着人均寿命的延长、出生率的下降和人们对健康的关注，现代社会需要更好的医疗系统。这样，远程医疗、电子医疗（E-health）就显得非常急需。借助于物联网、云计算技术、人工智能的专家系统、嵌入式系统的智能化设备，可以构建起完美的物联网医疗体系，使全民平等地享受医疗服务，解决或减少由于医疗资源缺乏所导致的看病难、医患关系紧张、事故频发等现象。

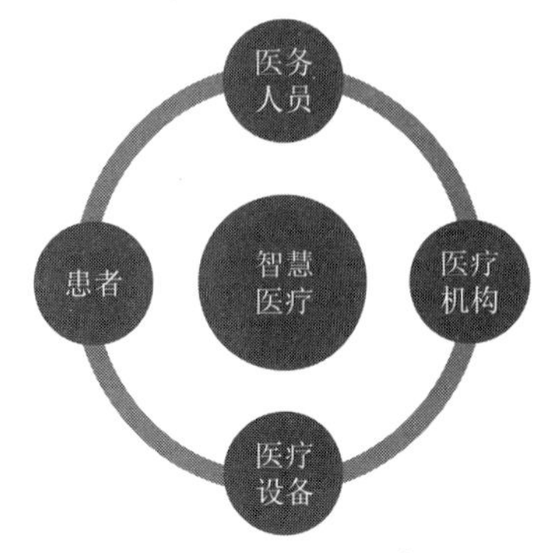

图 7-32　智慧医疗

基于物联网的智慧医疗系统，主要目的是让医院有限的医疗和人力资源得到最大发挥，让亚健康人群及时获得预防性诊疗，也让患者享受到方便、快速、均等的医疗服务。因此，该系统需要满足以下几个方面：

（1）系统规范化、标准化。规范化和标准化是智慧医疗系统构建的基础，也是智慧医疗系统与其他系统兼容和扩展的保证。系统设计时，各类感知设备应有统一的数据采集规范，各种网络应有统一的数据通信标准。

（2）系统易操作。目标用户为各个年龄层的患者和亚健康人群，系统只有简单便捷、交互人性化，才能满足用户的实际需求。

（3）系统可拓展性和灵活性。系统在设计中应为新应用研发预留相应的外部接口，同时不影响原有应用的使用效果，这样方便用户自由灵活使用。

（4）系统安全性。医疗数据涉及患者的个人健康敏感信息，系统需要多层次、多措施增强应用服务的安全性，比如在数据传输时可采用权限控制管理、通信数据加密和无线局域网防护等手段。

7.6.2　智慧医疗的应用

案例一：移动医疗系统

移动医疗是基于物联网的智慧医疗系统最具潜力的应用之一，也是区域医疗卫生信息化的主要方向。它泛指通过使用通信技术进行医疗数据非本地共享的系统，且功能涵盖非本地医学急救、监护、诊断、治疗、咨询、保健和远程教育等诸多方面。以下将通过家庭健康监护系统这个示例来说明智慧医疗系统在移动医疗方面的应用。

随着传感器技术的快速发展，多种无线医疗传感器组成的无线传感网络面向家庭监护成为可能。无线医疗传感器是一种高精度、小体积、低功耗、高度自动化的便携式设备，能够检测相应的生命体征数据，如图 7-33 所示。

家庭健康监护系统利用多种植入式、可穿戴式和接近式等无线医疗传感器采集人体的各种生理参数，如脑电图（EEG）、血压（BP）、心电图（ECG）、肌电图（EMG）等。自动将生命体征数据上传至终端设备，为每一名用户建立一个实时动态的电子健康档案，让“死”档案变“活”。在任何一个嵌入式设备如 Android 智能手机上安装一个 APP，就可以代替 PC 成为监护系统的控制终端。系统利用终端设备的蓝牙、GPRS 或 Wi-Fi 接口实现数据库的远程共享，用户和医生双方只需凭借登录密码就可随时随地查询相关的生命体征数据，以及医生的健康管理方案建议，实现医疗数据的共享。

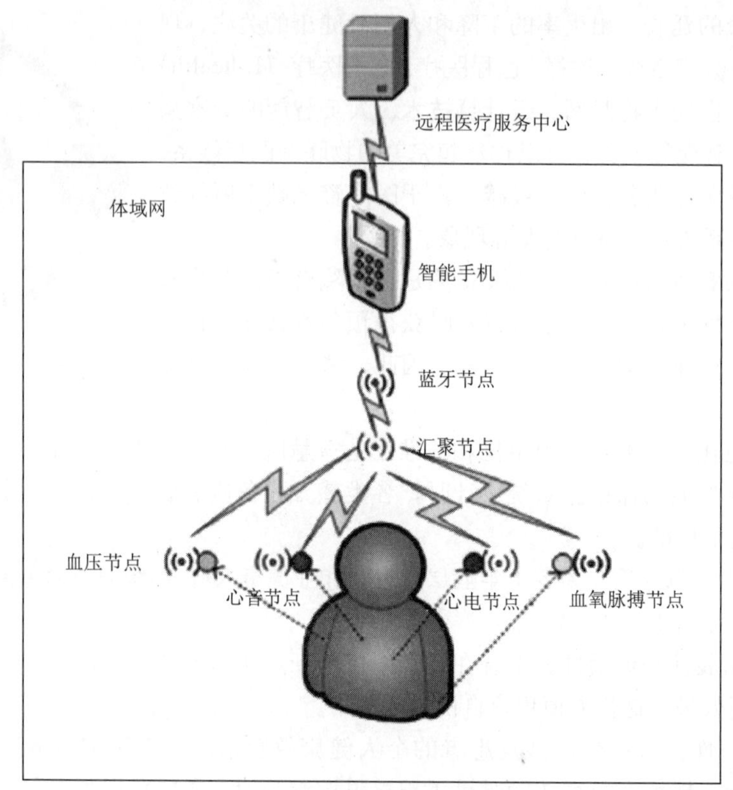

图 7-33　家庭健康监护系统示意图

案例二：智慧医院服务系统

智慧医院服务系统是基于物联网的智慧医疗系统在医患服务方面最重要的应用场景。长期以来，医疗卫生服务是以医院为中心的，患者进入医院就医最直接的体验就是长时间排队。智慧医院服务系统是以患者为中心，可以将医院、医生和患者连接起来，实现医疗信息的即时传递，把医院服务窗口延伸到患者手机上，如在线咨询、预约诊疗、候诊提醒、诊疗报告查询、药品配送等便捷服务，改善患者的就医体验。

对于普通患者，去医院就医前，可通过智慧医院服务系统进行医院查询、就医指导、预约挂号，就医后凭借一卡通，便可门诊全流程使用；还可通过该系统进行候诊查询、检验检查报告查询、门诊处方线上支付、用药提醒及预住院管理等。这样不仅节省了患者宝贵的时间，而且减轻了医护人员的工作量，提高了医疗服务质量，如图 7-34 所示。对于区域医疗患者或特殊病情患者，可通过该系统进行远程就医；医生通过临床路径中结构化、标准化的临床诊疗数据快速有效地了解患者病情，以便做出针对性的医疗措施，大大减少误诊和医疗事故的发生。

智慧医院服务系统可打破地域、时间、专家资源不均等限制，整合时间碎片，为患者提供更为开放、均等的医疗服务，并开启全新、便捷的就医体验；同时，还可以最大限度地发挥大型医院专家对基层医院的帮扶作用。

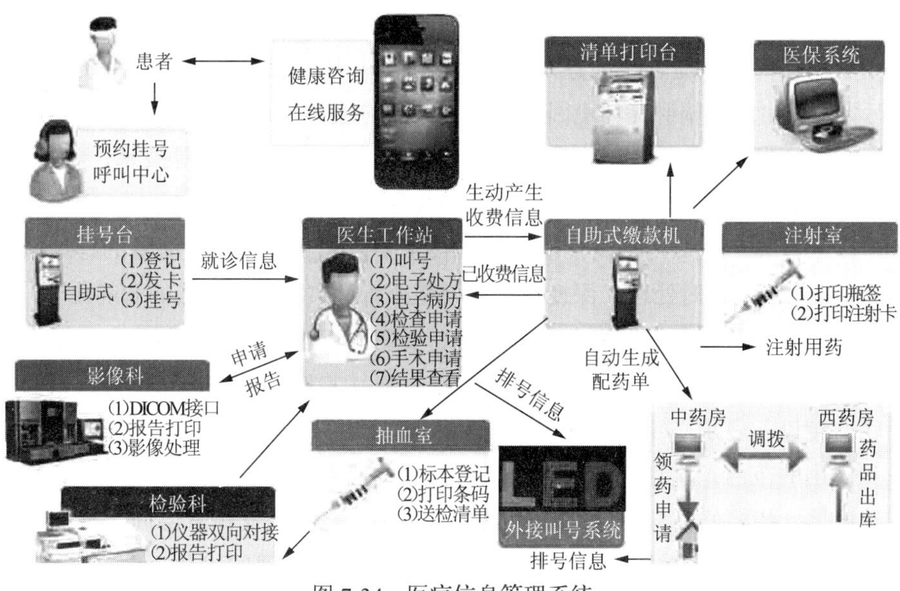

图 7-34 医疗信息管理系统

7.7 智慧环保

7.7.1 智慧环保概述

智慧环保是指通过应用物联网、云计算、大数据等信息技术，构建一个全面感知的信息化基础环境，对污染源、环境质量等环境管理要素进行全面感知、实时采集和自动传输，对环境信息资源进行统一存储、高效整合、全面共享、深度挖掘和智能分析，对业务流程进行联通再造，最终实现环境保护的监测自动化、管理精细化、业务协同化和决策智能化，达到改善环境质量状况，提升居民的生活质量和舒适度的目的，如图 7-35 所示。

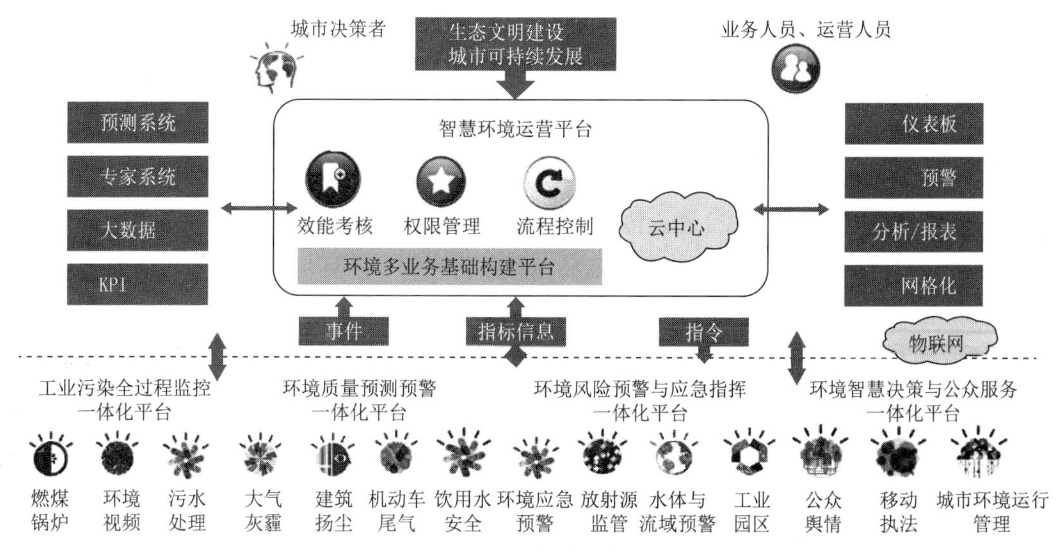

图 7-35 智慧环保

智慧环保是物联网技术与环境信息化相结合的概念，其特征可以归结为三个方面。

（1）感：利用任何可以随时随地感知、测量、捕获和传递信息的设备、系统或流程，实现对环境质量、污染源、生态、辐射等环境因素的“更透彻的感知”。

（2）传：利用环保专网、运营商网络，结合 3G/4G/5G、卫星通信等技术，将个人电子设备、组织和政府信息系统中存储的环境信息进行交互和共享，实现“更全面的互联互通”。

（3）知：以云计算、虚拟化和高性能计算等技术手段，整合和分析海量的跨地域、跨行业环境信息，实现海量存储、实时处理、深度挖掘和模型分析，实现“更深入的智能化”。

业内提出的关于智慧环保的解决之道。首先，要明确建设理念和服务理念。服务对象包括政府的环境管理、监测和研究部门、污染排放及治理企业、其他社会机构和社会公众等；其次，现阶段环保物联网建设和应用必须强调周密的配套设计，与各方保持密切联系；再次，要明确环保物联网建设和应用的范围，通盘考虑环保物联网应用的服务体系、应用体系、信息资源体系、管理体系、基础设施，统筹好各部分之间的依赖关系，使其能有效支撑、协同发挥作用；最后，要把握好国家和地方的关系，考虑中央、地方的制度体系及其管理的优化，做好环保物联网建设、应用和运维的财政、行政等体制、机制统筹，并通过把顶层设计上升到决策高度，保证顶层设计的落实。

7.7.2 智慧环保的应用

案例一：无锡——“感知环境 智慧环保”

“感知环境 智慧环保”无锡环境监控物联网示范应用项目于 2015 年启动。据悉，该示范项目采用物联网“共性平台 + 应用子集”架构设计，以“全面感知、标准引领、平台支撑、智慧应用”为主线，针对水体、大气、土壤、噪声、放射源、危险品、废弃物等几类典型环境监测对象，以达到“测得准、传得快、算得清、管得好”的建设目标。

这一示范工程基于“共性平台 + 应用子集”的建设模式，应用物联网相关先进技术和手段，从环保物联网的感知互动层、网络传输层、基础支撑层、智慧应用层等层面开展研发建设。项目启动以来，平台及各业务子系统经历了需求调研、开发部署、功能测试等阶段，于 2016 年 5 月进入整体试运行阶段。

正式启动运行的“感知环境 智慧环保”无锡环境监控物联网应用示范工程包含“一平台、一中心、四标准、二十四应用”的开发，即智慧环保云支撑平台、生态环境物联网监控中心、《环保物联网——环境质量自动监测（控）通讯传输技术规范》、《环保物联网——环保业务系统接口规范》、《环保物联网——环境信息资源目录技术规范》、《环保物联网——环境自动监测设备质量控制体系规范》四大标准、环境空气质量预测预报等 24 个智慧应用系统。

在环境监测方面，“感知环境 智慧环保”无锡环境监控物联网应用示范工程数据采集点包括 23 个空气站、79 个水站、18 个浮标站、4 个噪声自动站、170 个摄像头、348 个污染源、650 个放射源、3 163 家固废单位，对无锡全市主要环境质量要素、污染排放要素和环境风险要素的全面感知和动态监控，并借此形成科学解析和预测环境发展趋势，实现监测监控的现代化和环境管理的智慧化。

“感知环境 智慧环保”无锡环境监控物联网应用示范工程集聚了全国数十家优质环保信息化供应商的参与，吸引国家环境保护物联网技术研究应用工程技术中心在无锡落地，建立了汪尔康院士工作站，促进了环保物联网产业标准联盟的成立，并初步形成传感器研发生产—数据采集传输标准制定—数据平台开发—数据分析应用—决策反控的“产、学、研、用”完整产业链，形成了示范效应。

案例二：衢州——生态文明建设先行者

衢州市借助物联网、大数据等，致力于打造智慧环保执法监管新模式，以最严格的环保监管，补齐生态环保短板，筑牢钱江源头生态屏障。

1. 联合办公、实战化运作，做到24小时实时预警监控

衢州市环保局在全省率先启动“智慧环保”项目建设，基本建成集“实时监测、全面监控、应急预警、高效指挥、教育展示”等多种项功能于一体的“智慧环保”全覆盖体系。通过智慧环保平台建设，实现区域环境质量、重点工业污染源、规模化畜禽养殖场、城镇污水处理厂在线监测监控全覆盖。智慧环保平台共整合了全市20个汇入衢江一级支流入河口水质自动站、5个跨行政区域交接断面水质自动站、5个饮用水源自动站、13个大气自动站、1 470套污染源自动监测设施（其中工业污染源259套、集镇污水处理厂35套、规模化养殖场1176套）、96家重点企业刷卡排污系统、70家危废单位全过程监控系统，做到了24小时实时预警监控。同时，成立智慧环保监控指挥中心，整合环保及相关部门力量，实行联合办公、实战化运作，确保一有异常情况，及时调度、第一时间处置。平台运行情况由市政府分管市长召集，每月汇总、分析、通报，形成环境问题会商、交办、督办、反馈制度。

2. 环境医院，为环境问题把脉问诊，做到对症下药

衢州全市环保监管重点企业已达3 000多家，此外还拥有浙江最大的化工基地——巨化集团公司，监管压力较大。为此，衢州市环保局与省环科院、省环境监测中心签订战略合作协议，依托其强大的人才、技术力量，成立全省首家环境医院，并作为一支重要的力量引入环保执法监管。每年根据工作需要，政府购买服务，为企业免费体检。环境医院设有水污染防治、大气污染防治、固体废物污染防治、辐射污染防治等“专科门诊”，能及时为排污企业环保问题把脉问诊，为政府环保决策、环保执法监管提供技术服务，做到对症下药，实现精准化执法、精细化监管。

3. 公众参与，设置举报奖金，深化群众参与深度与专业度

借助智慧环保项目，开发“爱环保”手机APP，实时公开环境质量、发布环保新闻、快速受理群众投诉，该APP在各应用下载平台累计下载量已达50 000余次，初步构建了覆盖全市的环保公众交流平台；加大环境违法行为有奖举报力度，制订《衢州市“五水共治、四边三化、三改一拆”和环境保护违法行为举报奖励办法》，将举报最低奖金设为3 000元，奖励数额与案件罚款金额相挂钩，鼓励群众参与；建立环保志愿者队伍和环保产业协会，深化公众参与的深度和专业程度；实施“阳光排污口”工程，将企业排污口从厂区内，移到厂区外，统一铭牌标示，方便公众监督。开展“双随机一公开”执法，每季度通过摇号方式抽取本季度日常监管检查企业和执法人员，并邀请市人大代表、政协委员、媒体记者参加执法，增强环境执法的公正性和透明度。

7.8 感知城市

7.8.1 感知城市概述

以信息和通信技术作为基本发展战略，城市的发展经历了从有线城市、数码城市、数字城市、智能城市，到智慧城市的发展历程。其中，智慧城市是当前城市发展的最高阶段。智慧城市最为显著的特征在于：智慧城市由“无处不在的硬件”所组成。即将数字仪表设备和无处不在的计算植入到城市的每一个角落，例如，无线网络，传感器和摄像头等设备。基于这些设备所采集的相关数据，城市用户可以通过基于智能手机的实时计算参与和调控城市中的相关进程。由于传感器的爆发式增长和大数据的流行和丰富，当前城市的发展已经逐步趋于新的阶段——“感知”阶段，如图 7-36 所示。

图 7-36 感知城市

感知城市是指通过物联网等信息与通信技术，构建一个高感度的城市基础环境，实现城市内及时、互动、整合的信息感知、传递和处理，以提升民众生活幸福感、企业经济竞争力、城市可持续发展为目标的先进城市发展理念。

“十二五”以来，许多城市提出更高级别的城市信息化建设目标，纷纷开展感知城市的建设。感知城市应用了三种建设模式。

1. 以物联网产业发展为驱动

以物联网产业发展为驱动的建设模式是在感知城市的建设过程中，重点发展物联网相关的产业，出台物联网产业扶持政策，大规模建设物联网产业聚集园区，吸收、培养科研人才，扶持一批重点企业，形成一批示范项目，按照先培育产业发展，再拉动社会应用的模式来进行感知城市的建设。

以物联网产业发展为驱动进行感知城市建设的城市包括天津、大庆、廊坊、无锡、常州、杭州、合肥、济南、广州、佛山、东莞、成都、贵阳、西安等。

2. 以信息基础设施建设为先导

以信息基础设施建设为先导的建设模式是在建设感知城市过程中，大力建设城市信息基础设施，铺设光纤主干网、实现有线网络入户、无线网络覆盖公共区域，增加网络带宽，提高网络覆盖率，推进三网融合、大规模部署无线信息采集设备，以建成无论何时何地都可以互联互通的城市信息网络。

以城市基础设施建设为先导进行感知城市建设的城市包括上海、重庆、南京、扬州、温州、福州、厦门、烟台、江门、云浮等。

3. 以社会服务与管理应用为突破口

以社会服务与管理应用为突破口的建设模式是在建设感知城市时，重点建设一批社会应用示范项目，在公共安全、城市交通、生态环境、物流供应链、城市管理等领域开展一大批示范应用工程，建设一批示范应用基地，重点突破、以点带面、逐步深入地进行感知城市建设。

以社会服务与管理应用为突破口进行感知城市建设的城市包括北京、唐山、沈阳、苏州、镇江、宁波、青岛、淄博、郑州、武汉、深圳、昆明等。

7.8.2 感知城市的应用

当前，很多国家已经开始感知城市的建设，主要集中分布在美国、瑞典、爱尔兰、德国、法国、中国、新加坡、日本、韩国等。大部分国家的感知城市建设都处于有限规模、小范围探索阶段。

案例一：杭州市

杭州堪称全球移动支付普及程度最高的城市，基本上一部手机就可以解决所有日常生活的相关需求。各类无人零售店、无人超市、无人餐厅、无现金看病、银联闪付过闸等新业态新生活新消费无处不在；数据显示，在杭州，超过 95% 的超市、便利店能使用支付宝付款；超过 98% 的出租车支持移动支付；杭州市民通过支付宝城市服务，就可以享受政务、车主、医疗等领域 60 多项便民服务。杭州在“移动智慧城市”的建设方面已走在世界前列。

2019 年杭州城市大脑 V1.0 平台试点投入使用，在杭州，各大路口安装有上万个交通摄像头，实时记录着路况信息，传统的确是依靠交警人工监看路况信息，效率非常低。一旦出现事故，交警通常不知道该如何疏导车流，导致道路拥堵严重。然而依靠城市大脑的视觉处理能力，这些交通图像视频可以交给机器识别，准确率在 98% 以上。一旦出现事故，城市大脑中枢便能找出最优的疏导路线，同时为救援车辆一路打开绿灯，为抢救生命赢得时间。在与交通数据相连的 128 个信号灯路口，试点区域通行时间减少 15.3%。在主城区，城市大脑日均事件报警 500 次以上，准确率达 92%，大大提高执法指向性。

案例二：新加坡

新加坡致力于通过包括物联网在内的信息技术，将新加坡建设成为经济、社会发展一流的国际化城市。为此，新加坡确定了四大关键性战略：①构建全国资讯通信基础设施，包括建设超高速且具有普适性的有线和无线两种宽带网络；②发展具有全球竞争力的资讯通信产业；③培养具有全球竞争力的信息化专门人才；④利用信息通信技术提升数字媒体与娱乐、教育培训、金融服务、旅游零售和电子政府等九大经济领域的发展水平。

在电子政府、感知城市及互联互通方面，新加坡的成绩引人注目。新加坡的电子政府公共服务架构已经可以提供超过 800 项政府服务。无线新加坡项目在全国拥有 7 500 个热点，相当于每平方公里就有 10 个公共热点。Wi-Fi 热点的进一步拓展与增设，为新加坡国民提供了真正意义上的全方位无线网络。借助资讯通信，新加坡实现了关键经济领域、政府和社会的转型。

本章小结

本章介绍的智能家居、智能物流、智能电网、智慧农业、智慧交通、智慧医疗、智慧环保和感知城市仅仅是物联网应用领域的一些缩影。除了上述领域,物联网在其他领域也得到了广泛的应用。

习　题

1. 智能家居系统包含哪七大智能家居控制系统?
2. 智慧农业中用到的 5S 技术是什么？
3. 我国城市智慧交通系统建设的内容包括哪些?

参 考 文 献

[1] 陈赜 . 物联网技术导论与实践 [M]. 北京 ：人民邮电出版社，2017.
[2] 田景熙 . 物联网概论 [M]. 南京 ：东南大学出版社，2017.
[3] 桂小林 . 物联网技术导论 [M].2 版 . 北京 ：清华大学出版社 ,2018.
[4] 詹国华 . 物联网概论 [M]. 北京 ：清华大学出版社，2016.
[5] 王佳斌，郑力新 . 物联网概论 [M]. 北京 ：清华大学出版社，2019.
[6] 韩毅刚，冯飞，杨仁宇 . 物联网概论 [M]. 北京 ：机械工业出版社，2018.
[7] 鄂旭 . 物联网概论 [M]. 北京 ：清华大学出版社，2015.
[8] 解相吾 . 物联网技术基础 [M]. 北京 ：清华大学出版社，2017.
[9] 梁永生 . 物联网技术与应用 [M]. 北京 ：机械工业出版社，2019.
[10] 许磊 . 物联网工程导论 [M]. 北京 ：高等教育出版社，2018.
[11] 胡向东 . 传感器与检测技术 [M].3 版 . 北京 ：机械工业出版社，2018.
[12] 刘少强 . 现代传感器技术 ：面向物联网应用 [M].2 版 . 北京 ：电子工业出版社，2016.
[13] 阮勇 . 微型传感器 [M].2 版 . 北京 ：清华大学出版社，2017.
[14] 宋强 . 传感器与检测技术 [M]. 北京 ：北京出版社，2017.
[15] 谢树新 . 计算机网络技术 [M].2 版 . 大连 ：大连理工大学出版社，2018.
[16] 谢希仁 . 计算机网络 [M].7 版 . 北京 ：电子工业出版社，2017.
[17] 谢钧，谢希仁 . 计算机网络教程（微课版）[M].5 版 . 北京 ：人民邮电出版社，2018.
[18] 罗志勇 . 物联网 ：射频识别（RFID）原理及应用 [M]. 北京 ：人民邮电出版社，2019.
[19] 黄从贵，王荣，平毅 .RFID 技术及应用 [M]. 北京 ：高等教育出版社，2019.
[20] 王芬，朱信 .RFID 与传感器应用技术项目式教程 [M]. 北京 ：中国水利水电出版社，2020.